黑 龙 江 省 精 品 图 书 出 版 工 程
"十四五" 时期国家重点出版物出版专项规划项目
先 进 制 造 理 论 研 究 与 工 程 技 术 系 列

含能材料增材制造技术

姜再兴　徐　森　高国林　等著

U0223674

哈尔滨工业大学出版社
HARBIN INSTITUTE OF TECHNOLOGY PRESS

内容简介

本书系统介绍了 3D 打印技术,含能材料,几种目前常见的含能材料 3D 打印技术在含能材料中的应用,以及含能材料增材制造的安全技术和典型的表征技术。主要包括以下章节内容:第 1 章,3D 打印概述;第 2 章,含能材料概述;第 3 章,喷墨打印技术;第 4 章,墨水直写技术;第 5 章,立体光刻技术;第 6 章,含能材料 3D 打印安全技术简介;第 7 章,3D 打印含能材料产品典型表征技术。

本书是为含能材料相关专业的学生撰写,既有含能材料增材制造(3D 打印)技术相关方向的基础知识,适用于本科生阶段课程;也有相关含能材料增材制造(3D 打印)专业方向的最新科研进展,适用于研究生专业课程。

图书在版编目(CIP)数据

含能材料增材制造技术/姜再兴等著. —哈尔滨:
哈尔滨工业大学出版社,2023.7
(先进制造理论研究与工程技术系列)
ISBN 978 - 7 - 5767 - 0209 - 5

Ⅰ.①含… Ⅱ.①姜… Ⅲ.①快速成型技术 Ⅳ.
①TB4

中国版本图书馆 CIP 数据核字(2022)第 122557 号

策划编辑　王桂芝　刘　威
责任编辑　王　爽　李青晏
出版发行　哈尔滨工业大学出版社
社　　址　哈尔滨市南岗区复华四道街 10 号　邮编 150006
传　　真　0451 - 86414749
网　　址　http://hitpress.hit.edu.cn
印　　刷　哈尔滨市颉升高印刷有限公司
开　　本　787 mm×1 092 mm　1/16　印张 15.5　字数 368 千字
版　　次　2023 年 7 月第 1 版　2023 年 7 月第 1 次印刷
书　　号　ISBN 978 - 7 - 5767 - 0209 - 5
定　　价　59.80 元

前　言

含能材料增材制造技术(3D 打印技术)作为一项备受关注的先进制造技术,能够完成传统制造工艺难以达到的高精度、高复杂度的器件制造。随着军事上对含能材料性能和精度要求的不断提高,传统成型工艺已不能满足高性能含能材料的成型制造需求,增材制造制备技术的引入可以为含能材料成型制造技术的发展革新提供一条崭新的途径。事实上,相关的研究已经大量开展,由于军工行业的机密性,很多技术细节仍处于高度保密状态,但通过目前已经披露的成果可以明确,美国、印度、日本、欧洲等国家和地区都在积极开展含能材料增材制造的研究工作,并取得了一些阶段性的进展,这些工作展现了增材制造技术在含能材料领域的应用可行性以及广阔的前景。

本书主要分为三大部分:第一部分(第 1～2 章)简介 3D 打印技术(增材制造技术)和含能材料;第二部分(第 3～5 章)总结了不同增材制造方法在含能材料领域的应用;第三部分(第 6～7 章)介绍增材制造含能材料产品相关的安全及测试。

本书由哈尔滨工业大学、南京理工大学、东北林业大学和青岛大学的多位专家共同撰写,主要包括姜再兴、徐森、高国林、董继东、吴亚东、井晶、李冰、张大伟、马丽娜等。他们结合自身多年的科研成果,将其在含能材料增材制造技术方面卓越的科学见解、精湛的理论知识和丰富的实践经验融入其中,以期为该领域读者提供一定的参考。

由于含能材料的 3D 打印技术目前还是很新的一个方向,学科交叉性比较大,材料和技术更新很快,加上作者水平有限,书中疏漏之处在所难免,敬请读者指正。

作　者
2023 年 5 月

目　录

第1章 3D 打印概述

1.1 3D 打印的概念

3D 打印即快速成型(Rapid Prototyping,RP)技术的一种,又称增材制造,它是一种以数字模型文件为基础,运用粉末状金属或塑料等可黏合材料,通过逐层打印的方式来构造物体的技术。

1.2 3D 打印技术的原理

3D 打印技术是以计算机三维设计模型为基础,通过软件将三维设计模型分解成若干层平面切片,然后由数控成型系统利用激光束、热熔喷嘴等方式将粉末状、液状、丝状金属、陶瓷、塑料、细胞组织等材料进行逐层堆积黏结,最终叠加成型,制造出实体产品的技术。3D 打印机是 3D 打印的核心设备。它是一个集机械、控制和计算机技术于一体的复杂的机电一体化系统。它主要由高精度机械系统、数控系统、喷射系统、成型环境等子系统组成。与传统制造业的"减材制造技术"相反,3D 打印遵从的是加法原则,即"逐层叠加"原则,不再需要传统的刀具、夹具和机床,能实现设计制造一体化,从而大幅降低生产成本,缩短加工周期,提高原材料和能源的利用率,减少对环境的影响,并且能实现复杂结构产品的设计制造,成型产品的密度也更加均匀。

1.3 3D 打印技术分类

根据 3D 打印所用材料的状态及成型方法,3D 打印技术可以分为熔融沉积成型(Fused Deposition Modeling,FDM)技术、立体光刻(Stereo Lithography Apparatus,SLA)技术、分层实体制造(Laminated Object Manufacturing,LOM)技术、立体喷墨打印(Three-Dimension Printing,3DP)技术、数字光处理(Digital Light Procession,DLP)技术、选择性激光烧结(Selective Laser Sintering,SLS)技术、电子束选区熔化(Electron Beam Melting,EBM)技术、激光选区熔化(Selective Laser Melting,SLM)技术、电子束熔丝沉积成型(Electron Beam Freedom Fabrication,EBF)技术,以下分别进行介绍。

1.3.1 熔融沉积成型技术的简介

1. 工作原理

熔融沉积成型(FDM)技术的工作原理是使用热熔性材料(ABS、PLA、蜡等)以长丝的形式经过送丝机构输送到热熔打印喷头,丝或线状塑性材料在喷头内被加热至液化,在计算机控制下喷头沿零件层片形状轮廓和轨迹运动,将熔融的材料挤出,使其沉积在预期的位置后固化成型,并与之前已经成型的层材料黏结,逐层均匀地层层堆积,最终形成产品,FDM 打印机结构如图 1.1 所示。

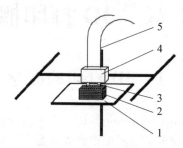

图 1.1　FDM 打印机结构

1—工作台;2—成型材料;3—喷嘴;4—送丝机构;5—丝状材料

熔融沉积成型技术加工的每一个产品,从最初的造型构想到最终的加工完成主要经历的过程如下。

(1)建立成型件的三维 CAD 模型。

由于三维计算机辅助设计(Computer Aided Design,CAD)模型数据是对成型零件真实信息的虚拟描述,因此在加工前应利用计算机软件建立成型零件的三维 CAD 模型。这种三维模型可以通过具有很好的通用性的 Solid Works、Pro/E、UG 等软件来完成。

(2)三维 CAD 模型的近似处理。

由于要成型的零件通常具有较为复杂的曲面,因此为了便于后续的数据处理和减少计算量,首先需要对三维 CAD 模型进行近似处理。常使用 STL 格式文件来近似处理模型,它的原理是用许多小三角面代替原来的曲面,相当于量化处理所有的原始面,然后用三角形的法向量及其三个顶点坐标唯一地标识出每个三角形。通过控制和选择三角形的大小,来达到所需的精度。由于 STL 文件的生成和数据存储的便利性,因此该文件格式在快速成型中得到了广泛的应用。计算机辅助设计软件具有该格式文件的输出和转换功能,加快了该格式数据的应用和推广。

(3)三维 CAD 模型数据的切片处理。

快速成型实际完成的是每一层的加工,然后工作台或打印头发生相应的位置调整,进而实现层层堆积。因此想要得到打印头的每层行走轨迹,就要获得每层的数据。故对近似处理后的模型进行切片处理,提取出每层的截面信息,生成数据文件,再将数据文件导入到快速成型机中。切片时切片的层厚越小,成型件的质量越高,但加工效率越低;反之,则成型质量越低,加工效率越高。

(4)实际加工成型。

快速成型机在数据文件的控制下,打印头按照所获得的每层数据信息逐层扫描,一层一层地堆积,最终完成整个成型件的加工。

(5)成型件的后处理。

从打印机中取出的成型件还要进行去支撑、打磨、抛光等后处理,进一步提高打印的成品质量。

　　FDM 需要支撑材料来支撑构件,零件建成后,应将支撑材料拆除或冲洗掉,支撑材料必须是易碎或水溶性的。成型工艺完成后,可小心取出零件,用打碎、水洗涤的方法擦拭支撑材料,并且要确保水不与成型零件发生反应。大多数情况下水溶性的支撑材料是FDM 打印的首选。控制系统控制 FDM 的整个工作系统及其参数,如挤出速度、铺层速度、挤出宽度和层厚等,所有参数的组合决定了 FDM 打印机的加工速度。

2. FDM 技术的优缺点

FDM 技术的优点:

(1)制造系统可用于办公环境,没有毒气或挥发性物质的危险;

(2)可快速构建瓶状或中空零件;

(3)塑材丝材清洁,更换容易;

(4)不使用激光,维护简单,成本低;

(5)可选用多种材料,如可染色的 ABS 和医用 ABS、PC、PPSF 等;

(6)后处理简单,仅需要几分钟的时间,剥离支撑后成型产品即可使用。

FDM 技术的缺点:

FDM 型 3D 打印机虽然经过了几十年的发展并且得到广泛的应用,但它仍存在很多不足之处,如下。

(1)成型精度低与打印速度慢。

成型精度低与打印速度慢是 FDM 型 3D 打印机的主要限制因素。但是,由于成型精度和打印效率呈反比关系,即高速打印获得低精度产品,低速打印获得高精度产品,一味地追求高精度将使打印速度大幅度降低,这并不是工业领域所希望的,因此要解决精度低与速度慢的问题,必须使两者均得到足够的关注。

(2)控制系统智能化水平低。

虽然采用 FDM 技术的 3D 打印机操作相对简单,但在成型过程中,仍会出现问题,这就需要有丰富经验的技术人员操作机器,以随时观察成型状态,因为当成型过程中出现异常时,现有系统无法进行识别,也不能自动调整,如果没有人工干预,将造成无法继续打印或将缺陷留在工件里的后果,这一操作上的限制将影响 FDM 型 3D 打印的普及性。

(3)打印材料限制性较大。

目前在打印材料方面存在很多缺陷,仍有许多方面有待进一步改进,比如 FDM 用打印材料易受潮、成型过程中和成型后存在一定的收缩率等。打印材料受潮,将影响熔融后挤出的顺畅性,易导致喷头堵塞,不利于工件的成型。因此,用于 FDM 的打印材料要密封储存,使用时要进行适当的烘干处理。塑性材料在熔融后凝固的过程中,均存在收缩性,这会造成打印过程中工件的翘曲或脱落和打印完成后工件的变形等问题,影响加工精度,浪费打印材料。

3. FDM 技术的应用

由于 FDM 技术适应和满足了现代先进制造业快速发展、产品研发周期急剧缩短的需求,因此 FDM 技术的发展十分迅速,成为近年来制造业最为热门的研究与开发课题之一。目前,此项技术已广泛应用于机械、汽车、航空航天、医疗、艺术和建筑等行业,并取得了显著的经济效益。

（1）FDM技术在工业上的应用。

FDM技术作为一种先进的制造技术，可以在不使用传统加工工具（如刀具、夹具等）的情况下直接利用产品的三维数据，快速、直接、准确地将虚拟数据模型转换为具有一定功能的实体样件，实现形状复杂的产品制造。

FDM技术实现了三维数据到实体模型的快速转化，使设计师以前所未有的方式直观体验设计感受，并能使产品结构的合理性、装配性、美观性都能得到快速测试，将设计与制造过程紧密结合，成为集"创意设计—FDM—样品制作"于一体的现代产品设计方法。例如，在压铸模具产品开发过程中，由于压铸模具产品有复杂的形状结构，曲面、筋肋、窄槽也较多，因此设计过程中很容易出现错误，尽管实体模型处理后会发现和解决问题，但它确实延长了产品的开发周期且提高了研究和开发成本。若在制造时增加使用FDM技术，则可以快速制造模具样品，方便验证产品设计的合理性，不仅缩短了产品研发周期，同时也降低了研发成本，经济效益非常显著。

（2）FDM技术用于零件的加工。

3D打印技术与传统的制造方式有很大的不同，传统的制造方式是通过拼装零件、切割和焊接来制造产品，但3D打印技术摒弃了以去除材料为主要形式的传统加工方式。FDM技术采用塑料、树脂或低熔点金属为材料，可轻松实现数十至数百个零件的小批量制造，不需要设计加工夹具或模具等辅助工具，大大降低了生产成本。

1.3.2　立体光刻技术的简介

1. 工作原理

立体光刻（SLA）技术是由Charles Hull在1986年引入的最古老的3D打印技术之一。SLA使用光敏聚合物/光固化树脂（如丙烯酸树脂、环氧树脂等）作为加工材料，利用它们在紫外光或激光下固化的能力来建造复杂形状的3D部件。精确定向的紫外光照射在光聚合树脂上，通过光聚合形成理想形状的固化层。在创建第一层后，平台或构建工作台降低到相当于层厚度的高度，并将未固化的树脂铺在最初创建的层上，再进行固化。对所需形状的后续层进行重复聚合，从而在构建表面上形成一个3D组件。SLA的原理图如图1.2所示。为了完成整个固化过程，可以在烘箱或光固化过程中进一步做热处理，以提高样件机械性能。

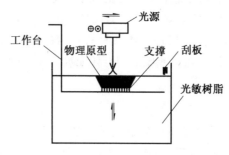

图1.2　SLA的原理图

2. SLA 技术的优缺点

SLA 技术的优点：

（1）立体光刻技术是最早出现的 3D 打印快速成型制造技术，成熟度高，经过了长时间的检验；

（2）由 CAD 数字模型直接制成样件，加工速度快，产品生产周期短，无须切削工具与模具；

（3）可以加工结构、外形复杂或使用传统手段难于成型的样件和模具；

（4）使 CAD 数字模型直观化，降低错误修复的成本；

（5）为实验提供试样，可以对计算机仿真计算的结果进行验证与校核；

（6）相比热熔型材料的 3D 打印成型技术（如 FDM 技术），SLA 技术成型精度高，表面平整。

SLA 技术的缺点：

（1）系统造价昂贵，且维护费用高；

（2）使用环境要求高，具有毒性和化学气味排出，需密闭环境；

（3）软件的操作复杂，需要一定的专业培训。

尺寸误差和打印件翘曲是 SLA 成型过程中经常出现的重要误差。这些误差出现的原因是丙烯酸酯基树脂在制造过程中的收缩。聚合过程中有两种收缩：①一种是在高密度固体聚合物（光聚合后）和低密度液体聚合物之间形成聚合物键；另一种是光聚合过程中的化学反应（放热），由于温度升高，聚合物中发生一定的膨胀，因此在冷却后有一个显著的收缩，导致尺寸不精确。为了得到精确的成品零件，需要仔细的后处理工艺，以避免误差和提高机械性能。加热和光固化可作为 SLA 打印件的后处理工艺。

3. SLA 技术的应用

SLA 技术融合了现代科学成果，突破了传统的加工模式，大大缩短了产品研发周期，提高了产品的市场竞争力。下面是 SLA 技术在各行各业中的应用。

（1）SLA 技术在零部件设计中的应用。

现代大规模生产的显著特点是零部件的多样性和快速改造。虽然大型工程软件可以完成虚拟装配、工况仿真、强度和刚度分析等，但还需要将其制成实物来验证其外观、可安装性和可拆卸性。制作出该零部件的原型能验证设计思想，并进一步测试功能和组装。

（2）SLA 技术在精密铸造中的应用。

SLA 技术制成的立体树脂模可以代替蜡模进行结壳，型壳焙烧时去除树脂膜，获得中空型壳，即可浇铸出高精度模型。表面光洁度较好的合金铸件可直接用作注射模的型腔，缩短了制模过程。

（3）SLA 技术在模具制造中的应用。

SLA 树脂成型件具有良好的韧性，可作为小批量塑料件的制造模具。这项技术已经被用于生产。某公司开发了一种高温光固化树脂，将其用于 SLA 工艺直接成型模具，适用于注塑工艺。

（4）对样品形状及尺寸设计进行直观分析。

在新产品设计阶段，仅靠设计图纸和软件仿真很难对产品做出理想的评价，特别是对于形状复杂的产品，无法做出准确及时的判断。SLA 技术可以满足设计师和用户进行快速原型制作和可视化评估。

（5）采用 SLA 技术进行小批试制或性能测试与分析。

特殊行业的零件只需要单件或小批量，这类产品制模后再生产，成本高、周期长。若采用 SLA 技术直接成型，则成本低、周期短。

（6）在医学上的应用。

外科医生已利用 CT 与核磁共振等高分辨率检测技术获得层状图像数据，处理各层的图像数据点云，再运用生理数据和 SLA 成型技术，则可构造出外部三维结构完全仿真的生物模型。

1.3.3　分层实体制造技术的简介

1. 工作原理

分层实体制造（LOM）技术又称为层叠法成型技术，最初由美国 Helisys 公司的工程师 Michael Feygin 于 1986 年研制成功。

分层实体制造技术是当前几种最成熟的增材制造技术之一。根据预先切片得到的横断面轮廓数据，使用切割刀片或激光以薄片材料（如纸、金属箔、塑料薄膜等）为原料精确地切割出各层的轮廓，接着供料和收料部件将旧料移除，并叠加上一层新的片材。紧接着在材料表面用加热辊或热熔胶逐层黏接，使新层同已有部件黏合，之后再次重复进行切割，实现零件的立体成型，这种方法是"先成型再成型"的方法。另一种"先成型再成型"的方法是先将这些层黏合在一起，然后切割成所需的形状，这种方法速度较快，可以成型大尺寸的零件，但是材料浪费严重，表面质量差。LOM 成型原理图如图 1.3 所示。

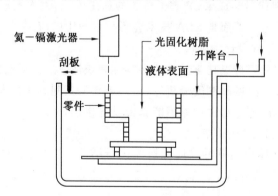

氦－镉激光器　　　　　光固化树脂　　升降台

刮板　　　　　　　　　液体表面

零件

图 1.3　LOM 成型原理图

此技术多使用纸张作为原材料，因此其制造成本很低，且制件精度很不错，在产品概念设计可视化、造型设计评估、装配检验、快速制模及直接制模等方面得到了大量应用。目前，可供 LOM 设备打印的材料包括纸、金属箔、塑料膜、陶瓷膜等，而其在用途上除了可以制造模具、模型外，也可以直接制造一些结构件或功能件。

2. LOM 技术的优缺点

概括来说，LOM 技术的优点主要有以下几个方面：

(1)成型速度较快，由于 LOM 本质上并不属于增材制造，不是整个部件被扫描，因此成型速度快，常用于加工内部结构简单的大型部件，制造成本低；

(2)模型精度很高，同时打印过程造成的翘曲变形小；

(3)原型能承受高达 200 ℃的温度，具有较高的硬度和较好的力学性能；

(4)可以直接进行切削加工；

(5)原材料价格便宜，且废物很容易从主体上剥离，不需要后固化处理。

LOM 技术的缺点也非常显著，主要包括以下几个方面：

(1)受原材料限制，可以应用的原材料种类很少，虽然有一些其他原材料可供使用，但仍然常用纸张，且成型件的抗拉强度和弹性都不够好；

(2)打印过程有激光损耗，并需要专门实验室，成本太高；

(3)后处理工艺复杂，打印模型必须立即防潮，成型后必须涂上树脂和防潮涂料；

(4)Z 轴精度受材质和胶水层厚决定，实际打印成品普遍有台阶纹理，难以直接构建形状精细、多曲面的零件，因此打印后还需进行表面打磨等后处理。

3. LOM 技术的应用

由于 LOM 技术本身的缺陷，因此使用该技术的产品较少，应用行业相对狭窄。目前，它主要用于以下领域：

(1)在新产品开发中，直接生产纸制或薄膜为材料的功能部件，用于外观评价和结构设计验证；

(2)用真空注塑机生产硅橡胶模具，试制少量新产品；

(3)快速模具制造，包括铸造用金属模具、铸造用脱模模具、石蜡零件所用的蜡模等。

1.3.4　立体喷墨打印技术的简介

1. 工作原理

立体喷墨打印(3DP)技术又称三维打印技术，最早由美国麻省理工学院(MIT)的 Emanual Sachs 教授于 1993 年开发。该技术的工作原理类似于喷墨打印机，通过使用液态联结体将铺有粉末的各层固化，以创建三维实体原型。

3DP 技术与 SLS 技术有着类似的地方，打印时采用的材料都是粉末，例如陶瓷、金属、塑料，但不一样的是 3DP 技术不是用激光烧结把粉末黏合在一起的，而是通过喷头喷射黏合剂将工件的截面"打印"出来，并一层层堆积成型的，其详细工作原理如下：

(1)3DP 技术的供料方式是将粉末通过水平压辊平铺于打印平台之上；

(2)将带有颜色的黏合剂通过加压的方式输送到打印头中存储；

(3)打印的过程很像 2D 喷墨打印机，系统首先将根据 3D 模型的颜色混合彩色黏合剂，并有选择地喷洒在粉末平面上，粉末与黏合剂相遇后就会变成固体；

(4)一层黏结完成后，打印平台下降，水平压辊再次将粉末铺平，然后开始新一层的黏结，如此反复层层打印，直至整个模型黏结完毕；

(5)打印完成后,回收未黏结的粉末,吹净模型表面的粉末,再次将模型用透明黏合剂浸泡,此时模型就具有了一定的强度。

理论上讲,任何可以制作成粉末状的材料都可以用 3DP 技术成型,材料选择范围很广。图 1.4 所示为 3DP 成型原理图。

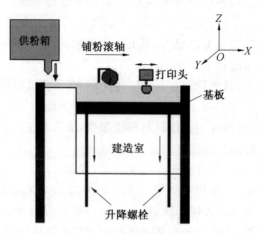

图 1.4　3DP 成型原理图

2. 3DP 技术的优缺点

3DP 技术的优点:

(1)利用 3DP 技术直接打印砂型,可节省模具制造费用和周期;

(2)利用 3DP 技术的特点,可铸造外形及内腔结构极为复杂的整体铸件,代替过去由多个机械加工件组成的零件,扩大了零部件设计的自由度,提高产品的机械性能,缩短开发周期,降低成本;

(3)适用于多品种复杂单件小批量生产,新产品研发时可灵活调整工艺,缩短产品开发周期;

(4)产品尺寸精度高,稳定性强,复杂结构铸件的砂芯数量少,与传统铸造合箱过程尺寸控制相比,难度大大降低;

(5)材料选择范围广,黑色及有色金属铸造均可适用。

3DP 技术的缺点:

(1)对于 3DP 砂型,鉴于其成型原理是逐层铺砂喷墨,因此在斜度较小或圆弧面位置,难免出现层纹的情况,影响铸件外观质量;

(2)目前主要造型材料仅有陶粒砂和硅砂,其中陶粒砂综合性能好,但成本高,溃散性差,硅砂便宜且溃散性好,但容易出现黏砂;

(3)对于 3DP 砂型,由于打印时无法放置芯骨及气道,因此为确保其强度,相较于传统的造型方式,其存在强度及发气量偏高的问题,铸件易产生气孔缺陷。

3. 3DP 技术的应用

与传统铸造生产相比,3DP 砂型打印具有精度高、成型速度快、不需要模具等优点,可随时调整产品的尺寸和结构,以满足快速开发和生产的需要,其在航空航天、交通运输、机械制造等领域具有无可比拟的优势。同时,3DP 砂型打印不受零件形状的影响,设计师可以根据产品的功能要求,制订相应的工艺方案;彻底颠覆了传统的浇铸方式,不拉模,无工艺补贴,浇注冒口的开设也不受限制,可按照最佳方式进行;为新产品的研发提供了非常便利的条件,降低了研发和生产成本,增加了产品附加值,提高了产品质量。同时,随着 3DP 技术在铸造行业的应用越来越多,如何将 3DP 打印设备本地化,并进一步降低打印成本,也越来越受到关注。

1.3.5　数字光处理技术的简介

1. 工作原理

数字光处理(DLP)技术是基于美国德州仪器公司开发的数字微镜元件——DMD 来完成可视数字信息显示的技术。DLP 技术的基本原理是把影像信号经过数字处理后光投影出来,数字光源以面光的形式在液态光敏树脂表面进行层层投影,层层固化成型。

DLP 装置包括可容纳树脂的储存液体槽,用于存放可被特定波长紫外线照射固化的树脂。DLP 成像系统位于液槽下方,所述成像平面位于液槽底部,在能量和图形的控制下,它可以每次固化一定厚度和形状的薄层树脂(树脂层的截面形状与分割后树脂层的截面形状完全相同)。液槽上面有提拉装置,每次截面抬到一定高度并曝光后(高度和分层厚度是一致的),便于分离固化完的固体树脂和液槽底面树脂,并且接在提拉板或上一次成型的树脂层下方,这样可通过逐层曝光和提拉生成三维实体。DLP 成型原理如图 1.5 所示。

2. DLP 技术的优缺点

DLP 技术的优点:

(1)成型速度快。

从 CAD 设计到完成原型打印,一般只需几小时到十几小时,加工周期相较于传统的制模、加工可节约 70%以上时间。

(2)高度柔性化。

只要在设备成型尺寸范围内,几乎可以加工任意形状的零件,甚至是装配体。逐层扫描成型的制造工艺与零件的复杂程度无关,也无须专用夹具或工装。

(3)成型精度高。

DLP 通过光学技术使来自 DMD 的各个像素成像,而不是让光源直接在树脂上成像,大幅优化了分辨率和特征尺寸。最小层厚可达 0.05 mm,能打印出精密的特征,包括各种薄壁结构,成品件表面细腻光滑。

(4)自动化。

整个生产过程可实现自动化、数字化,通过加载预置的打印配置参数,零件的制造与修改相对灵活,可实现设计制造一体化。

DLP 技术的缺点:

(1)DLP 技术不能打印大型物体;

(2)DLP 打印原材料受限;

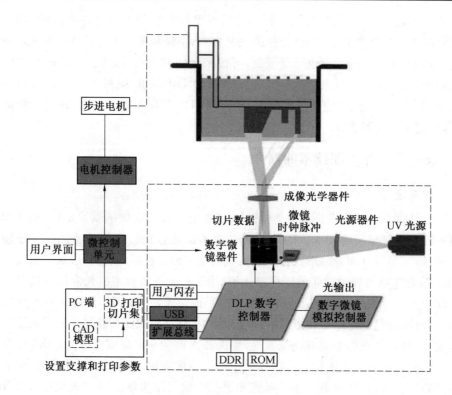

图 1.5 DLP 成型原理图

（3）DLP 液态树脂材料较贵，而且容易造成材料浪费；

（4）DLP 液态树脂材料具有一定的毒性，使用时应保持封闭性。

3. DLP 技术的应用

DLP 3D 打印技术作为诸多 3D 打印技术中的一种，具备不受复杂三维结构限制及个性化定制的优势，因而继承并拓展了其余 3D 打印技术在加工、生产上的应用。

（1）牙科医疗。

近年来，以软件设计为基础的牙齿修复和治疗的成本是牙科诊所、实验室需要考虑的重要因素，随着牙科修复变得普及，很多牙科诊所、实验室或专业义齿生产企业都引入了 3D 打印技术。结合了 3D 打印的数字化口腔技术为牙科行业带来了精度高、成本低、效率高的特点，以及符合规范化生产链的口腔数据。许多牙科诊所或实验室都开始利用 3D 打印机来制造患者牙齿模型。制作模型需要的三维数据可以通过直接扫描口腔来收集（扫描整个口腔大约需要 2 min），或者通过间接扫描传统物理模型的方式来收集。牙科 3D 模型可以用作模具并使用传统方法辅助生产牙冠、假牙等；另一种作用与骨科、肿瘤手术 3D 模型类似，即用来模拟、规划手术过程，或与患者沟通手术过程。

通过精准的扫描和打印，牙科 3D 数字化和 3D 打印解决方案为牙科诊所和终端用户带来了不少便利，如图 1.6 所示。与传统流程相比，它更能准确预测临床结果，提供更好的口腔修复，因而为患者带来更佳的体验，并实现了患者数据保存的数字化工作。与此同时，借助 3D 牙科专业 CAD 设计系统，可为牙科诊所节约大量时间和费用，实现降本增效。

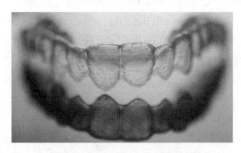

图 1.6   牙科 3D 打印模型

据了解,同样制作 70～100 颗牙冠桥,传统手工需要 8～10 h,而使用 DLP 3D 打印机只要 2.5 h 即可打印完毕,相比传统手法效率提高 70%。

(2)珠宝行业的应用。

DLP 技术已经广泛应用于珠宝首饰行业,蜡模制造大多数都是使用喷蜡方式,由于国外进口设备及材料价格昂贵,故障率高,大大限制了 3D 打印技术在该领域的应用。大族激光睿逸系列 3D 打印设备很好地填补了这一空白,可为客户提供全套的 3D 蜡型制作方案,可用于蜡模的批量生产。DLP 技术实现珠宝首饰的快速成型如图 1.7 所示,其中虚线框即可通过 3D 打印技术进行替代。

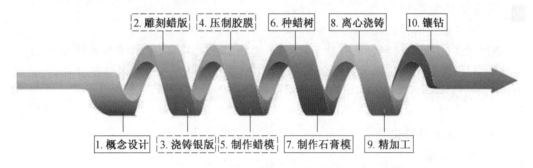

图 1.7   DLP 技术实现珠宝首饰的快速成型

传统工艺中,首饰工匠参照设计图纸,手工雕刻出蜡版,再利用失蜡浇铸的方法倒出金属版,并利用金属版压制胶膜并批量生产蜡模,最后使用蜡模进行浇铸,得到首饰的毛坯。制作高质量的金属版是首饰制作工艺中最为关键的工序,而传统方式雕刻蜡版、制作银版完全依赖工匠的水平,并且修改设计也相当烦琐。

采用 3D 打印技术替代传统工艺制作蜡模的工序,将完全改变这一现状,3D 打印技术不仅可以使设计及生产变得更为高效便捷,更重要的是数字化的制造过程使得制造环节不再限制设计师创意的发挥。

1.3.6   选择性激光烧结技术的简介

1. 工作原理

选择性激光烧结(SLS)技术的打印原材料为粉末(如热塑性塑料、金属粉末、陶瓷粉末),用激光加热逐层照射聚合物使其颗粒结在表面液化,冷却凝固后将金属粉末黏接成型。激光束通过光学扫描系统精确定向到相应层的加工路径,使颗粒烧结,形成固体层。接着,降低平台至一层粉层高度,再在上面铺上一层粉。烧结过程是重复的连续层的建立过程,直到整个打印过程完成。在烧结过程中,未烧结的粉末被保留在适当的位置,作为零件及其悬垂特性的支撑。打印完成后,粉末被清除并重复使用。SLS 打印原理图如图1.8 所示。

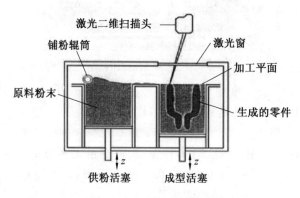

图 1.8　SLS 打印原理图

2. SLS 技术的优缺点

SLS 技术的优点:

(1)SLS 能用的材料较多。

SLS 可以使用的材料包括高分子聚合物、金属、陶瓷、石膏、尼龙等各种粉末,但由于市场的细分,现在用金属粉末打印的被称为 SLM,同时现在 SLS 多用尼龙材料,占市场约 90%,所以往往会默认 SLS 技术是打印尼龙材料的。

(2)精度高。

现在 SLS 打印能做到±0.2 mm 公差的精度。

(3)无须支撑。

SLS 无须支撑结构,叠层过程出现的悬空层可直接由未烧结的粉末来支撑,这是 SLS最大的一个优点。

(4)材料的利用率高。

因为不用支撑,不用添加底座,所以 SLS 是几种主流 3D 打印技术中材料利用率最高的,且价格相对便宜,但比 SLA 要贵一些。

SLS 技术的缺点:

(1)打印成品的收缩。

尼龙和其他粉末材料烧结后会产生三维收缩。许多因素会导致收缩率的变化,包括所用粉末的类型、用于烧结颗粒的激光能量、零件的形状以及冷却过程。零件并不是在所有方向上对称收缩。一般采用软件切割模型和加工的方法,并将收缩率纳入零件的计算中。因此,工程师应该意识到所使用 3D 打印机的缺点,并防止收缩发生在一个特定的位置。

（2）打印后期处理麻烦。

取出 SLS 打印件和考古学家的工作类似。打印过程结束后，粉末需要足够的时间冷却后，材料块（可能重达数千克）才可被取出。专家需要从材料块中挖出零件，用吸尘器移除多余粉末，利用压缩空气扫去剩下的颗粒。在所有的工作完成后，可以将烧结的打印品加热固化，增加强度，也可以磨砂、染色或涂画表层。

（3）打印品易吸色变质。

如果打印品要被染色、涂画或镀膜处理，多孔结构是具有优势的。多孔的打印品叮以从空气中吸收大量粉尘、油或水，继而改变颜色（例如从白色变成象牙色）。SLS 打印机如果打印的是小部件可能没什么问题，但是打印时它也需要将固体粉末加载到部件高度，而且还需要始终将 X 轴和 Y 轴嵌入粉末中。即使材料没有暴露在激光下，其余的材料在每次使用后也都会被破坏。这就是 SLS 打印机一次处理尽可能多零件的原因。

（4）材料损耗大。

SLS 打印机材料损耗巨大。"便宜"的桌面版本 SLS 打印机价格在 7 000 美元左右，这仅仅是打印机的价格，但加上材料费用及后续处理，包括清洗、后期处理和固化全程，将需要一大笔钱，而且原材料单价也十分昂贵。大部分 SLS 打印机在粉末接触激光前都会预热粉末，材料都会因为温度改变而受到损坏。虽然有些材料可以重复利用，但是使用损坏的粉末打印结果会出现问题。根据材料和设备类型，超过 85％ 的粉末可以被循环使用，但也会留下几千克被损坏和无法使用的未烧结材料，造成巨大损耗。

3. SLS 技术的应用

目前，SLS 成型技术的应用主要包括以下 3 个方面。

（1）复杂金属零件的快速无模具铸造。

SLS 激光高速铸造成型与精密铸造技术相结合，特别适用于复杂的金属制造，生产成本可大幅降低。SLS 原型的快速无模具铸造产品，如图 1.9 所示。

图 1.9 SLS 原型的快速无模具铸造产品

（2）在医学方面的应用。

心血管的三维结构如图 1.10 所示；心脑血管的 SLS 模型如图 1.11 所示。

图 1.10　心血管的三维结构图　　　　　图 1.11　心脑血管的 SLS 模型

（3）生物工程领域的应用——PCL 多孔支架制作。

　　PCL 是生物可溶性聚合物，具有修复软骨的作用。SLS 技术可轻松实现具有各种内部结构和空隙的 PCL 支架制作。使用 UG3D 建模软件设计的多孔支架模型如图 1.12（a）所示；用 PCL 粉末制作的 PCL 多孔支架如图 1.12（b）所示。

(a) UG3D 建模　　　　　　　(b) SLS 打印的 PCL 多孔支架

图 1.12　使用 UG3D 建模和 SLS 打印的 PCL 多孔支架

1.3.7　电子束选区熔化技术的简介

1. 工作原理

　　电子束选区熔化（EBM）技术是在真空环境中以电子束作为热源，金属粉末为成型材料，通过持续铺开粉床上的金属粉末，然后用电子束扫描熔化，令一个个小熔池熔化和凝固，使金属零件不断形成完整实体的 3D 打印技术。EBM 原理如图 1.13 所示。

　　该技术可以制造出结构复杂、性能优良的金属零件，但成型尺寸受粉末床和真空室尺寸的限制。电子从丝极中发射出来，当丝极加热到一定温度时，就会发射电子。电子在电场中被加速到光速的一半，然后光束由两个磁场控制：第一个磁场作为一个电磁透镜，将电子束聚焦到所需的直径；第二个磁场将聚焦的光束定向到工作台上所需的操作点。电子束枪固定在真空室顶部发射出电子束，电子束可以被操纵转向到达整个加工区域。

　　因具有直接加工复杂几何形状零件的能力，EBM 技术非常适于小批量复杂零件的直

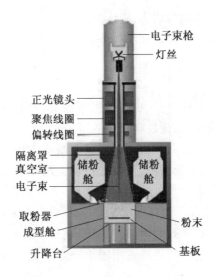

图 1.13　EBM 原理图

接量产。该技术使零件定制化成为可能,制造时直接使用 CAD 数据,一步到位,所以制造速度很快。与砂模铸造或熔模精密铸造相比,使用该技术打印的产品交货期将明显缩短。生产过程中,EBM 和真空技术相结合,可获得高功率和良好的环境,从而确保材料性能优异。

2. EBM 技术的优缺点

EBM 技术的优点:

(1)能量利用率高,在窄光束上能达到高功率,能打印难熔金属,并且可以将不同金属熔合,材料对电子束的吸收率更高、反射更小。

(2)真空环境消除了产生杂质的可能性,如氧化物和氮化物,而且在真空中熔炼,可保证材料的高强度。

(3)粉末粒径范围宽。电子束穿透能力更强,可以完全熔化更厚的粉末层,因此电子束选区熔化技术的铺粉厚度可达到 $75\sim200~\mu m$,金属粉末粒径范围为 $45\sim105~\mu m$ 甚至更粗。

(4)加工速度更快。利用磁偏转线圈产生变化的磁场操纵电子束在粉末层上快速移动,扫描频率为 20 kHz。

(5)激光束不预热,电子束实施预热。电子束选区熔化技术的温差小,残余应力低,加工支撑所需较少。

(6)加工材料范围广。EBM 技术可实现不锈钢、钛合金、镍基高温合金、TiAl 基高温合金等材料的成型。

EBM 技术的缺点:

(1)EBM 技术打印过程中需要预热粉末,粉末会呈现一种假烧结状态,不利于小孔、缝隙类特征打印,如 1 mm 的孔易被粉末堵死。

(2)EBM 设备需要真空系统,硬件资金投入更高,对设备的气密性要求较高,而且需要维护。电子束技术的操作过程会产生 X 射线。

（3）打印完成后,不能打开真空室,热量只能通过辐射散失,降低了打印效率。

3. EBM 技术的应用

（1）医疗方面。

①定制个体化。定制的假体、植入物缩短患者的痛苦和紧张的适应阶段。最佳贴合的尺寸也使手术操作难度减小,减少外科医生的压力。

②复杂的几何形状。一些复杂结构通过传统的制造方法（铣削、车削或铸造等）无法制造出来,而模仿仿生原理的复杂结构,可以加快病人的愈合过程,这些复杂的仿生机构只有通过增材制造方式来实现。

③ 功能集成。增材制造医疗设备能够满足多种功能植入物的制造需求并减少制作步骤。打印骨质结构可以具有多孔和粗糙的表面,利于改善骨整合。不需要进一步的喷涂或表面纹理化后期处理。这一优点既适用于生产定制化植入物,也适用于制造标准化植入物。

④ 降低手术费用。更快的植入物生产速度、更贴合的尺寸加快缩短手术过程和恢复期,更好的人体环境相容性降低后续治疗需求,这些都使得病人住院和后续治疗的费用大大减少。

（2）航天方面。

美国 NASA Langley Research Center、Sciaky 公司、Lockheed Martin 公司等研究单位针对航空航天钛合金、铝合金结构的 EBM 成型技术开展了大量研究,最大成型速度达到了 3 500 cm³/h,较之其他的金属快速成型技术,效率提高了数十倍。利用该项技术完成了 F-22 战斗机上钛合金支座的直接制造,该零件成功通过了两个周期的最大载荷全谱疲劳测试,并未发现永久变形。

1.3.8 激光选区熔化技术的简介

1. 工作原理

激光选区熔化（SLM）技术的原理与电子束选区熔化（EBM）技术类似,同样也是一种基于粉末床的铺粉成型技术,只是热源不是电子束而是激光束。SLM 技术是利用高能量的激光束,按照预定的扫描路径,扫描预先铺覆好的金属粉末将其完全熔化,再经冷却凝固后成型的一种技术,SLM 原理图如图 1.14 所示。

结构复杂、性能优良、表面质量好的金属零件可以通过该技术成型,但目前还不能成型出大尺寸零件。但是,与 EBM 技术不同的是,SLM 技术一般需要添加支撑结构,支撑结构的主要作用体现在:

（1）承接下一层未成型粉末层,防止激光扫描到过厚的金属粉末层,发生塌陷;

（2）由于成型过程中粉末受热熔化冷却后,内部存在收缩应力,因此零件发生翘曲等,支撑结构连接已成型部分与未成型部分,可有效抑制这种收缩,使成型件保持应力平衡。

SLM 技术具有以下几个特点:

（1）成型原料一般为一种金属粉末,主要包括不锈钢、镍基高温合金、钛合金、高强铝

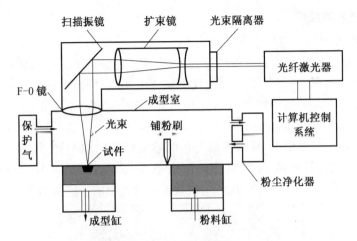

图 1.14　SLM 原理图

合金、钴－铬合金以及贵重金属等;

（2）采用细微聚焦光斑的激光束成型金属零件,成型的零件精度较高,表面稍经打磨、喷砂等简单后处理即可达到使用精度要求;

（3）成型零件的力学性能良好,一般拉伸性能可超铸件,达到锻件水平;

（4）进给料速度较慢,导致成型效率较低,零件尺寸会受到铺粉工作箱大小的限制,不适合制造大型的整体零件。

2. SLM 技术的优缺点

SLM 技术的优点:

（1）SLM 技术加工标准金属的致密度超过 99%,打印的零部件具有冶金结合组织、良好的力学性能,与传统工艺相差不大;

（2）可用于打印的原材料种类持续增加,所加工零件可进行后期焊接;

（3）打印的零部件具有较高的尺寸精度和较好的表面光洁度;

（4）可以直接打印出几何形状复杂的精密结构件;

（5）特别适合于打印单件或小批量的零部件。

SLM 技术的缺点:

（1）球化效应:在 SLM 快速成型过程中,由于熔化的金属表面张力很大,所以容易产生球化效应。这种球化效应将会导致制件内部空洞增多,密度和强度降低,表面粗糙,甚至影响加工过程的顺利进行。

（2）翘曲变形与裂纹:SLM 成型过程是一个复杂的物理化学冶金过程,金属粉末熔化快,熔池存在时间短,快速凝固成型时存在较大的温度梯度,以致容易产生较大的热应力;冷却过程中会发生组织转变,不同的组织热膨胀系数不同,也会产生组织应力;并且,凝固组织还存在残余应力,这 3 种应力的综合作用将会导致制件的翘曲变形与裂纹。

（3）打印成本高,速度慢。

（4）成型件精度和表面质量都有限,但可通过后期再加工提高。

（5）需要添加支撑结构。

3. SLM 技术的应用

（1）航空航天领域的应用。

传统的航空航天组件加工需要耗费很长的时间，在铣削的过程中需要移除体积分数高达 95% 的昂贵材料。采用 SLM 方法成型航空金属零件，可以极大节约成本并提高生产效率。西北工业大学和中国航天科工集团北京动力机械研究所于 2016 年联合实现 SLM 技术在航天发动机涡轮泵上的应用，在国内首次实现了 3D 打印技术在转子类零件上的应用。Brandt 等采用 SLM 技术制造出的航天转轴结构组件，如图 1.15 所示；美国 GE/Morris 公司采用 SLM 技术制造的复杂航空部件，如图 1.16 所示。此外，美国 NASA 从 2012 年开始采用 SLM 技术制造航天发动机中的一些复杂部件。

图 1.15　SLM 技术制造出的航天转轴结构组件

图 1.16　SLM 技术制造的复杂航空部件

（2）生物医学应用。

SLM 3D 打印技术在国内医疗行业的应用始于 20 世纪 80 年代后期，最初主要用于快速制造 3D 医疗模型。随着 3D 打印技术的发展以及医疗行业精准化、个性化的需求增长，SLM 技术在医疗行业的应用也越来越广泛，逐渐用于制造骨科植入物、定制化假体和假肢、个性化定制口腔正畸托槽和口腔修复体等。Wang 等用 SLM 技术制造的 316L 不锈钢脊柱外科手术导板，如图 1.17 所示。Song 等利用 SLM 技术制造的个性化膝关节假体,如图 1.18 所示。

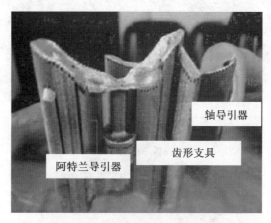

图 1.17　SLM 技术制造的 316L 不锈钢脊柱外科手术导板

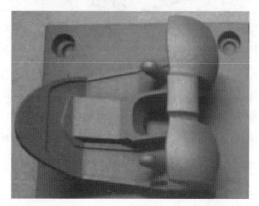

图 1.18　SLM 技术制造的个性化膝关节假体

(3)汽车领域的应用。

在汽车行业中,汽车制造大致可分为 3 个环节:研发、生产及使用。目前,SLM 技术在汽车制造领域中的应用主要包括两个方面:汽车发动机及关键零部件直接成型制造和发动机复杂铸型件成型制造。由于各方面技术难题尚未解决,3D 打印技术制造的汽车零部件只是用于实验和功能性原型制造,还未大规模地投入实际生产使用中。随着 3D 打印技术不断发展,其在零部件生产、汽车维修、汽车改装等方面的应用会逐渐成熟。

(4)模具行业的应用。

SLM 技术在模具行业中的应用主要包括成型冲压模、锻模、铸模、挤压模、拉丝模和粉末冶金模等。Mahshid 等采用 SLM 技术成型了带有随形冷却通道的结构件,测试了采用细胞晶格结构后零件的工件强度。实验设计了 4 种结构:实体、空心、晶格结构和旋转的晶格结构(图 1.19),分别进行了压缩实验。结果显示:相对于实体结构,带有晶格结构的样件强度有所降低;相对于中空结构,带有晶格结构的样件强度没有明显增加。Armillotta 等采用 SLM 技术制造了带有随形冷却通道的压铸模具(图 1.20),实验结果表明:随形冷却的存在减少了喷雾冷却次数,提高了冷却速度,冷却效果更均匀,铸件表面的质量有所提高,缩短了铸件生产周期并且避免了缩孔现象发生。

图 1.19　实体、空心、晶格结构和旋转的晶格结构

图 1.20　SLM 技术制造的带有随形冷却通道的压铸模具

（5）其他领域的应用。

SLM 技术在珠宝、家电等领域的应用也越来越广泛。利用 SLM 技术打印的珠宝首饰致密度高、几何形状复杂，支持多自由度设计，更能突显珠宝首饰设计个性化和定制化的特点，能给消费者提供更多的选择，并且 SLM 在文化创意、创新教育方面也会有广阔的发展空间。

1.3.9　电子束熔丝沉积成型技术简介

1. 工作原理

电子束熔丝沉积成型（EBF）技术又称自由成型制造技术，其使用环境和热源与电子束选区熔化技术相同，但其使用的成型材料为金属丝材。其原理为在真空环境中，高能量密度的电子束轰击金属表面形成熔池，用送丝装置可将金属丝连续送进熔池内，使金属丝按原轨迹继续移动，金属材料逐层凝固堆积，形成致密的冶金结合，直至形成目标零件或目标毛坯。EBF 原理图如图 1.21 所示。

2. EBF 技术的优缺点

EBF 技术的优点：

（1）工作效率高。电子束可以很容易实现大功率输出，可以在较高功率下达到很高的沉积速度，对于大型金属结构的成型，EBF 技术成型速度优势十分明显。

（2）真空环境有利于零件的保护。电子束熔丝沉积成型在真空环境中进行，能有效避免空气中有害杂质（氧、氮、氢等）在高温状态下混入金属零件，非常适合钛、铝等活性金属的加工。

（3）内部质量好。电子束是"体热源"，熔池相对较深，能够消除层间未熔合现象；同时，利用电子束扫描对熔池进行旋转搅拌，可以明显减少气孔等缺陷。

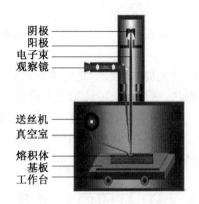

图 1.21　EBF 原理图

（4）可实现多功能加工。电子束输出功率可在较宽的范围内调整，并可通过电磁场实现对束流运动方式及聚焦的灵活控制，可实现高频率复杂扫描运动。利用面扫描技术，能够实现大面积预热及缓冷，利用多束流分束加工技术，可以实现多束流同时工作，在同一台设备上，既可以实现熔丝沉积成型，也可以实现深熔焊接。利用电子束的多功能加工技术，可以根据零件的结构形式以及使役性能要求，采取多种加工技术组合，实现多种工艺协同优化设计制造，以实现成本效益的最优化。

但此技术也有一定的缺点：成型质量差，表面质量粗糙，不能加工处理塑性差的原材料。

3. EBF 技术的应用

EBF 技术主要应用于航空航天领域。EBF 技术可替代锻造工艺，大大降低成本，缩短交货期。它不仅可以用于低成本制造和飞机结构件设计，而且还为宇航员在国际空间站、月球或火星表面加工备用件和新工具提供了简便的方法。EBF 技术还可以直接成型金属材料如铝、镍、钛、不锈钢，两种材料可以混合在一起，或者嵌入材料到另一种材料，例如，光纤玻璃的一部分可以嵌入在铝制件中，从而使传感器的区域安装成为可能。EBF 技术已经在美国国家航空航天局的喷气机上经历了短时间的失重状态的测试。

1.4　3D 打印设备简介

3D 打印是以数字模型文件为基础，运用特殊蜡材、金属粉末或塑料等可黏合材料作为打印原料，把数据输入、原料放进 3D 打印设备中，机器会按照程序把产品一层层"打印"出来，最终成为三维的物体。

3D 打印机与传统打印机最大的区别是它们使用的"墨水"不同，3D 打印的原料是实实在在的原材料，从种类繁多的塑料到金属、陶瓷以及橡胶类物质，堆叠累积的形式多种多样，可用于打印的介质品类繁多。基于不同成型原理的 3D 打印技术也衍生出了不同的 3D 打印设备。

一些 3D 打印机使用"喷墨"方式，即用打印机喷嘴将一层薄薄的液体塑料喷到模具托盘上，在紫外线下对涂层进行处理，然后模具托盘下降一个非常小的距离为下一层堆叠做准备。

还有一种"熔积成型"技术,即在喷嘴中熔化塑料,然后沉积塑料纤维,通过此方式形成一个薄层。

还有一些系统使用一种"激光烧结"技术,将粉末颗粒喷到浇铸托盘上,形成一层薄薄的粉末,将其熔铸成所需的形状,然后喷上液体黏合剂固化。

另一些则用真空中的电子流来熔化粉末颗粒。在复杂的结构中,如孔和悬臂,就需要添加凝胶剂或其他物质到介质中以提供支撑或占据空间。这部分粉末不会被熔铸,最终可以用水或空气冲洗掉支撑,形成孔隙。

1.5　3D 打印的发展及应用

1.5.1　3D 打印的发展简史

1984 年,美国人查尔斯·胡尔(Charles W. Hull)发明了立体光刻(SLA)技术,被后人称为"3D 打印之父"。

1986 年,美国国家科学基金会(National Science Foundation,NSF)赞助 Helisys 公司研发出分层实体制造(LOM)技术;同年,查尔斯·胡尔成立了 3D Systems 公司,这是世界上第一家生产 3D 打印设备的公司,且开发了第一台商业 3D 打印机,之后该公司研发了著名的 STL 文件格式,将 CAD 模型进行三角化处理,成为 CAD/CAM 系统接口文件格式的工业标准之一。

1988 年,美国人斯科特·克鲁普(Scott Crump)发明了熔融沉积成型(FDM)技术。

1989 年,斯科特·克鲁普创立了 Stratasys 公司。

1991 年,Stratasys 公司发布了第一台熔融沉积造型机;美国 Helissy 公司推出第一台分层实体制造(LOM)设备。

1992 年,在 Stratasys 公司成立 3 年后,推出了第一台 FDM 的 3D 工业级打印机,标志着 FDM 技术步入了商用阶段;美国 DTM 公司推出首台选择性激光烧结(SLS)打印机。

1993 年,美国麻省理工学院教授伊曼纽尔·赛琪(Emanual Saches)发明了 3DP 技术,麻省理工学院获得了 3D 打印技术专利;中国第一家 3D 打印公司成立。

1994 年,美国 ARCAM 公司发明电子束选区熔化(EBM)技术。

1995 年,德国 Fraunhofer 激光技术研究所(ILT)推出 SLM 技术;美国 Z Corp 公司从麻省理工学院获得唯一授权并开始开发 3D 打印机。

1996 年,美国 3D Systems、Stratasys、Z Corp 等公司各自推出了新一代的快速成型设备,此后快速成型便有了另一个更加通俗的称呼——3D 打印。

1999 年,使用 Wake Forest 再生医学研究所开发的技术,将实验室生长的膀胱成功移植到患者体内后,在手术中使用 3D 打印器官已成为现实。

2004 年,3D System 公司开始运用 3D 打印设备打印珠宝。

2005 年,市场上首个高清晰彩色 3D 打印机 Spectrum Z510 由 Z Corp 公司研制成功。

2008 年,以色列 Objet Geometries 公司推出了 Connex 500 快速成型机,它具有极大的颠覆性,是有史以来第一台能够同时使用几种不同打印原料的 3D 打印机。

2010 年,世界上第一辆由 3D 打印机打印而成的汽车 Urbee 问世。

2011 年,英国南安普敦大学的工程师们设计和试驾了全球首架 3D 打印的非模型可飞行的飞机;英国研究人员开发出世界上第一台 3D 巧克力打印机;发布了全球第一款 3D 打印的比基尼。

2012 年,英国《经济学家》发表专文,称 3D 打印将是第三次工业革命,这篇文章引发了人们对 3D 打印的新看法,3D 打印开始在社会普通大众中传播;苏格兰科学家利用人体细胞首次用 3D 打印机打印出人造肝脏组织。

2013 年,全球首次成功拍卖一款名为"ONO 之神"的 3D 打印艺术品;中国 3D 打印技术产业联盟正式宣告成立,国内各类媒体开始铺天盖地报道 3D 打印的新闻;美国德克萨斯州奥斯汀的 3D 打印公司"固体概念"(Solid Concepts)设计制造出 3D 打印金属手枪。

2015 年,美国 Carbon 3D 公司发布一种新的光固化技术——连续液态界面制造(Continuous Liquid Interface Production, CLIP):利用氧气和光连续地从树脂材料中制作出模型。该技术比目前任意一种 3D 打印技术要快 25～100 倍。这个设备在次年被推向市场。

2016 年,美国哈佛大学研发出 3D 打印肾小管。

2017 年,科技公司 Bellus 3D 可完整拍下高分辨率的人脸 3D 照片,这些照片能 3D 打印出面具;德国某运动品牌推出了全球首款鞋底 3D 打印制成的运动鞋,2018 年开始批量生产。

2018 年,中国昆明理工大学增材制造中心超大 3D 打印钛合金复杂零件试制成功,是当时使用 SLM 工艺成型的最大单体钛合金复杂零件;西门子 3D 打印燃气轮机燃烧室成功运行 8 000 h,证明了 3D 打印零部件性能的可靠性;惠普正式发布金属 3D 打印机。

2019 年,以色列科学家使用患者的细胞 3D 打印出一颗"可跳动的心脏";中国西北工业大学汪焰恩教授团队 3D 打印出"可生长的骨头";美国莱斯大学与华盛顿大学的研究团队 3D 打印出"可呼吸的肺"。3D 打印在生物医疗领域大放异彩。

1.5.2　3D 打印应用简介

1. 海洋船舶领域的应用

(1)制备船用零件。

在对海船的设备故障进行修理时,传统的方法是将船上可能需要的各种部件带在船上,或者设法停靠码头进行修理。这两种方式修复成本和风险都比较高,而 3D 打印技术可以很好地解决这个问题。

3D 打印应用于海洋船舶主要有两种形式:一种是陆上 3D 打印,例如,新加坡的威尔森船舶服务公司就拥有 3D 打印设备,按需生产 3D 打印部件,为船舶提供配件;另一种是舰载 3D 打印,即在航行中的船舶上使用 3D 打印技术,可以大大减少备件的载质量,增加燃料和物资的载质量,从而达到更好的经济效益。

例如,军舰上安装 3D 打印设备打印生活用品及常用的替换零部件,可增加燃料和武器弹药的携带量,提升远洋作战能力,在军事上具有重要的意义。2014 年,美国海军实验利用 3D 打印等先进制造技术快速制造舰船零部件,希望提高任务执行速度,降低成本。他们还举办了第一届制汇节,作为战斗指挥系统活动的一部分,并举办了一系列关于"打印舰艇"的研讨会,并向水手和其他人介绍了 3D 打印和其他先进的制造技术。美国海军致力于未来在这一领域培训水手使用 3D 打印和其他先进的制造方法,可以显著提高任务速度和准备状态,降低成本,并避免从世界各地采购船舶部件。美国海军战斗舰队后勤部副部长 Phil Cullom 表示,考虑到物流和供应链成本、海军现有的弱点和资源约束,先进制造和 3D 打印的应用越来越广泛,他们设想一个由技术熟练的水手支持的先进制造商的全球网络,用于发现问题和生产产品。

3D 打印对无人船的使用也产生了一定影响,无人船的使用改变了过去"船载人、人工测"的海洋数据测绘模式,效率高、成本低,还极大减少了测绘人员在海上发生意外事故的可能。无人船制造商 MOST Autonomous Vessels 联合 Ogle Models 公司使用激光烧结技术打印了精度、强度都能满足要求的船头与船尾这些关键部件,并顺利地与中间舱体部分拼接为一个整体,实现了快速高效的无人船制造,为未来海上无人船队的建设提供了技术支持。

(2)制备用于海洋环境的材料。

海洋设备的材料在高湿度、高盐度的海洋环境中有新的需求,船用海洋级别的不锈钢材料应具有优良的耐腐蚀性和延展性,弯曲时不会断裂。2017 年,美国劳伦斯利弗莫尔国家实验室(LLNL)与佐治亚理工大学、美国俄勒冈州立大学和艾姆斯国家实验室合作,成功 3D 打印了"海洋级"316L 不锈钢。由于激光熔融会导致高孔隙率,所以他们使用了密度优化工艺,使用计算机建模来改善不锈钢的底层微观结构,生产出一种分层类细胞状结构,通过调整这些结构来控制打印件的物理性能。这种材料碳含量低,耐腐蚀,在某些条件下,比传统工艺制造的材料强度更高,延展性更好,被广泛用于制造输油管道、发动机零部件等。

(3)制备海洋工程装备。

目前,舰载无人机的应用日益广泛,可用于探索最佳航行路径、监控海盗或走私等。英美海军正在研究 3D 打印舰载无人机,根据不同的使用目的,设计师将设计模型远程发送至舰艇,在短时间内打印出无人机结构并装配相应的电器元件,使舰载无人机的制造更加快捷、应用更加灵活。为了减轻整机质量,使用的材料为合成纤维尼龙,使用激光烧结打印机制作出主体部分,大大减少了部件数量和组装难度。水下软体机器人结构复杂且采用柔软材料,故难以用传统加工工艺制成。为了增加软体机器人结构设计的多样性以及更好地融合多种材料,3D 打印技术逐渐应用于软体机器人领域。2016 年,哈佛大学 M. Wehner 课题组成功研制出第一款全软体"章鱼机器人"——Octobot,它使用硅胶为打印原材料,经过 3D 打印而成。麻省理工学院 3D 打印了软机器鱼 SoFi,通过 3D 打印头部,安装电子元件,背部和尾部由硅橡胶和柔性塑料制成,能够潜水,像鱼一样游泳,配备鱼眼镜头,用于探测水下世界、接近海洋生物、捕捉视频和照片,如图 1.22 所示。

图 1.22　软机器鱼 SoFi

北京航空航天大学采用多材料 3D 打印机打印出了仿生鲫鱼吸盘样机(图 1.23),将其安装到一个小型水下航行器的头部,使航行器能够有效地吸附到各种表面上以节省游动能量,也可以用于探测水下环境、检测船底等是否有裂纹或异物。

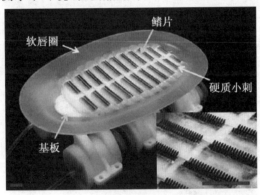

图 1.23　仿生鲫鱼吸盘样机

2. 航空航天科技的应用

随着智能制造技术的不断发展,3D 打印技术随之不断完善和成熟。经过 30 多年的发展,3D 打印技术已经发展得十分迅速。一些航空航天企业已经集中精力探索如何进行技术创新,让 3D 打印技术更好地服务于航空航天制造。

(1)3D 打印在飞机中的应用。

2010 年空客公司将美国通用电气公司(GE)生产的 LEAP 发动机用于 A320neo 飞机,其中带有 3D 打印的燃油喷嘴如图 1.24 所示。2015 年 5 月 19 日,A320neo 飞机首飞成功。装有 LEAP 发动机的 A320neo 获得欧洲航空安全局(EASA)的认证和美国联邦航空管理局(FAA)的认证。利用 3D 打印技术,在按需制造复杂零件、确保按时交货的同时,也减轻了零部件质量、缩短了生产周期、降低了生产成本、简化了供应链。

我国北京航空航天大学材料学院研制出迄今世界最大、拥有核心关键技术的激光快速成型成套工程化装备,利用其制造出整体钛合金材料的飞机主承力结构件、国产 C919 客机的双曲面风挡窗框、战斗机起落架主承力筒等大型飞机结构件产品。经统计,制造 C919 中央翼肋时,3D 打印设备相对传统制造技术使材料利用率增加了 5 倍,研制周期缩

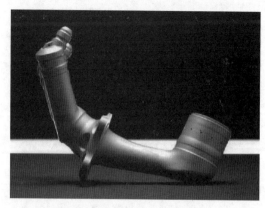

图 1.24　3D 打印的燃油喷嘴

短了 2/3,成本降低了 50% 左右。

(2)3D 打印在空间飞行器中的应用。

欧洲航天局(ESA)和瑞士 SWISSto 12 公司开发出专门为未来空间卫星设计的首个 3D 打印双反射面天线原型,如图 1.25 所示,通过采用 3D 打印,不仅显著增加天线的精度,还可降低成本,缩短交付时间,增加射频设计的灵活性,最重要的是减轻部件质量。

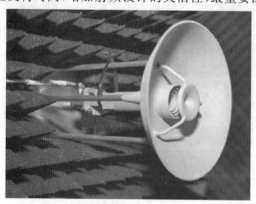

图 1.25　3D 打印双反射面天线原型

法国泰勒斯·阿莱尼亚航天公司将欧洲最大的 3D 打印零件(遥测和指挥天线支撑结构,尺寸约 45 cm×40 cm×21 cm)用于 Koreasat 5A 和 Koreasat 7 远程通信卫星,通过 3D 打印实现了质量减轻 22%、成本节约 30%、生产周期缩短 1~2 月。

(3)3D 打印在无人机中的应用。

无人飞行器是非常灵活的一种设备,经常用于空中测量、摄影、环境监测以及军事领域,机上某些零部件的设计及制造非常昂贵,且生产起来非常耗时。2012 年,美国弗吉尼亚大学的研究人员利用 3D 打印技术制造了一架无人机,该无人机的巡航速度可达 83 km/h,机翼宽 1.98 m,由 3D 打印的零部件装配而成。

英国一家先进制造研究中心(AMRC)的研究人员采用 FDM 技术,ABS 塑料为原材料,打印出一架翼展 1.5 m 的无人机,搭载两台 EDF 发动机,实现了 20 m/s 的巡航速度。

(4)3D 打印在太空的应用。

到 2014 年 9 月底,NASA 完成了其首个太空成像望远镜,其中几个元件是 3D 打印制作的。NASA 也是第一个尝试用 3D 打印整台仪器的机构。

这架太空望远镜功能齐全,其 50.8 mm 的相机可以放进一颗立方体卫星(Cube Sat,一款微型卫星)中。此款空间望远镜的外筒、外挡板和光学框架都直接单独被打印,只有镜面和镜头还有待打印成功,对此仪器的振动和热真空测试于 2015 年开始。

这架望远镜将完全由铝和钛制成,其中 4 个零件需要进行 3D 打印,而传统的制造方法需要 5~10 倍的零件数。此外,在 3D 打印的望远镜中,可将用来减少望远镜中杂散光的仪器挡板做成带有角度的样式,这是传统制造方法无法在单个零件中实现的。

2014 年 8 月 31 日,NASA 的工程师们刚刚完成了 3D 打印火箭喷射器实验,该研究旨在提高火箭发动机组件的性能。喷射器内液体的氧和气体氢混合反应,燃烧温度可达 6 000 °F(约 3 315 ℃),可以产生 20 000 lb(约 9 t)的推力,由此证明了 3D 打印技术在制造火箭发动机中的可行性。这次测试是在亚拉巴马州亨茨维尔的 NASA 马歇尔太空飞行中心进行的,在这里有较为完善的火箭发动机的测试条件,工程师可以在点火环境中验证 3D 打印部件的性能。

制造火箭发动机的喷射器需要高精度的加工技术,如果采用 3D 打印技术,可以降低制造上的复杂度。在计算机上建立喷射器的三维图像,以金属粉末为打印材料,在激光照射高温下,金属粉末可以制作成需要的不同形状。火箭发动机喷射器的喷射组件有几十个,铸造类似大小的组件需要一定的精度。测试成功后,将用于生产 RS-25 引擎,成为 NASA 未来太空发射系统的主要力量,装备该引擎的火箭可以将宇航员送出低地球轨道,进而进入更遥远的深空。马歇尔工程主管克里斯认为 3D 打印中心的应用仅仅是第一步,目的是测试 3D 打印部分如何彻底改变火箭的设计和制造,并提高系统的性能,更重要的是 3D 打印可以节省时间和成本,不容易失败。在测试中,两个火箭喷射器一次点火发射,并使用了设计师创造的复杂几何流体模型,该模型允许氧和氢在 9.65 MPa 的压力下充分混合。

2014 年 10 月 11 日,一群英国爱好者制作了一枚 3D 打印火箭,并准备发射世界上第一枚打印火箭。该团队在伦敦的办公室向媒体介绍了世界上第一枚 3D 打印火箭,团队负责人海恩斯说,用 3D 打印技术制作高度复杂的形状并不难。即使设计原型需要修改,只要在 CAD 软件中进行修改,打印机就会进行相应的调整,这比传统的制造方式方便。现在,NASA 已经在使用 3D 打印技术制造火箭部件。

一家德国数据分析公司赞助了名为"低轨道氢辅助导航"的项目,打印出的火箭重 3 kg,高度和普通成年人的身高差不多,团队花了 4 年时间和 6 000 英镑进行建造。在获得 1.5 万英镑的资助后,他们于 2014 年底在新墨西哥州的美国航天港发射了这枚火箭。一个装满氢气的巨大气球把火箭升到 20 000 m 的高度,安装在火箭内部的全球定位系统启动发动机,并以 1 610 km/h 的速度喷射。之后,火箭的自动驾驶系统将引导火箭返回地球,而火箭内部的摄像机拍摄了整个过程。

NASA 空间技术任务经理表示,NASA 的工程师们正在通过使用增材制造技术来削减成本,制造出首个全尺寸铜合金火箭发动机零件,这是 3D 打印技术在航空航天领域应用的新里程碑。

据 2015 年 6 月 22 日的一份报告显示,俄罗斯国营科技集团利用 3D 打印技术制造了一架重 3.8 kg、翼展 2.4 m、飞行速度 90～100 km/h、续航时间 1～1.5 h 的无人机原型。公司发言人弗拉基米尔·库塔霍夫说,公司从概念到制造出原型机只用了两个半月的时间,只用了 31 h 就完成了生产,成本不到 20 万卢布(约合 3 700 美元)。

蓝色起源公司(Blue Origin)和美国太空探索技术公司(Space X)都使用 3D 打印技术为其运载火箭制造了一些部件和工具,但两家公司在制造大部分火箭时仍依赖传统技术。3D 打印组件更轻、更坚固、更容易制造,使火箭送入轨道的成本更低。两家公司的核心使命是创建一个新的、从根本上更好的制造和发射火箭的流程,努力实现火箭设计和生产流程的自动化,并打印尽可能多的火箭部件。Relativity Space 公司正在开发一个新的平台 Stargate,这是一个结合了软件、机器学习、冶金和世界上最大的金属 3D 打印机的平台。该公司目前拥有专有的打印头(Print heads)、软件和金属沉积工艺,允许 Stargate 制造直径约 3 m、高 6 m 的部件,速度比传统 3D 打印机快 20～30 倍。两家公司可以在 30 天内制造出高 30 m、直径 2 m 的火箭,全部由 3D 打印部件制成。一旦零件被打印出来,他们的目标是在未来 30 天内完成组装、测试、集成和投产。因此,有望在 60 天内从原材料起步制造出完整的火箭。目前,两家公司正在使用"星际之门"制造运载火箭 Terran 1,以及火箭发动机 Aeon 1。

(5)3D 打印在武器装备中的应用。

2001 年 AeroMet 公司为波音公司制造了 F/A－18E/F 舰载联合歼击/攻击机小批量试制的发动机舱推力拉梁、机翼折叠接头、翼梁等钛合金次承力结构件,于 2002 年率先实现激光快速成型钛合金次承力结构件在 F/A－18 等战机上的验证考核和装机应用,并制定出专门的技术标准(AMS4999),该零件满足疲劳寿命 4 倍的要求,静力加载到工艺要求的 225% 也未能破坏。

中国运载火箭技术研究院采用 3D 打印技术成功试制出火箭发动机关键部件:一体化喷注器,这也是国内首次成功采用该技术制造一体化喷注器。

全球最大的导弹武器制造商美国雷锡恩公司一直致力于应用增材制造技术制造制导武器部件,已经打印完成包括火箭发动机、弹翼、制导和控制系统的部分部件。美国海军在 2016 年 3 月进行的三叉戟ⅡD5 潜射弹道导弹第 160 次试射中成功测试了首个使用 3D 打印的导弹部件——可保护导弹电缆接头的连接器后盖,通过 3D 打印使该零件的设计和制造时间缩短了一半。

3. 医疗领域的应用

随着 3D 打印技术的发展和成熟,这一新兴的科技成果开始进入医学领域,在临床实践、医疗模型、医疗设备研发、3D 打印制药、药物的研究与毒性筛查等领域得到了广泛应用。

(1)临床实践。

3D 打印技术可以通过获取患者的影像数据打印出患者病变部位的三维立体模型,这能辅助医护人员全面了解病变部位及复杂的解剖结构,更好地规划和优化手术方案,制订导航板,促进患者术后恢复和功能锻炼。3D 打印导航板对辅助肿瘤切除有积极意义,且已广泛应用于骨外科、神经外科、整形外科等领域中。

吴蓓蓓等采用 1∶1 三维模型进行术前预演,规划手术路径和肿瘤切除范围,充分评估手术风险,制订应急预案。采用 3D 打印技术结合 3D 胸腔镜技术进行胸部肿瘤手术,10 例患者的肿瘤均被根治性切除,预后良好,无复发转移。

Liu 等首先利用 CT 数据重建下颌缺损虚拟模型,3D 打印实体缺损模型和修复模型,在计算机上模拟治疗方案,选择合适的胫骨取出部位,确定钛板的尺寸,然后采用 3D 打印出的实体模型来进行术前模拟。最后,入组患者对外观和语言功能的恢复感到满意,同时,3D 打印技术大大提高了手术的准确性,缩短了手术时间。该研究表明,数字化设计与3D 打印相结合,有利于提高颌骨缺损治疗的准确性和疗效。

Dennis 等利用 3D 打印技术进行术前模拟,并成功地进行了复杂的颌面部重建手术。该研究认为,术前模拟对皮瓣移植和接骨板关节具有重要的指导作用。医生可以根据患者病变患处的影像数据,对导板等辅助器械分别做个性化设计,并通过 3D 打印技术打印出来实体模型,再应用于手术中。

Levine 等成功在颅颌面外科手术中使用了 3D 打印技术,3D 打印出的个性化手术导板对骨骼重新定位与替换的准确性十分有效,术后效果理想。吴东迎等 3D 打印截骨引导板在全膝关节置换术中的应用表明,3D 打印截骨引导板辅助全膝关节置换术的手术时间和出血量均较短。应用 3D 打印技术和数字化设计于复杂手术中,可以提高手术的准确性和成功率,优化手术效果。3D 打印技术可以准确规划手术路径,导航手术操作,更好地构建手术计划,实现个性化定制,减少术后并发症。

另外,3D 打印的局部病变模型可用于医患交流,降低病人的理解难度,缓解当前日趋紧张的医患关系。

(2)医疗模型。

①颌面部的应用。

a.耳朵。先天性或意外的疾病,如小耳症和无耳畸形,可导致耳朵损伤或丧失。最常见的治疗方法是用假体或雕刻的肋骨软骨来替换受损的耳朵,但这些传统技术并不理想。3D 生物打印技术可用于制造光滑、复杂的软组织假体,具有与耳郭相似的机械性能,而且成本低廉。此外,还可以利用彩色光谱仪再现患者的皮肤颜色供临床使用。近期报道 3 例小耳患者采用 3D 打印假耳,打印出的假耳在形状、纹理、方向和颜色方面都比前一代有所改进。

b.眼球。在生理光学和光学设计领域的许多实验中,必须仔细考虑眼睛的光学系统的功能。因此,想获得详细的生物功能需要眼球模型。有学者提出了一种可调节依赖性的模型眼,其角膜前表面为非球面,晶状体表面也为非球面,折射率是均匀的,但会随着调节程度的变化而变化。最近,3D 打印已被用于创建眼球模型,因为该技术有其独特的能力来制造精密复杂的设备。与 Navarro 的模型相比,3D 打印模型在计算眼球前室深度和纵轴长度方面更加准确。

c.口腔。3D 生物打印技术已被应用于生产下颌骨重建的中间夹板和手术计划模型,还会应用在重建下颌骨和上颌骨的结构等方面,这是一个相对低成本、快速、方便、准确的流程。在正颌手术中,利用 3D 打印技术制作患者的下颌骨模型,模拟手术前的操作步骤,最后制作中间和后期夹板,这对手术的成功起着非常重要的作用。预制的 3D 打印模型可以帮助医生准确规划手术方向,缩短手术时间。而且基于 CBCT 数据,可以制作出高精度的牙齿 3D 打印复制品,用于牙体自体移植或制造牙根模拟种植体。

②内脏器官。

a. 肝脏。2015 年 7 月 8 日,来自日本筑波大学和大日本打印公司的一组科研团队宣布,他们已经研发出一种方法,可以用 3D 打印机低成本地创建肝脏的 3D 模型,此模型可以看到肝脏的内部结构,包括血管。该研究称,如果应用该技术,可以为每位患者单独创建一个模型,在手术前以帮助确定手术顺序,并向患者解释治疗方法。该模型是根据 CT 扫描等医疗检查中获得的患者数据,使用 3D 打印机创建的。该模型显示了肝脏表面的整体形状,详细创建了肝脏内的血管和肿瘤。因为肝脏模型基本上是空的,重要血管等部位很容易看到。这种模型只需要少量昂贵的树脂材料,据说成本不到最初 30 万～40 万日元的三分之一。

用于科研的捐赠遗体数量有限,无法满足日益增长的肝脏移植需求。因此,越来越多的病人接受健康人供体的肝叶移植。但是,这种方法的捐赠人容易出现一些风险,如失血、周围组织或器官受损,甚至导致供体死亡。更重要的是,应预测移植肝的体积,以避免由于大小不合适而引起的综合征。外科医生不能仅仅通过 CT 和 MRI 来精确地了解这一点,所以 3D 打印出实体器官非常重要。它可以打印透明的供、受体肝脏模型,打印的血管化系统数量准确,可以用不同颜色进行标记和显示,使外科医生能够准确定位,设计手术方案,提高手术成功率,缩短手术时间。此外,3D 打印模型能让外科医生以同样的方式定位肿瘤。

b. 心脏。移植 3D 生物打印组织作为心脏补片有助于心肌梗死后心脏功能的恢复。有研究者将该补片移植到被诱导的心肌梗死小鼠模型中,最终生物打印心脏补片增加了血管的形成,明显改善了心脏功能。此外,植入心脏补片后还显示梗死心肌边缘有血管增生。最近,一些具有重复弯曲能力、类似橡胶的 3D 打印材料被证明具有类似心血管组织的机械性能。此外,3D 打印模型已成功帮助外科医生进行手术规划和术中定位。目前,脑室动脉瘤和心脏恶性肿瘤患者的心脏 3D 模型,以及需要冠状动脉搭桥术患者的心脏 3D 模型已经打印出来。对于复杂的手术,3D 打印技术可以显示出器官、病变的结构,使术者在术前清楚地了解手术的范围和位置,此外,在患者的专用 3D 打印模型上模拟,可以预测经导管主动脉瓣植入术后所发生的椎旁静脉瘘,因此,生物打印手术模型有很大的医学实用价值。

c. 肾脏。3D 打印肾脏模型有助于设计手术方案,其中肾脏病变的形状和位置打印得很清楚。在该模型的帮助下,所有患者均成功地进行了部分肾切除术,并适当保留邻近健康的肾实质。另一位专家采用 3D 打印技术模拟输尿管膀胱的吻合,其中膀胱周围除了脂肪外,还有单独的膜层、浆液层和肌肉层。

d. 心脏。2014 年 10 月 13 日,纽约长老会医院的埃米尔·巴查(Emile Bacha)医生讲述了他使用 3D 打印的心脏救活一名 2 周大婴儿的故事。这名婴儿患有先天性心脏缺陷,它会在心脏内部制造“大量的洞”。在过去,这种类型的手术需要停掉心脏,将其打开并进行观察,然后在很短的时间内来决定接下来应该做什么。但有了 3D 打印技术之后,巴查医生就可以在手术之前制作出心脏的模型,从而使他的团队可以对其进行检查,然后决定在手术当中到底应该做什么。这名婴儿原本需要进行 3～4 次手术,而现在一次就够了,这名原本被认为寿命有限的婴儿可以过上正常的生活了。巴查医生说,他使用了婴儿的 MRI 数据和 3D 打印技术制作了这个心脏模型。整个制作过程共花费了数千美元,不过他预计制作价格未来会降低。

3D 打印技术能够让医生提前练习,从而减少病人在手术台上的时间。3D 模型有助于减少手术步骤,使手术变得更为安全。

2015 年 1 月,在迈阿密儿童医院,有一位患有"完全型肺静脉畸形引流(TAPVC)"的 4 岁女孩 Adanelie Gonzalez,由于疾病她的呼吸困难、免疫系统薄弱,如果不实施矫正手术仅能存活数周甚至数日。心血管外科医生借助 3D 心脏模型的帮助,通过完全复制小女孩心脏的 3D 模型,成功地制订了一个复杂的矫正手术方案。最终根据方案,成功地为小女孩实施了永久手术,现在小女孩的血液恢复正常流动,身体在治疗中逐渐恢复正常。

2017 年 7 月,瑞士联邦理工学院的博士生尼古拉斯·科尔斯(Nicholas Cohrs)领导的团队,运用 3D 打印技术制造出了世界上第一个软体人工心脏。

③骨骼。

a.3D 打印骨支架。Li 等以绵羊的颈椎骨为成熟脊柱融合模型,通过 3D 打印制作多孔钛合金支架,在成熟绵羊上进行骨融合实验,结果表明 3D 打印钛合金支架的刚度高于聚醚醚酮(PEEK),与采用传统工艺生产钛合金支架相比,应力屏蔽效果显著降低。3D 打印钛合金支架取出后,在支架内部形成连续且紧密相连的骨组织,证明 3D 打印的钛融合器具有良好的生物相容性,能够促进骨在被造体内的生长。目前,3D 打印技术在骨科中的应用主要集中在骨科支架的制备上。未来,3D 打印骨科支架的性能将进一步提高,更多功能性的骨科支架将被开发出来。

b.3D 打印头盖骨。2014 年 8 月 28 日,周至县 46 岁的农民胡某在建房时从 3 楼坠落,撞到一堆木头上,他的左脑盖被压碎了。在当地医院接受手术后,胡某活了下来,但他的左脑盖出现了凹陷,使他在别人眼中成了"半人半脑"的形象。除了他不寻常的脸,事故还损害了他的视力和语言能力。为了帮助他恢复到以前的形象,医生使用 3D 打印技术辅助缺陷头骨形状的设计,并设计了一种钛金属网重建缺损颅眶骨,使左边的"脑盖"缺陷被补足,最后实现左右对称。医生除了用钛网支撑左脑盖外,还从腿部取下肌肉填充。手术后,胡师傅的外貌会恢复,他的语言功能视术后恢复情况决定。

c.3D 打印脊椎。2014 年 8 月,北京大学的一个研究团队成功将一个 3D 打印的脊柱植入一名 12 岁男孩体内,这在世界上尚属首例。在一次足球受伤后,这个男孩的脊椎长出了恶性肿瘤,医生不得不切除肿瘤和肿瘤所在的脊椎。然而,这项手术的特殊之处在于,医生们尝试了先进的 3D 打印技术,而不是使用传统的脊柱移植。

研究人员表示,这种植入物可以跟现有骨骼非常好地结合起来,而且还能缩短病人的康复时间。由于植入的 3D 脊椎可以很好地跟周围的骨骼结合在一起,所以它并不需要太多的"锚定"。此外,研究人员还在上面设立了微孔洞,它能帮助骨骼在合金之间生长。换言之,植入进去的 3D 打印脊椎将跟原脊柱牢牢地生长在一起,这也意味着未来不会发生松动的情况。

④皮肤。

皮肤是人体与外界环境之间的屏障,对人的生存具有重要意义。皮肤替代品作为促进伤口愈合的重要工具,长期以来被广泛应用于患者伤口的治疗中。传统方法生产的皮肤替代品存在性能不足、生产成本昂贵、尺寸单一、制备时间长等问题。因此,人们迫切需要一种能够实现低成本、标准化生产皮肤替代品的技术,3D打印技术的出现为这个问题提供了一个可行的解决方案。

Ng 等利用3种来自正常人类皮肤组织的原代皮肤细胞:角质形成细胞(KCs)、黑素细胞(MCs)和成纤维细胞(FBs)进行了实验,并探索了制造具有均匀皮肤色素沉着的3D体外色素沉着人体皮肤构建体的可行性。实验结果表明,在三维生物打印的人体皮肤构建体中,角质形成细胞得到了良好的发育。这些细胞对黑色素的转移是必要的,根据对色素的跟踪,发现它均匀地分布在整个构建体结构中。3D打印皮肤结构为皮肤缺陷或皮肤损伤患者的治疗提供了有效的解决方案,3D体外有色人类皮肤构建体结构可用于潜在的毒理学测试和基础细胞生物学研究。随着研究的继续,3D打印皮肤构造可能会在更多方面给患者提供帮助。

⑤外周神经修复。

神经导管可以连接两个神经末梢,引导轴突再生,并为数万细胞的聚集增殖提供营养环境。为了制造性能优良的神经导管,需要考虑3个问题:原材料的选择、表面改性和支架的制造。所制备的神经导管应满足以下要求:

a.能连接受损神经。

b.为轴突再生提供稳定的环境。

c.成功连接受损神经后,神经导管可有效降解,为神经的进一步生长提供空间。功能性神经修复支架可以为神经恢复提供空间,同时释放相关药物,加速修复过程。

Tao 等制备了一种含药物的3D打印水凝胶导管,不仅为轴突伸长提供了物理微环境,还促进了神经再生。该功能支架可有效促进坐骨神经损伤的形态、组织病理学和体内功能恢复,是一种有前景的自体移植物,有望在未来的临床应用中得到广泛应用。目前,3D打印技术在神经修复领域的应用相对较少,但却很有前景,它可以弥补传统治疗方法治标不治本的缺点,并通过细胞的持续增殖促进突触的再生,有望恢复受损神经的功能。

(3)医疗设备研发。

3D打印手掌治疗残疾:2014年10月,医生和科学家们使用3D打印技术为英国苏格兰一名5岁女童装上手掌。这名女童名为海莉·弗雷泽,出生时左臂就有残疾,没有手掌,只有手腕。医生和科学家合作为她设计了专用假肢并成功安装。

3D打印技术在助听器、义肢、义齿、新型给药系统和个性化内植入物等医疗器械的制作方面也已得到广泛应用。由于3D打印的助听器可满足不同患者的个性化需求,3D打印助听器在欧洲的生产规模正在以每年30%的速度增长。同时,约有30 000名欧洲患者使用了3D打印的定制化钛合金义肢,相较于传统义肢,3D打印的义肢在患者匹配度和人体工程学方面具有显著优势。Bibb 等经临床实验发现,用3D打印出来的可摘除局部义齿,有功能完整、合适度高的优点,能满足患者的个性化需求,并能避开传统义齿的不确定性与重复性。

Romano-García 等为解决肠内营养补给困难,通过3D打印设计了一款便于病人转运和移动的输注肠内营养液的手动泵,具有给药简单、增进标准营养支持等优势,提升了护理人员的工作效率,促进了病人自我护理和自主性。Hiroki 等基于红外传感器设计的 3D 打印可穿戴智能设备,佩戴在耳朵上,可从鼓膜跟踪核心体温,该设备监测精确,不会因患者活动和所处环境而改变监测效率。3D 打印技术改良设计的医疗设备,使患者活动更加便利,增强了舒适度。

(4)3D 打印制药。

2015 年 8 月 5 日,首款由 Aprecia 制药公司采用 3D 打印技术制备的 SPRITAM(左乙拉西坦,Levetiracetam)速溶片得到美国食品药品监督管理局(FDA)上市批准,并于 2016 年正式售卖。这意味着 3D 打印技术继打印人体器官后进一步向制药领域迈进,对未来实现精准性制药、针对性制药有重大的意义。

通过 3D 打印制药生产出来的药片内部具有丰富的孔洞,因而具有极高的内表面积,故能在短时间内迅速被少量的水融化,这样的特性给某些具有吞咽性障碍的患者带来了福音。这种设想主要针对病人对药品数量的需求问题,可以有效地减少由于药品库存而引发的一系列药品发潮变质、过期等问题。事实上,3D 打印制药最重要的突破是它能进一步实现为病人量身定做药品的梦想。

(5)药物的研究与毒性筛查。

药物开发需要大量的资金和人力资源。尽管努力提高生产效率,但每 10 000 种新药中只有一种能进入临床实验,四分之一的候选药物能进入市场。提高药物研究中候选药物的疗效和毒性预测能力,可以加快新药进入临床的速度。由于跨物种差异,动物模型实验结果不能准确预测人体实验结果,因此许多药物在临床实验中失败,且越来越多的伦理考虑限制了动物实验的进行。3D 打印模型是解决这一问题的理想方法,因为可以模拟自然组织,且可用于高通量的筛选实验。在进行人体实验之前,3D 生物打印模型是替代或补充动物实验的一个很好的选择,因为 3D 生物打印技术具有高仿真性和高制造能力,使药物实验可能重复进行。

2014 年 11 月,Organovo 制作了 3D 打印的肝脏组织模型,以筛选肝脏毒性药物。Organovo 的系统测试了商业药物的安全性和毒性。在抗癌药物研究中,一个合适的肿瘤三维模型必须能够模拟肿瘤的侵袭行为与肿瘤细胞之间的相互作用,这需要通过复杂模型设计原则来实现。3D 生物打印技术生成的癌症模型可以使癌细胞受到多种因素的影响,如:相似的肿瘤微环境(例如细胞外基质)、模拟肿瘤组织的球形结构、化学梯度和增殖谱。因此,3D 生物打印可以更好地构建更真实的肿瘤模型,有利于抗肿瘤药物的研究。在 BT474 乳腺癌细胞的体外模型中,细胞聚集成球状。这些球中间的空洞坏死核高表达低氧生物标志物 HIF-1a,这与之前在实际肿瘤球中观察到的结果一致。三维模型显示了内部静止细胞区域和外部增殖区域,允许药物开发针对体内的静止细胞。此外,肿瘤血管是发育不良并且渗漏的血管,此特征对正常组织和肿瘤组织之间的药物传递有影响,迫切需要一个合适的模型来模拟肿瘤的血管,通过模型结构来优化药物的大小和剂量,3D 打印技术在未来可能被用于模拟这种肿瘤血管。

此外,在个体化医疗中,可以将患者按性别、年龄、体重、种族进行分类,以获得理想的用药剂量。3D 生物打印技术可以为不同类型的患者生产精确剂量的药物,能推进个性化医疗的发展,可以提高治疗效率并降低成本。3D 生物打印技术于 1996 年首次用于药物输送,通过改变模型药物在聚合物基质中的组成、结构和位置来控制药物释放的时间和速度,他们的研究甚至使 3D 打印技术能够在平板电脑上提供精确剂量的药物。

4. 房屋建筑领域的应用

2014 年 8 月,10 栋 3D 打印建筑在上海张江高新青浦园区投入使用,作为当地搬迁项目的办公大楼。"打印"的墙壁是由建筑垃圾制成的特殊"墨水"建成的,它们是根据电脑设计的图纸和计划,由一台大型 3D 打印机一个一个地打印出来的,建造这 10 间小屋只用了 24 h。

2014 年 9 月 5 日,来自世界各地的建筑师正在为建造世界上第一座 3D 打印房屋竞赛。3D 打印房屋是住房容纳力和房屋定制方面的重大突破。荷兰首都阿姆斯特丹的一个建筑师团队用可再生生物材料建造世界上第一个 3D 打印房屋,这座建筑被称为"运河屋",由 13 座房屋组成。"运河屋"已成为一个公共博物馆,美国前总统奥巴马曾参观过它。荷兰 DUS 的建筑师 Hans Vermeulen 受采访时告诉记者,他们的主要目标是"能够提供定制的房子。"

2014 年 1 月,用 3D 打印技术建造的几栋建筑亮相苏州工业园区。这批建筑中有一栋面积 1 100 m² 的别墅和一栋 6 层居民楼。大型 3D 打印机层层叠加喷绘建成墙体,而打印使用的"墨水"材料则是建筑垃圾。

2015 年 7 月 17 日上午,西安出现了一栋由 3D 打印的模块新材料别墅,3 h 内建造方就完成了别墅的建造。据建造方介绍,这座 3 h 建成的精装别墅,只要摆上家具就能拎包入住。

实验结果为实际应用提供了理论依据,实际应用中出现的新问题将鼓励研究人员进一步研究。从相关文献调研中可以看出,经过近几年的发展,我国 3D 打印施工的实际应用进展基本与国外先进水平持平。

2014 年,美国明尼苏达州工程师 Andrey Rudenko 的团队使用单头打印机利用轮廓技术打印出了一个面积约为 3 m×5 m 的中世纪城堡,此城堡的部分结构在现场被打印和吊装。2015 年,盈创科技公司率先建成世界最高的 3D 混凝土打印建筑,通过工厂预制和现场组装并添加大量钢筋,此建筑在两周内完成。同年,菲律宾的 Lewis Yakich 等人用 3D 打印机借助轮廓加工工艺,耗时 100 h 打印出 10.5 m×12.5 m×3 m 的别墅酒店,有两室一厅还有一个带按摩浴缸的房间。2016 年,Apis Cor 公司在俄罗斯的一个小镇上仅用了 24 h 就现场打印出了一座 38 m² 的可居住房屋,此建筑外墙填充聚氨酯填料和保温隔热材料,同时放置增强玻璃纤维以确保房间坚固性。同年,迪拜政府委托盈创科技公司为其打印一座办公楼,建筑面积为 200 多 m²,跨度为 9.6 m,仅用 19 天时间建成,且满足了国内外建筑专家和科研机构的安全性和稳健性检测要求。

2017 年,一个将近 50 m² 的 3D 打印微型办公酒店在丹麦哥本哈根港口打印成功,墙壁设计为非线性造型,将 3D 混凝土打印的优势充分发挥出来。在此之后,3D 混凝土打印房屋如雨后春笋般涌现,许多公司都用其打印房屋墙体等非主要承重结构。2018 年,南京嘉翼精密机器制造公司利用 3D 混凝土打印技术打印了一间污水处理设备用房,是一个 6 m×3.2 m 的表面波浪状长方体建筑,先在工厂打印房屋构件再搬运到现场进行装配,构件与构件之间预留了空腔,装配时现浇混凝土进行黏接。同年,法国著名地产公司布依格与法国南特大学合作,完成了一个 3D 打印住房项目的建造,他们采用近 5 m 的机械臂打印住宅面积近 100 m²。特别值得一提的是,南特大学研发的打印机能够用多种不同的材料打印建筑,共同组成建筑的结构层(混凝土材料)、模架层和保温层(保温材料)。与此同时,美国德克萨斯州创业公司 ICON 在西南偏南大会(SXSW)上公布,他们利用 3D 打印技术,以水泥砂浆为材料打印了一座约 32.5 m² 的房子,只用了 48 h,包括客厅、卧室、盥洗室和弯曲的走廊。随后,欧盟的两家公司 Arup 和 CLS Architetti 合作建造了一座命名为"3D Housing 05"的 3D 打印房屋,在米兰的中央广场 Piazza Cesare Beccaria 打印了原型房屋,并于 Salone Del Mobile 设计展亮相。

随后,3D 打印进一步用于建造承重结构的开发。2018 年底,清华大学建筑学院徐卫国团队借鉴了古代赵州桥的结构方式,采用单拱结构承受荷载,在上海智慧湾科创园完成了一条长 26.3 m、宽 3.6 m 的 3D 打印混凝土步行桥,整个桥的承重结构均为 3D 打印分块预制、现场吊装完成,混凝土分块之间相互挤压受力,结构稳固。2019 年,河北工业大学马国伟团队同样采用装配式混凝土 3D 打印技术,按照 1:2 缩尺寸建造了跨度 18.04 m、总长 28.1 m 的赵州桥。

近期,3D 打印建造朝着更大、更快、更精细的建造目标前进。2019 年底,我国建筑技术中心和中建二局华南公司联合在龙川产业园完成了世界首例原位 3D 打印双层示范建筑的主题打印,该建筑是高 7.2 m、面积 230 m² 的办公建筑,从打印开始到完成净时长不到 60 h。2020 年初,清华大学徐卫国团队研发出基于 3D 混凝土打印的房屋体系以及适用于建筑打印的机械臂移动平台,在此基础上受中国驻肯尼亚大使馆的委托,在实验基地中打印了一座约 40 m² 的精致样板房,此房屋体系和机械臂移动平台十分适用于在热带地区打印建造低收入住房。同年,美国 SQ 4D 建造了包括 3 个卧室、2 个卫生间的一栋 130 m² 住宅,现场打印 48 h 就完成了,材料花费不超过 6 000 美元。2020 年底,清华大学徐卫国团队在河北农村实地打印了一座有起居室、卧室、厨房及厕所的农宅,房屋面积约 85 m²,连屋顶也是打印建造(分为筒拱屋顶和平屋顶两种),打破了屋顶一直采用装配轻构件的局面,打印过程用了 3 套移动机械臂平台一起打印,有效缩短了打印时长。2021 年,美国 ICON 公司打印出了一座可容纳 72 人约 353 m² 的训练军营,ICON 接下来的目标是为边境战乱地区人道主义援助房屋。同年,荷兰爱因霍芬理工大学打印了一座单层 1 客和 2 卧 94 m² 的住宅,住宅的形状像一个大圆石,与自然位置非常契合,很好地展示了 3D 混凝土打印的形式自由特点,同时配备超厚的隔热层,与热网连接,住宅非常舒适和节能,能源性能系数为 0.25。同年,德国 Mense-Korte Ingenieure Architekten 事务所打印了一座能容纳 5 人居住的 160 m² 的两层建筑,结构采用多层墙体,利用 COBOD 公司制造的 BOD2 打印机,打印速度达到 1 m/s,是当前市面上打印速度最快的打印机。

在 2021 年的威尼斯建筑双年展上,英国扎哈 CODE 联合 ETH 的 BRG 设计了一座由 3D 打印的预制混凝土板组装而成的 16 m×12 m 的人行天桥,外形流畅且通过其自身张力即能站立,无须依靠任何钢筋或黏合剂加固。除了在建筑领域的应用之外,3D 打印技术在景观建造领域同样有新的突破。2021 年,清华大学徐卫国团队在深圳宝安区打印了一座约 5 000 m² 的 3D 打印公园,公园的雕塑、花盆、座椅、道路、铺地、路灯等系统均为多台机械臂现场 3D 打印完成。

5.汽车领域的应用

（1）在汽车零部件行业的应用。

汽车新产品更新速度越来越快，开发周期越来越短，汽车零部件制造企业如果按照传统的生产方法制造，将难以满足车厂的要求，而3D打印技术日趋成熟，设备功能日趋完善，整机价格持续下降，使得3D打印迅速在汽车外饰件、内饰件、模具等方面得到广泛应用。

①汽车零部件设计。在汽车零部件设计中，由于3D打印快速成型的特点，完全改变了传统的汽车零部件设计制造工艺，以前需要设计图纸、工艺设计、模具设计、零部件设计、组装验证、设计修改、模具修正、零件制造等漫长的设计和制造过程，有了3D打印，开发人员可以在几天或几个小时内通过计算机建模制造零件，然后使用3D打印技术直接将图纸打印成零件，减少零部件设计、工艺设计、模具设计制造、零部件验证等诸多环节，使汽车零部件制造工艺周期缩短，制造成本降低，生产效率提高。因此，3D打印技术在汽车零部件制造，特别是新产品开发中的应用越来越广泛。随着3D打印技术的发展，材料选择的越发多样性，在汽车零部件的新产品研发中可以选择不同的材料，对不同零部件的机械性能进行设计，使设计人员在新产品开发的早期阶段就可以对不同材料进行比较及力学性能测试，在设计阶段可以方便地对设计缺陷进行修改和完善，在设计层面提高了汽车零部件的生产效率，大大降低了汽车行业新产品开发的成本，缩短了新产品的测试周期。

②汽车内外饰件。在汽车零配件厂家中，汽车零配件对于新产品样品的开发量非常大，汽车内外饰零部件的结构越来越复杂，为了减少风阻，要求形状表面连接为曲面光滑连接，过去由于模具制造的局限性，没有按照最优的表面结构进行设计，而是以牺牲零件的性能为代价来满足零件制造的要求。3D打印技术的出现很好地解决了这些问题，材料不仅限于树脂或工程塑料，金属也可以快速成型。据统计，3D打印技术的应用可以使汽车零部件的开发周期缩短40%，开发成本降低20%。由于节能减排和绿色环保要求，轻量化设计要求越来越高，如保险杠、挡泥板、车灯等外部装饰物。西沃客车的控制面板采用SLA 3D打印，制造周期为4天，经过测试，整车反应良好。标致4008空调箱采用SLS 3D打印，制造周期为3天，经测试性能表现良好。与传统的制造方法相比，仪表盘、方向盘、空调排气罩、手套箱、操纵杆等汽车内饰件的设计成本更低，产品形状也能精确重构。东风勇士民用版2.5 m×2 m仪表控制台采用SLS和SLA 3D打印，制造周期仅需要15天，经过测试使用效果良好。

（2）在维修和改装行业的应用。

3D打印给汽车维修技术和备件库存带来了颠覆性的变化。对于没有库存和紧缺零件的更换和维护，相关模具的开发是相当浪费、昂贵和耗时的。当有了3D打印技术后，技术人员只要对拆卸的零件进行扫描并校正参数，就可以直接通过3D打印修复或打印紧缺的零件，从而延长关键结构的使用寿命。维修进口汽车时，进口零件耗时较长，难以满足用户的要求；汽车保养经常使用专用工具，有些工具需求量不大，很难买到，而3D打印可以直接解决这些问题。随着个性化消费的兴起，将会有越来越多的人购买和改装汽车，需要改装的零部件种类繁多，这使得组织生产变得困难，随着3D打印技术的出现，这些问题可以很容易地解决。

（3）在汽车零件模具行业的应用。

汽车中使用的大部分零件是利用模具生产的。对于复杂结构产品的模具,传统的制造方法难以加工,因此不得不牺牲零件的性能。传统模具制造工艺流程:根据零件图纸进行工艺制定、模具设计制造、零件验证、模具修整、零件校核几个工序反复进行,直到生产出合格的零件,周期长、成本高。与模具制造工艺相比,3D 打印可以直接打印模具,节约成本,提高效率。

直接制作手板:SLS、SLA、FDM 等 3D 打印技术都可以制作手板,但制作出来的手板的精度、强度、表面质量都不一样,这些技术是目前 3D 打印技术最常见的应用。

间接模具制造:利用 3D 打印的原型零件,通过不同的工艺方法制作模具,如硅橡胶模具、石膏模具、环氧树脂模具、砂型等。

直接模具制造:金属 3D 打印在模具行业中更具有优势,如可用于制造异形水路镶件。与传统水道相比,3D 打印异形水道具有冷却时间短、产品质量高等特征。

（4）在个性化设计方面的应用。

随着生活水平的提高,人们的个性化要求越来越多,3D 打印可以短周期、低成本满足人们的个性化要求。例如,消费者希望自己新车外观及内饰与众不同,如果采用传统工艺开个新模具,其成本数十万元计,但运用 3D 打印快速成型,无须额外制造模具,可最大限度精简制作工序、降低成本。

6.服装服饰领域的应用

（1）3D 打印服装。

遇到一件完全合身的衣服是很不容易的事,用 3D 打印机制作的衣服,可以满足所有人的需求。一个设计工作室已经成功使用 3D 打印技术制作出服装,3D 打印出来的服装不但外观新颖,而且舒适合体。

一条 1.9 万元人民币的裙子在制作时用 3 316 条链子连接并且用了 2 279 个打印板块,这种裙子被称作"4D 裙",就像编织的衣服一样,很容易就可以从压缩的状态中舒展开来。创意总监杰西卡说这件衣服打印花费了大约 48 h。

位于美国马萨诸塞州的公司还编写了一个适用于智能手机和平板电脑的应用程序,这能帮助用户调整自己衣服的尺寸。使用这个应用程序,可以改变衣服的风格和舒适性。

2019 年,纽约时装周 Stratasys 公司与著名的时装设计师 Three AS FOUR 和 Travis Fitch 合作的 3D 打印系列服装在活动中亮相,该设计展示了直接在面料上进行 3D 打印的能力。使用 Stratasys J750 3D 打印机,将聚合物直接添加到"Chro-Morpho"系列中。此打印机的功能使设计师可以直接在聚酯织物上打印数千个由光聚合物制成的球形小部件。裙子的 27 个部分中的每个单元都有一个透明的镜片,镜片内部有彩色条纹,可以让裙子在移动时改变颜色。

（2）3D 打印鞋。

2015 年 8 月 27 日,深圳制造商 Sexy Cyborg 3D 打印了"无影高跟鞋"。它是中空的,足以装进一个安全渗透测试工具套件,让一些黑客轻松侵入企业或政府的防御系统,获取有价值的信息。每只鞋里面都有一个抽屉,用户可以在不脱鞋的情况下取出它。

2017 年 4 月,阿迪达斯推出全球首款可量产 3D 打印鞋,可按体重、步法定制。

(3)3D 打印饰品。

3D 打印技术在珠宝设计与制作中的研究主要集中在以下 4 个方面:

第一,从宏观角度研究 3D 打印对珠宝首饰生产工艺的影响和前景,分析 3D 打印的技术优势、局限性和制约因素,探索传统珠宝首饰在 3D 打印时代的发展路径,分析基于 3D 打印的个性化珠宝需求与批量生产之间的矛盾。一些学者对 3D 打印珠宝行业进行了较为广泛的研究,包括珠宝量产质量、珠宝定制市场、营销模式、知识产权、消费者审美等方面,研究 3D 打印技术带来的变化。

第二,从设计的角度研究 3D 打印对传统珠宝行业的影响,探索 3D 打印在复杂形式下的性能优势,深入挖掘 3D 打印珠宝的造型潜力。

第三,从技术方面探讨 3D 打印技术对珠宝首饰生产效率和质量的影响,从而促进 3D 打印技术的改进和发展,实现整个行业的不断进步。

第四,研究 3D 打印的发展趋势,包括工艺技术、设计理念、审美取向等。

在现代首饰产业中,3D 打印的运用主要分成以下两个部分:

其一是 3D 树脂、蜡模打印(图 1.26),用该工艺代替传统首饰行业的工业起模,即用喷蜡 3D 打印技术与石蜡铸造技术相结合的模式;

其二是 3D 金属打印,一步到位直接打印金属首饰。

这两个部分具有迭代关系。3D 树脂、蜡模打印可以被认为是金属打印的初始形式,但也是行业中使用最成熟的技术;后者由于技术和材料的困难,尚处于研究或小批量实验阶段。

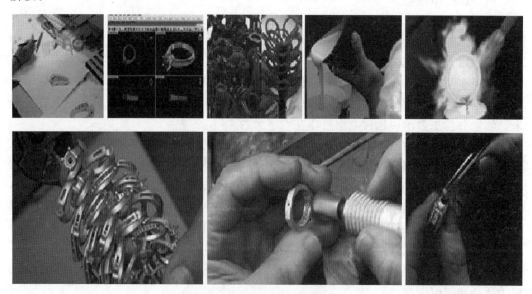

图 1.26　3D 树脂、蜡模打印

3D 打印珠宝首饰工艺的基本步骤主要包括以下内容:

第一,数字模具创作,即利用常用的计算机辅助软件(JEWEL CAD、Rhino、3D Design)将珠宝创意转化为数字模型,也可以将其他一些产品通过 3D 扫描倒转为数字模型。

第二,文件转换,将数字模型转换成 3D 打印机所需的 STL(Stereolithography)文件(STL 文件是利用多边形来描述数字模型的三维信息),然后切片处理。

第三,3D 打印产生树脂和蜡模型。

第四,将单个模型或多个模型制成的蜡树放入装满液体石膏的容器中固化,得到石膏模型。

第五,倒模,将熔融的金属注入模具,待硬化后打卉模具。

第六,珠宝抛光、镶嵌。

(4)3D 打印眼镜。

3D 打印眼镜定制流程:首先选择镜框试穿,然后扫描 3D 人脸,最后确认下单。

3D 打印技术可以根据个人脸型定制镜框,使眼镜佩戴更加舒适美观。传统眼镜的生产和销售需要大量的库存,造成了大量的成本损失;而 3D 打印眼镜可以减少库存,按时按需生产和销售,减少资源消耗。

本章参考文献

[1] 洪晓龙,万晓桐. 浅谈 3D 打印技术[J]. 传播与版权,2013(2):120-121.

[2] JIANG J, XU X, STRINGER J, et al. Support structures for additive manufacturing: a review[J]. Journal of Manufacturing and Materials Processing, 2018, 2(4): 64.

[3] 张自强. 基于 FDM 技术 3D 打印机的设计与研究[D]. 长春:长春工业大学,2015.

[4] 贾振元,邹国林,郭东明,等. FDM 工艺出丝模型及补偿方法的研究[J]. 中国机械工程,2002,13(23):1997-2000.

[5] 郭紫琪,李晓文,张瑾,等. 熔融沉积成型的 3D 打印专利技术综述[J]. 山东化工,2018,47(11):53-54.

[6] KUMAR M B, SATHIYA P J T-W S. Methods and materials for additive manufacturing: a critical review on advancements and challenges [J]. Thin-Walled Structures, 2021, 159: 107228.

[7] 唐通鸣,张政,邓佳文,等. 基于 FDM 的 3D 打印技术研究现状与发展趋势[J]. 化工新型材料,2015,43(6):228-230.

[8] 靳一帆,万熠,刘新宇,等. 基于 FDM 3D 打印技术在医疗临床中的应用[J]. 实验室研究与探索,2016,35(6):9-12.

[9] 杨明. FDM 快速成型机的结构设计及优化研究[D]. 武汉:华中科技大学,2009.

[10] 王雪莹. 3D 打印技术与产业的发展及前景分析[J]. 中国高新技术企业,2012(26):3-5.

[11] 刘光富,李爱平. 熔融沉积快速成型机的螺旋挤压机构设计[J]. 机械设计,2003(9):23-26.

[12] WANG Y, GAO M, WANG D, et al. Nanoscale 3D bioprinting for osseous tissue manufacturing[J]. International Journal of Nanomedicine, 2020, 15:215.

[13] FLOWERS J, ROSE M A J T, TEACHER E. Stereolithography grows experimenters[J]. Technology and Engineering Teacher, 2020, 79(6): 15-18.

[14] 李仁杰. 基于快速成型技术的快速模具制造技术[D]. 大连: 大连理工大学, 2005.

[15] MANAPAT J Z, MANGADLAO J D, TIU B D B, et al. High-strength stereo-lithographic 3D printed nanocomposites: graphene oxide metastability[J]. ACS Applied Materials & Interfaces, 2017, 9(11): 10085-10093.

[16] NGO T D, KASHANI A, IMBALZANO G, et al. Additive manufacturing(3D printing): a review of materials, methods, applications and challenges[J]. Composites Part B: Engineering, 2018, 143: 172-196.

[17] 余东满, 朱成俊, 曹龙斌, 等. 光固化快速成型工艺过程分析及应用[J]. 机械设计与制造, 2011(10): 236-238.

[18] 于冬梅. LOM(分层实体制造)快速成型设备研究与设计[D]. 石家庄: 河北科技大学, 2011.

[19] 缪骞. 基于LOM技术薄木激光成型机理与实验研究[D]. 哈尔滨: 东北林业大学, 2020.

[20] 蔡忠国, 王超, 张若雷, 等. 一种新型LOM成型工艺3D打印设备简介[J]. 科技资讯, 2013(15): 116.

[21] 杨小玲, 周天瑞. 三维打印快速成型技术及其应用[J]. 浙江科技学院学报, 2009, 21(3): 186-189.

[22] 童飞飞, 栾仲豪, 马国伟. 硫铝酸盐水泥基材料在3DP模型打印中的应用研究[J]. 混凝土, 2021(7): 155-160.

[23] 李栋, 原晓雷, 孟庆文. 3D打印技术在高端铸件研发中的创新应用[J]. 工业技术创新, 2017, 4(4): 67-70.

[24] 刘怡乐, 李翔光, 胡健. 3DP砂型打印在铸造生产中的应用研究[J]. 中国铸造装备与技术, 2021, 56(1): 68-70.

[25] 凌健博, 王素平, 李支阳, 等. DLP投影显示系统的优势及发展前景[J]. 现代显示, 2005(4): 3-7.

[26] 卢崇雨, 周庆红. DLP 3D打印技术及发展趋势[J]. 科研, 2016(5): 30.

[27] 张超, 马文茂. DLP光固化3D打印关键技术研究[J]. 航空科学技术, 2018, 29(4): 47-51.

[28] 图尔, 艾依提. 基于DLP的珠宝树脂3D打印工艺研究[J]. 制造技术与机床, 2022(1): 19-23.

[29] 李昕. 3D打印技术及其应用综述[J]. 凿岩机械气动工具, 2014(4): 36-41.

[30] 孔祥忠. SLS成型技术工艺原理及应用[J]. 中国新技术新产品, 2021(1): 64-66.

[31] 王科峰, 柳国峰, 段国庆. 选区粉末激光烧结(SLS)技术[J]. 机械工程师, 2005(6): 46-47.

[32] 许超. 尼龙材料SLS快速成型技术研究[D]. 绵阳: 中国工程物理研究院, 2005.

[33] 孙旋, 罗兆伟, 张建巧. SLS技术在熔模精密铸造中的应用[J]. 塑料工业, 2019,

　　　47(11)：68-70.

[34] 武王凯，周琦琛，费宇宁，等. 金属 3D 打印技术研究现状及其趋势[J]. 中国金属
　　　通报，2019(5)：186-188.

[35] 王铭，陈冷. 电子束增材制造 TC$_4$ 钛合金的显微组织和力学性能[C]//第十六届中
　　　国体视学与图像分析学术会议论文集，2019：315.

[36] 柳朝阳，赵备备，李兰杰，等. 金属材料 3D 打印技术研究进展[J]. 粉末冶金工业，
　　　2020，30(2)：83-89.

[37] 郭超，张平平，林峰. 电子束选区熔化增材制造技术研究进展[J]. 工业技术创新，
　　　2017，4(4)：6-14.

[38] 李培，钱波，张池，等. 基于选择性激光熔化的微多孔表面成型工艺研究[J]. 粉末
　　　冶金工业，2019，29(4)：21-28.

[39] 谢琰军，杨怀超，王学兵，等. 选择性激光熔化 7075 合金组织和力学性能的研究
　　　[J]. 粉末冶金工业，2018，28(3)：13-18.

[40] 谢琰军，杨怀超，王学兵，等. 激光参数和扫描策略对选择性激光熔化 TC11 合金
　　　成型性能的影响[J]. 粉末冶金工业，2018，28(2)：18-24.

[41] 史玉升，鲁中良，章文献，等. 选择性激光熔化快速成型技术与装备[J]. 中国表面
　　　工程，2006(S1)：150-153.

[42] 刘一丹. 我国首次实现航天发动机涡轮轴转子 3D 打印[J]. 军民两用技术与产品，
　　　2016(3)：18.

[43] BRANDT M, SUN S J, LEARY M, et al. High-value SLM aerospace components: from
　　　design to manufacture[J]. Advanced Materials Research, 2013, 633：135-147.

[44] 董鹏，陈济轮. 国外选区激光熔化成型技术在航空航天领域应用现状[J]. 航天制
　　　造技术，2014(1)：1-5.

[45] WANG D, WANG Y, WANG J, et al. Design and fabrication of a precision
　　　template for spine surgery using selective laser melting (SLM)[J]. Materials,
　　　2016, 9(7)：608.

[46] SONG C, YANG Y, WANG Y, et al. Personalized femoral component design and
　　　its direct manufacturing by selective laser melting[J]. Rapid Prototyping Journal,
　　　2016, 22(2)：330-337.

[47] 杨永强，陈杰，宋长辉，等. 金属零件激光选区熔化技术的现状及进展[J]. 激光与
　　　光电子学进展，2018，55(1)：9-21.

[48] MAHSHID R, HANSEN H N, HØJBJERRE K L J M, et al. Strength analysis
　　　and modeling of cellular lattice structures manufactured using selective laser
　　　melting for tooling applications[J]. Materials & Design, 2016, 104：276-283.

[49] DEMIR A G, PREVITALI B. Additive manufacturing of cardiovascular CoCr
　　　stents by selective laser melting[J]. Materials & Design, 2017, 119：338-350.

[50] 熊玮，郝亮，李妍. 选择性激光熔融技术(SLM)在首饰活动结构设计中的应用[J].
　　　宝石和宝石学杂志，2018，20(S1)：194-195.

[51] 孙宝福，徐博翰，张莉萍，等. 电子束熔丝增材制造成型路径的研究与优化——以304 不锈钢为例[J]. 机械强度，2021，43(3)：570-576.

[52] 陈方杰，王成，康辰龙，等. 基于3D打印技术的装备维修保障应用研究[J]. 科技与创新，2020(22)：153-155.

[53] 孙梦云. 打印机技术的历史演变与当代发展[D]. 上海：华东师范大学，2014.

[54] 陈宪刚，张燚，李大光. 3D打印技术引领武器装备发展[J]. 百科知识，2013(10)：63-64.

[55] 宋俊保. 船舶备件管理的新技术——3D打印技术[J]. 航海技术，2018(1)：76-77.

[56] 李雪峰，夏申琳，杨晓. 3D打印技术在船舶制造中的应用[J]. 世界制造技术与装备市场，2017(2)：85-87.

[57] WANG Y M，VOISIN T，MCKEOWN J T，et al. Additively manufactured hierarchical stainless steels with high strength and ductility[J]. Nature Materials，2018，17(1)：63-71.

[58] 刘磊，刘柳，张海鸥. 3D打印技术在无人机制造中的应用[J]. 飞航导弹，2015(7)：11-16.

[59] 王成军，李帅. 软体机器人研究现状[J]. 微纳电子技术，2019，56(12)：948-955.

[60] WEHNER M，TRUBY R L，FITZGERALD D J，et al. An integrated design and fabrication strategy for entirely soft, autonomous robots[J]. Nature，2016，536 (7617)：451-455.

[61] KATZSCHMANN R K，DELPRETO J，MACCURDY R，et al. Exploration of underwater life with an acoustically controlled soft robotic fish [J]. Science Robotics，2018，3(16)：eaar3449.

[62] WANG Y，YANG X，CHEN Y，et al. A biorobotic adhesive disc for underwater hitchhiking inspired by the remora suckerfish[J]. Science Robotics，2017，2(10)：eaan8072.

[63] 李磊，文力，王越平，等. 仿生软体吸附机器人：从生物到仿生[J]. 中国科学：技术科学，2018，48(12)：1275-1287.

[64] 谭立忠，方芳. 3D打印技术及其在航空航天领域的应用[J]. 战术导弹技术，2016 (4)：1-7.

[65] 吴蓓蓓，马逸琳. 3D打印辅助3D胸腔镜下胸部肿瘤手术的护理效果[J]. 解放军护理杂志，2019，36(10)：81-83.

[66] LIU Y，XU L，ZHU H，et al. Technical procedures for template-guided surgery for mandibular reconstruction based on digital design and manufacturing [J]. Biomedical Engineering Online，2014，13(1)：1-15.

[67] ROHNER D，GUIJARRO-MARTÍNEZ R，BUCHER P，et al. Importance of patient-specific intraoperative guides in complex maxillofacial reconstruction[J]. Journal of Cranio-Maxillofacial Surgery，2013，41(5)：382-390.

[68] LEVINE J P，PATEL A，SAADEH P B，et al. Computer-aided design and manu-

facturing in craniomaxillofacial surgery: the new state of the art[J]. Journal of Craniofacial Surgery, 2012, 23(1): 288-293.

[69] 吴东迎, 袁峰, 吴继彬, 等. 3D 打印截骨导板在人工全膝关节置换术中的应用[J]. 中华骨科杂志, 2015, 35(9): 921-926.

[70] 李新春, 艾力, 赵岩, 等. 3D 打印技术在 Pilon 骨折手术治疗中的应用研究[J]. 新疆医科大学学报, 2018, 41(8): 975-978.

[71] DALY A C, RILEY L, SEGURA T, et al. Hydrogel microparticles for biomedical applications[J]. Nature Reviews Materials, 2020, 5(1): 20-43.

[72] LEE J S, HONG J M, JUNG J W, et al. 3D printing of composite tissue with complex shape applied to ear regeneration [J]. Biofabrication, 2014, 6 (2): 024103.

[73] ATALAY H A, CANAT H L, ÜLKER V, et al. Impact of personalized three-dimensional(3D) printed pelvicalyceal system models on patient information in percutaneous nephrolithotripsy surgery: a pilot study[J]. International Braz. J. Urol. , 2017, 43: 470-475.

[74] SHAFIEE A, ATALA A . Printing technologies for medical applications[J]. Trends in Molecular Medicine, 2016, 22(3): 254-265.

[75] WATSON J, HATAMLEH M M . Complete integration of technology for improved reproduction of auricular prostheses[J]. The Journal of Prosthetic Dentistry, 2014, 111(5): 430-436.

[76] XIE P, HU Z, ZHANG X, et al. Application of 3-dimensional printing technology to construct an eye model for fundus viewing study[J]. PLos One, 2014, 9 (11): e109373.

[77] KUMAR P, VATSYA P, RAJNISH R K, et al. Application of 3D printing in hip and knee arthroplasty: a narrative review[J]. Indian Journal of Orthopaedics, 2021, 55(1): 14-26.

[78] ADOLPHS N, LIU W, KEEVE E, et al. Rapid splint: virtual splint generation for orthognathic surgery—results of a pilot series[J]. Computer Aided Surgery, 2014,19(1-3): 20-28.

[79] LEE J-Y, CHOI B, WU B, et al. Customized biomimetic scaffolds created by indirect three-dimensional printing for tissue engineering[J]. Biofabrication, 2013, 5(4): 045003.

[80] NAM J G, LEE W, JEONG B, et al. Three-dimensional printing of congenital heart disease models for cardiac surgery simulation: evaluation of surgical skill improvement among inexperienced cardiothoracic surgeons[J]. Korean Journal of Radiology, 2021, 22(5): 706.

[81] ZEIN N N, HANOUNEH I A, BISHOP P D, et al. Three-dimensional print of a liver for preoperative planning in living donor liver transplantation [J]. Liver

Transplantation, 2013, 19(12): 1304-1310.

[82] MOSADEGH B, XIONG G, DUNHAM S, et al. Current progress in 3D printing for cardiovascular tissue engineering [J]. Biomedical Materials, 2015, 10 (3): 034002.

[83] O'NEILL B, WANG D D, PANTELIC M, et al. Transcatheter caval valve implantation using multimodality imaging: roles of TEE, CT, and 3D printing[J]. Jacc Cardiovascular Imaging, 2015, 8(2): 221-225.

[84] HOSNY A, DILLEY J D, KELIL T, et al. Pre-procedural fit-testing of TAVR valves using parametric modeling and 3D printing[J]. Journal of Cardiovascular Computed Tomography, 2019, 13(1): 21-30.

[85] KUSAKA M, SUGIMOTO M, FUKAMI N, et al. Initial experience with a tailor-made simulation and navigation program using a 3-D printer model of kidney transplantation surgery[J]. Transplantation Proceedings, 2015, 47(3): 596-599.

[86] LI P, JIANG W, YAN J, et al. A novel 3D printed cage with microporous structure and in vivo fusion function[J]. Journal of Biomedical Materials Research Part A, 2019, 107(7): 1386-1392.

[87] FRUEH F S, MENGER M D, LINDENBLATT N, et al. Current and emerging vascularization strategies in skin tissue engineering[J]. Critical Reviews in Biotechnology, 2017, 37(5): 613-625.

[88] BI H J, JIN Y. Current progress of skin tissue engineering: seed cells, bioscaffolds, and construction strategies[J]. Burns & Trauma, 2013, 1(2): 63-72.

[89] NG W L, WANG S, YEONG W Y, et al. Skin bioprinting: impending reality or fantasy? [J]. Trends in Biotechnology, 2016, 34(9): 689-699.

[90] MACNEIL S J N. Progress and opportunities for tissue-engineered skin[J]. Nature, 2007, 445(7130): 874-880.

[91] NG W L, QI J T Z, YEONG W Y, et al. Proof-of-concept: 3D bioprinting of pigmented human skin constructs[J]. Biofabrication, 2018, 10(2): 025005.

[92] GU X, DING F, YANG Y, et al. Construction of tissue engineered nerve grafts and their application in peripheral nerve regeneration [J]. Progress in Neurobiology, 2011, 93(2): 204-230.

[93] TAO J, ZHANG J, DU T, et al. Rapid 3D printing of functional nanoparticle-enhanced conduits for effective nerve repair[J]. Acta Biomaterialia, 2019, 90: 49-59.

[94] 周伟民, 闵国全. 3D 打印医学[J]. 转化医学研究(电子版), 2014, 4(3): 58-62.

[95] BIBB R, EGGBEER D, WILLIAMS R. Rapid manufacture of removable partial denture frameworks[J]. Rapid Prototyping Journal, 2006, 12(2): 95-99.

[96] ROMANO-GARCÍA J, FERNÁNDEZ-MORERA J L. Design and development of

a manual pump for bolus enteral nutrition [J]. Endocrinología, Diabetes y Nutrición(English ed.), 2018, 65(2): 92-98.

[97] OTA H, CHAO M, GAO Y, et al. 3D printed "earable" smart devices for real-time detection of core body temperature[J]. ACS Sensors, 2017, 2(7): 990.

[98] BISHOP E S, MOSTAFA S, PAKVASA M, et al. 3-D bioprinting technologies in tissue engineering and regenerative medicine: current and future trends[J]. Genes & Diseases, 2017, 4(4): 185-195.

[99] YANG R, CHEN Y, MA C, et al. Research progress on the technique and materials for three-dimensional bio-printing[J]. Shengwu Yixue Gongchengxue Zazhi, 2017, 34(2): 320-324.

[100] 李留宇. 盈创建筑:智能化 3D 打印建筑领域的开拓者[J]. 国际融资, 2018(7): 20-21.

[101] VANTYGHEM G, BOEL V, CORTE W D, et al. Compliance, stress-based and multi-physics topology optimization for 3D-printed concrete structures [J]. RILEM International Conference on Concrete and Digital Fabrication-Digital Concrete, 2018,19: 323-332.

[102] SAKIN M, KIROGLU Y C J E P. 3D printing of buildings: construction of the sustainable houses of the future by BIM[J]. Energy Procedia, 2017, 134: 702-711.

[103] VERIAN K P, CARLI M D, BRIGHT R P, et al. Research development in 3DCP: cured-on-demand with adhesion enhancement delivery system [J]. Bethany, CT, 2018, 10: 13140.

[104] SUBRIN K, BRESSAC T, GARNIER S, et al. Improvement of the mobile robot location dedicated for habitable house construction by 3D printing[J]. IFAC-Papers On Line, 2018, 51(11): 716-721.

[105] PALAGI K J T, DESIGN A. Fabric-lined tensile formwork for cast-in-place concrete walls[J]. Technology Architecture Design, 2020, 4(1): 56-67.

[106] 焦可如, 鑫龙. 3D 打印技术在汽车制造中的应用研究[J]. 计算机产品与流通, 2018(4): 168.

[107] 谷祖威, 于慧. 3D 打印技术对汽车零部件制造业的影响[J]. 现代零部件, 2013 (9): 70-71.

[108] 陈星. 试论 3D 打印技术在汽车行业的应用[J]. 时代汽车, 2018(7): 31-32.

[109] 祁娜, 张綦. 3D 打印技术在产品设计领域应用综述[J]. 工业设计研究, 2017,000 (1): 101-107.

[110] 刘春荣. 3D 打印技术在汽车制造与维修领域应用研究[J]. 时代汽车, 2019(11): 127-128.

[111] 刘珌卿, 刘国庆. 3D 打印技术在汽车制造与维修领域应用研究[J]. 产业创新研究, 2020(20): 32-33.

[112] 陈兴龙，陶士庆，李志奎，等. 3D打印技术在模具行业中的应用研究[J]. 机械工程师，2016(1)：174-176.

[113] 鲁硕. 3D打印机对未来珠宝首饰行业的影响[J]. 艺术品鉴，2018(33)：219-220.

[114] 任南南，任小颖. 3D打印技术对个性化设计的影响[J]. 山西大同大学学报(社会科学版)，2019，33(1)：107-109.

[115] 师新莉，侯佳希，吴宣润. 基于3D打印技术的异形珠移动端定制平台设计探究[J]. 设计，2017(1)：60-61.

[116] 黄德荃. 3D打印技术与当代工艺美术[J]. 装饰，2015(1)：33-35.

[117] 胡玉平，张贤富. 基于3D打印的现代首饰产品设计研究[J]. 西部皮革，2021，43(17)：109-110.

第2章　含能材料概述

2.1　含能材料的定义

最早的火药是黑火药,它是我国古代四大发明之一,是现代含能材料(发射药、推进剂、炸药)的最早应用,是高功率化学能运用的前身。历史上,黑火药促成了武器由冷兵器发展为热兵器。

随着近代科学技术的进展,因武器的应用场所、应用过程及作用原理等方面的差别,黑火药发展成为做功形式不同和组分不同的药剂,即火药、炸药和烟火剂。火药主要用于枪炮弹丸的发射,炸药主要用于爆炸做功,烟火剂主要用于产生光、烟等效应。

火药、炸药和烟火剂虽然在应用场所及作用原理等方面有差异,但也有许多共同之处,它们都是处于亚稳定状态的一类物质,其主要的化学反应是燃烧和爆炸。

由此可以归纳出它们所具备的几项重要特征:

(1)它们是分子中有含能基团的化合物,或含有该化合物的混合物,或含有氧化剂、可燃物的混合物。这些含能基团可能是:$\equiv C-NO_2$、$=N-NO_2$、$-O-NO_2$、$-ClO_4$、$-NF_2$、$-N_3$、$-N=N-$等。

(2)它们的化学反应可以在隔绝大气的条件下进行。

(3)它们的化学反应能在瞬间输出巨大的功率。

根据这些特征可以认识到,无论是火药、炸药还是烟花剂,都是用来制造弹药和火工部件的材料,而且属同一类型的材料,且都是含能的,即它们是含能材料。

因此,含能材料可定义为:一类含有爆炸性基团或氧化剂和可燃物,能独立地进行化学反应并输出能量的化合物或混合物。

"含能材料"概括了发射药、推进剂、猛炸药、起爆药、烟花剂等,至20世纪70年代,这种概念逐步被世界军械领域所接受。在国际上形成了含能材料的学术领域,有例行的国际学术会议和国际性的含能材料杂志。我国也建立了含能材料学科和含能材料专业。

含能材料的重要特征,也是判断其他物质是否归属于含能材料的判据为:能否独立地进行化学反应并输出能量。

有些物质虽具有含能材料的一些功能,但不具有含能材料的组成和结构,如石油、煤、木材等,它们能进行化学反应并释放能量,但它们的化学反应需要外界供氧;有些物质不需要外界物质参与反应,也可以提供能量,如驱动活塞运动的水蒸气,能产生核裂变的铀-235等,但它们发生的不是化学反应,因此上述物质都不算含能材料。

火炸药的能量释放是有规律的,是可以控制和可被人们所利用的。它们是"药",是被实际使用过或正在被使用的材料。而像硝基二苯胺、氯酸钾和赤磷的混合物等,它们独立进行的化学反应有能量输出,但其能量释放还没有达到有规律和可被人们所利用的程度。

所以它们不是火炸药,但它们的能量释放问题可能会被深入理解并得到应用。这类"含能"的,但现在还不能作为能量材料利用的材料不是火炸药,但它们是含能材料。

严格地讲,火炸药(发射药、推进剂、炸药和烟火剂)是含能材料,但含能材料不只有火炸药,还有尽管数量很少,但尚未被人们作为能量利用的含能物质。由于含能材料的主体材料是火炸药,所以目前可以粗略地认为"含能材料就是火炸药"。

2.2　含能材料的发展简史

含能材料的发展史,是人类对客观世界认知过程中的一种发现,也是实践应用的发展与进步过程。与诸多学科领域相类似,其认知是从现象开始的,逐步形成应用产品并深化与扩大,最后上升为科学技术知识体系。在这个过程中,人类生存的需求是科学技术发展的最大动力。

从公元808年我国有正式、可考证的黑火药文字记载算起,火炸药已有一千多年的历史。火炸药的发展主要以产品和应用为主,近几十年才在理论方面有所进步,下面以年代的顺序予以简述。

2.2.1　黑火药的发明与发展

黑火药是我国最早发明的火药,据考证为唐代炼丹家发明。火药是炼丹的副产品,其发明者非属一人。代表人物为孙思邈,孙思邈在他的《丹经》一书中,第一次把火药的配方记录下来,这是火炸药的始祖。它的发明开始了火炸药发展史上的第一个纪元。从10世纪到19世纪初叶,黑火药是世界上唯一使用的火炸药。黑火药对军事技术、人类文明和社会进步所产生的深远影响,一直为世人所公认并记载于史册。到公元808年(唐宪宗元和三年),我国即有了黑火药配方的记载。炼丹家清虚子在其所著的《太上圣祖金丹秘诀》中指出,黑火药是硝石(硝酸钾)、硫黄和木炭组成的一种混合物。到宋、元时期,黑火药的配方更趋定量和合理。宋代曾公亮等在1040~1044年编著的《武经总要》中,曾记录了三个黑火药的确定组成。此后一直到19世纪上半叶,黑火药依然沿用延续了几百年的"一硫、二硝、三木炭"的古老配方。

约在10世纪初,黑火药用于铳、炮的发射,开始步入军事应用,武器由冷兵器转变为热兵器。宋真宗时,在开封创立了我国第一个炸药厂"广备攻城作",其中的"火药窑子作"专门制造黑火药。宋朝军队曾大量使用以黑火药为推进动力或爆炸物组分的武器(如霹雳炮、火枪、铁火炮、火箭等)抗击金兵、元兵。1132年,我国发明了"长竹竿火枪"等管形火器,1259年发明了"突火枪",它们是近代枪炮的雏形。1332年我国制造的"铜铸火铳"则是目前发现的世界上最早的身管武器。上述武器均是以黑火药为能源的,这些武器的问世和对黑火药的应用是兵器史上一个重要的里程碑。自我国发明黑火药以后,燃烧武器和烟火技术均得以发展。在北宋的《武经总要》中详细描述了"毒药烟毬""蒺藜火毬"等产生有毒烟幕和燃烧作用的武器。明代的《武备志》也记载有"五里烟""五里雾"等烟火药剂的配方。自明代开始,国家军队建有的火器营,成为一个重要的兵种。

13世纪前期,我国黑火药经丝绸之路传入阿拉伯国家,再传入欧洲。据估计,在制造和应用火药方面,欧洲至少比我国晚了四到五百年。

黑火药传入欧洲后,16 世纪开始用于工程爆破。1548～1572 年间,黑火药用于疏通尼曼河河床;1672 年,黑火药首次用于煤矿爆破,黑火药在采矿工业中的应用被认为是中世纪的结束和工业革命的开始。黑火药在世界范围内爆破的广泛应用,标志着黑火药灿烂时代的到来。黑火药作为独一无二的火炸药,一直使用到 19 世纪 70 年代中期,延续数百年之久。

19 世纪中叶后,火炸药开始了一个新时代。但由于黑火药具有易于点燃、燃速可控制等特点,目前在军用和民用领域仍有许多(特别是点传火)难以替代的用途。

黑火药是我国对人类的重大贡献,是我国古代科技文明的特征标志之一。

2.2.2　黄色炸药和无烟火药的发明和发展

1833 年,法国化学家 Braconnt 制得的硝化淀粉和 1834 年德国化学家 Mitscherhsh 合成的硝基苯和硝基甲苯,开创了合成炸药的先例,随后出现了近代火炸药发展的繁荣局面。

1. 单质炸药

1846 年意大利人 Sobrero 制得硝化甘油(NG),为各类火药和硝甘炸药(代那买特炸药)提供了主要原材料。1863 年,德国化学家 Wilbrand 合成梯恩梯(TNT)。1891 年实现了工业化生产 TNT,1902 年用它装填炮弹,并成为第一次及第二次世界大战中的主要军用炸药。在梯恩梯获得军事应用前,苦味酸(三硝基苯酚,代号 PA)早期为一种染料,1771 年采用化学方法合成制得,法国科学家 Turpin 于 1885 年首次用苦味酸铸装炮弹。TNT 和 PA 在弹药中的广泛应用结束了用黑火药作为弹体装药的历史。1877 年,Mertens 首次制得特屈儿,第一次世界大战中它用作雷管和传爆药的装药。1894 年由 Tollens 合成的太安(PETN),从 20 世纪 20 年代至今,一直广泛用于制造雷管、导爆索和传爆药柱。Henning 于 1899 年合成的黑索今(RDX),是一种世界公认的高能炸药,在第二次世界大战中受到普遍重视,一系列以黑索今为基础的高能混合药也得到了发展。1941 年,Wright 和 Bachmann 在以醋酐法生产黑索今时发现了能量水平和许多性能均优于黑索今的奥克托今(HMX),其在第二次世界大战中得到应用,使炸药的性能提升到一个新的时代。

若从 1833 年制得硝化淀粉和 1834 年合成硝基苯和硝基甲苯算起,在随后的 100 余年间,已经形成了现在使用的三大系列(硝基化合物、硝铵和硝酸酯)单质炸药,就应用的主体而言,炸药的发展已经经过苦味酸、TNT、黑索今几个阶段。

2. 军用混合炸药

一战前主要使用以苦味酸为基的易溶混合炸药,其在 20 世纪初叶开始被以 TNT 为基础的混合炸药(熔铸炸药)取代。在第一次世界大战中,含 TNT 的多种混合炸药是装填各类弹药的主要炸药。

第二次世界大战期间,各国相继使用以特屈儿、太安、黑索今为原料的混合炸药,发展了熔铸混合炸药特屈托儿、膨托利特、赛克洛托(以 RDX/TNT 为主体的熔铸混合炸药)

和 B 炸药等系列,并广泛用于装填各种弹药,使熔铸炸药的能量比第一次世界大战期间提高了约 35%。同时,以上述几种猛炸药为基础(有的也含梯恩梯)的含铝炸药(如德国的海萨儿、英国的托儿派克斯)也在第二次世界大战中得到应用。

第二次世界大战期间,以黑索今为主要成分的塑性炸药(C 炸药)及钝感黑索今为主要成分的压装炸药(A 炸药)均在美国制式化。加之上述的 B 炸药,A、B、C 三大系列军用混合炸药都在这一时期形成,并一直沿用至今。

3. 工业炸药

1866 年,瑞典工程师 Nobel 以硅藻土吸收硝化甘油制得了代那买特炸药,并很快在矿山爆破中得到普遍应用。这被认为是炸药发展史上的一个突破,是黑火药发明以来炸药科学上的最大进展。后来,Nobel 又卓有成效地改进了代那买特炸药的配方,研制成功多种更为适用的代那买特炸药。1875 年,Nobel 又发明爆胶,将工业炸药带入了一个新时代。

在 19 世纪下半叶,粉状和粒状硝铵炸药也初露头角。它的出现和发展,是工业炸药的一个极其重要的革新。1866 年,即 Nobel 发明代那买特炸药的同年,瑞典人 OIsen 和 Norrbein 申请了世界上第一个制造硝铵炸药的专利。1869 年和 1872 年,德国和瑞典分别进行了硝铵炸药的工业生产,硝铵炸药开始部分取代某些代那买特炸药,并很快得到普及应用,且久盛不衰。19 世纪 80 年代起,研制了煤矿用的安全硝铵炸药,如 1884 年法国研制的 Favier 特型安全炸药,1912 年英国研制的含消焰剂(食盐)的许用炸药及 1902 年 Bichel 设计的离子交换型安全炸药等。进入 20 世纪后,硝铵炸药得到迅速发展,尤以铵梯型硝铵炸药的应用最为广泛。

4. 发射药和推进剂

法国化学家 Vielie 在 1884 年用醇、醚混合溶剂塑化硝化棉制得了单基药。1888 年,Nobel 在研究代那买特炸药的基础上,用低氮量的硝化棉吸收硝化甘油制成了双基发射药,称为巴利斯泰火药,后广泛用于火药装药。1890 年,英国人 Abel 和 Dwyer 用丙酮和硝化甘油共同塑化高氮量硝化棉,制成了柯达型双基发射药。1937 年,德国人在双基发射药中加入硝基胍,制成了三基药。这一时期出现并形成的单、双、三基发射药,显著改善和提高了发射药的性能,促进了枪炮类身管武器系统的进一步发展。

用于火箭的火药即固体推进剂,是在第二次世界大战末期发展起来的。1935 年,苏联首先将双基推进剂(DB)用于军用火箭。美国于 1942 年首先研制成功第一个复合推进剂即高氯酸钾－沥青复合推进剂,为发展更高能量的固体推进剂开拓了新领域。与此同时,美国还研制成功浇铸双基推进剂,为发展推进剂的浇铸工艺奠定了基础。1947 年,美国制得另一种现代复合推进剂即聚硫橡胶推进剂(PS),使火箭性能有了较大的提高。此后复合推进剂得到迅猛发展,并在大中型火箭中获得广泛的应用。

在第二次世界大战中,德国将液体火箭推进剂用于 V－1 及 V－2 火箭中。

2.2.3 近代含能材料的发展

该时期始于 20 世纪 50 年代,至 20 世纪 80 年代中期结束。第二次世界大战后,火炸药的发展进入一个新的时期。在这一时期,火炸药品种不断增加,性能不断改善。

这个时期,新中国成立,从苏联引进了体系化的火炸药的工业制造技术和相关教科书。火炸药的科学技术研究也陆续展开,处于仿制、跟踪的阶段,有些方面有突破性的进展。

1. 单质炸药

第二次世界大战后,奥克托今进入实用阶段,制得了熔铸混合炸药奥克托今和多种高聚物黏结炸药,并广泛用作导弹、核武器和反坦克武器的战斗部装药。由于具有极高的热稳定性,奥克托今也用作深井石油射孔弹的耐热装药。同时,奥克托今还成为高能固体推进剂和发射药的重要能量成分。

我国从 20 世纪 60 年代开始研制奥克托今,80 年代研制成功了几种新工艺。在 20 世纪 60 年代,国外先后合成了耐热钝感炸药六硝基芪和耐热炸药塔柯特。我国在这一时期合成了高能炸药 2,4,6-三硝基-2,4,6-三氮杂环己酮、六硝基苯、四硝基甘脲、四硝基丙烷二脲、2,4,6,8,10,12-六硝基-2,4,6,8,10,12-六氮杂三环[7.3.0.0]十二烷-5,11 二酮等。这几种炸药的爆速均超过 9 km/s,密度达 1.95~2.0 g/cm³。这在炸药合成史上写下了被国际同行公认的一页,也开创了合成高能量密度炸药的先河。在 20 世纪 70 年代,对三氨基三硝基苯(TATB)重新进行研究,美国用其制造耐热低感高聚物黏结炸药。我国也于 20 世纪七八十年代合成和应用了三氨基三硝基苯,并积极开展了对其性能和合成工艺的研究。TATB 至今仍然是高能钝感炸药的标志。

2. 军用混合炸药

第二次世界大战后期发展的很多军用混合炸药(如 A、B、C 三大系列),在 20 世纪 50 年代后均得以系列化及标准化。

20 世纪 60 年代,美国大力完善了 PBX 型高威力炸药(主要组分为黑索今、梯恩梯及铝粉),用于装填水中兵器。20 世纪 70 年代初,美国开始使用燃料-空气炸药装填炸弹,并将该类炸药作为炸药发展的重点之一。这一时期重点研制的另一类军用混合炸药高聚物黏结炸药,在 20 世纪六七十年代形成系列,且随后用途日广,品种剧增。20 世纪 70 年代后期,出现了低易损性炸药或不敏感炸药,它代表军用混合炸药的一个重要研究方向。至 20 世纪 80 年代,此类炸药更加为各国军方重视和青睐。此外,这一时期各国还大力研制分子间(分子预混)炸药。

我国发展军用混合炸药的过程,在某些方面几乎是与国外火炸药研究国家同步的。从 20 世纪 60 年代起,我国就相继研制了上述各类主要的军用混合炸药。我国研制的很多军用混合炸药品种与 A、B、C 三大系列及美国的 PBX、LX、RX、PBXN 系列相当,但配方各有特色。

3. 工业炸药

从 20 世纪 50 年代中期开始,工业炸药又进入一个新的发展时期,有人称之为现代爆炸剂时代。这一时期的主要标志是铵油炸药、浆状炸药和乳化炸药的发明和推广应用。

铵油炸药于 1954 年在美国的一个矿山上首先试验成功,至 1982 年,我国铵油炸药的生产量已为工业炸药总产量的 30% 左右。

　　浆状炸药属于含水硝铵炸药,由美国犹他大学的 Cook 和加拿大铁矿公司的 Farnam 于 1956 年发明,这一发明被誉为继代那买特之后工业炸药发展史上的又一次重大革命。我国于 1959 年开始研制浆状炸药,并于 20 世纪 70 年代中期产能满足国内爆破行业的需要。

　　乳化炸药是一类新崛起的硝铵炸药,由 1969 年美国专利首次报道,并在 20 世纪 70 年代得到蓬勃发展。我国于 20 世纪 70 年代末开始研制乳化炸药,随后诞生了我国第一代乳化炸药(EL 乳化炸药),并逐渐批量生产和使用。20 世纪 80 年代后,乳化炸药(包括粉状乳化炸药)已成为我国工业炸药的重要品种之一,并在矿山爆破和工程爆破中广泛使用。

4. 火药的发展

　　火药与黏合剂骨架体系密切相关,最早的黏合剂是硫黄。硝化纤维素成为现代无烟火药的始祖,端羟基预聚体固化开启复合火药时代,硝酸酯增塑聚醚(NEPE)黏合剂骨架体系成为新一代高能推进剂。同时高效氧化剂、燃料的应用,对火炸药的发展也起到巨大的推动作用。高氯酸铵(AP)是目前唯一实际应用的固体氧化剂,对火炸药的能量提高具有标志性的作用;铝(Al)粉作为高效燃料,对提高火炸药能量作用十分显著,广泛应用于火炸药配方。

　　20 世纪 50～80 年代是固体推进剂快速发展并取得重大进展的时期。在这一时期,固体推进剂的实际比冲已由最初双基推进剂的 1 960～2 150 N·s/kg 提高到改性双基推进剂的 2 400～2 650 N·s/kg,并在低特征信号、低易损性、贫氧和耐热等推进剂,以及在黏合剂和新型氧化剂等研究方面取得了突破性的进展。工艺制备由挤压压伸发展到浇铸,且可制备直径 6 m 以上的大型药柱和药型复杂的药柱。这一时期大体上可分成以下三个阶段。

　　第一阶段为 20 世纪 50 年代初至 60 年代中期,是固体推进剂品种不断增多、性能不断提高的阶段。在沥青复合推进剂的基础上,美国又相继研制成功了聚硫橡胶、聚氯乙烯、聚氨酯、聚丁二烯丙烯酸、聚丁二烯丙烯酸丙烯腈、端羧基与端羟聚丁二烯等多种复合推进剂,并在战术和战略导弹中应用。

　　第二阶段为 20 世纪 60 年代中期至 70 年代初期,是高能量推进剂探索研究阶段。这段时间,人们对许多高能材料及其推进剂配方进行过艰苦的探索,但由于不少高能材料合成困难或相容性、稳定性存在问题而少有成效。

　　第三阶段为 20 世纪 70 年代初至 80 年代,是提高固体推进剂综合性能阶段。这一阶段重点研制的推进剂是交联改性双基推进剂及 NEPE 推进剂,特别是后者,成为推进剂技术发展的新方向,它突破了理论比冲 2 646 N·s/kg(270 s)的界限,并已在战术和战略导弹中获得实际应用。

　　我国 1950 年制成双基推进剂以来,相继发展多种推进剂。尤其是 20 世纪 80 年代研制的硝酸酯增塑剂聚醚推进剂,其能量水平、燃烧性能、安全性能,特别是低温力学性能,均已达到国际先进水平,成为继美国、法国之后掌握硝酸酯增塑剂类聚醚推进剂技术的国家。

2.2.4　现代火炸药的发展

进入 20 世纪 80 年代中期后,现代武器对火炸药的能量水平、安全性和可靠性提出了更高和更苛刻的要求,促进了火炸药的进一步发展。我国在火炸药研究方面已具有自主创新能力。

20 世纪 90 年代研制的火炸药是与"高能量密度材料(HEDM)"这一概念紧密相连的。这里的"高能量密度材料"不仅是指单纯具有高能量密度的含能化合物,而且是指既能显著提高弹药杀伤威力,又能降低弹药使用危险和易损性、增强弹药使用可靠性、延长弹药使用寿命并减弱弹药目标特征的火炸药(或者是含能材料)。

1987 年美国的 Nielsen 合成出六硝基六氮杂异伍兹烷(HNIW,CL—20),英国、法国等国家也很快掌握了合成 HNIW 的方法。1994 年,我国合成出了 HNIW,成为当今世界上能研制 HNIW 的少数几个国家之一。20 世纪 80 年代中期以来,各国还大力研究了二硝酰胺铵(ADN)的合成工艺,我国也于 1995 年合成出了二硝酰胺铵。

在军用混合炸药方面,美国于 20 世纪 90 年代研制出以 HNIW 为基的高聚物黏结炸药,其中的 RX—39—AA、AB 及 AC,相当于以奥克托今为基的 LX—14 系列高聚物黏结炸药,可使能量效率增加约 14%。

20 世纪 90 年代工业炸药的成就是利用表面改性技术改善粉状硝铵炸药的性能。

在 20 世纪 90 年代,除了继续提高丁羟复合推进剂、改性双基推进剂,特别是硝酸酯增塑剂类聚醚推进剂的综合性能外,固体推进剂的研究还向纵深发展。高能推进剂(高能低特征信号推进剂、高能钝感推进剂及高能高燃速推进剂)是该领域中的一个重要发展方向,这类推进剂采用高能氧化剂六硝基六氮杂异伍兹烷、二硝酰胺铵、叠氮硝铵及硝仿肼等,高能黏合剂聚叠氮缩水甘油醚、3,3—二叠氮甲基氧杂环丁烷及 3—甲基—3—叠氮甲基氧杂环丁烷的低聚物和共聚物等。

发射药在这一阶段的研究重点是高能硝铵发射药、低易损性发射药、双基球形发射药、液体发射药及新型装药技术。

发射药和装药技术在近代得到了快速发展,美国在 20 世纪 70 年代初将硝基胍晶体炸药加入双基发射药制得三基发射药;我国 20 世纪 80 年代中期成功研制出三基发射药,80 年代末成功研制出以 NG/TEGN 混合硝酸酯为增塑剂的高能高强度发射药,90 年代成功研制加入 RDX 的高能硝铵发射药,用于高膛压火炮发射装药。

在 20 世纪 80~90 年代末至 21 世纪初,我国王泽山教授发明了"低温度系数发射装药与工艺技术"和"全等模块发射装药技术",将火炮武器的穿甲威力、射程、勤务、环境适应性等提升到一个新的高度。

现役起爆药叠氮化铅(LA)和斯蒂芬酸铅(LTNR)作为雷汞的代替品在火工品中已服役近百年。国内外研究者在绿色、安全、可靠的非铅起爆药方面进行了大量的研究并取得一些进展。

2.3　含能材料的分类

含能材料(火工药剂)是一大类物质的统称,是指在没有外界物质参与下,可持续反应并在短时间内释放出巨大能量的物质,是用以产生燃烧、爆炸等作用或其他特种效应的化学材料,是火工品的核心、具有极高性价比的能源。

2.3.1　按用途不同分类

含能材料根据不同的用途,可大致分为火药、炸药、烟火药三类。

1.火药

火药是指在适当的外界条件下,能够自身进行迅速而有规律的燃烧,同时生成大量高温气体的化学物质。火药根据其用途又可分为枪炮弹丸的发射药和火箭的推进剂两类。发射药通常装在枪炮弹膛内,进行有规律的快速燃烧,并产生高温高压气体对弹丸做抛射功;推进剂是有规律地燃烧释放出能量,产生气体,推送火箭和导弹的火药。发射药常见的有硝化纤维素、硝化甘油等;推进剂中常见的是高氯酸盐和高聚物的混合推进剂。

2.炸药

顾名思义,炸药是指在一定的外界刺激下,可以发生爆炸或爆轰现象从而对外做功的化学物质,又可分为起爆药和猛炸药两类。

起爆药是一种敏感度极高,在受到撞击、摩擦或火花等很小的能量作用时能立即起爆,而且爆炸放出的能量极大,用来引爆猛炸药,使其发生爆炸并达到稳定爆轰的一种药剂。主要特征是对外界作用比较敏感,可以用较简单的击发机构引起爆炸。猛炸药则相对比较稳定,在一定的起爆源作用下才能引发爆轰,需要较大的外界作用或一定量的起爆药作用才能引起爆炸变化,其爆炸时对周围介质有强烈的机械作用,能粉碎附近的固体介质,通常作为爆炸装药装填各种弹丸及爆破器材。总之,起爆药是指在极小外界能量输入下,能够在极短时间内实现燃烧转爆轰(DDT),提供能量引爆其他装药的炸药,常见的有叠氮化铅(PbN_3)、斯蒂芬酸铅(LTNR)、四氮烯等。而猛炸药是指被前级装药引爆,具有强做功能力的炸药,著名的有梯恩梯(TNT)、黑索今(RDX)、奥克托今(HMX)、太安(PETN)等。

3.烟火药

烟火药是指利用其燃烧产生的发光、发烟等特种效应的一类含能材料,用于特种弹装药,产生特定的烟火效应,比如应用于照明弹、信号弹、燃烧弹、干扰弹、烟雾遮蔽等。烟火药的化学性质相对火药和炸药稳定一些,不过仍属于危险品,操作不当也会引起爆燃或爆炸。

2.3.2　按组成方式分类

火炸药按照组成方式可以分为单组分和混合组分两大类。单组分即指单质炸药,混合组分是由两种及以上物质组成的能发生燃烧、爆炸的混合物,包括战斗部的混合炸药、枪炮发射用的发射药以及火箭导弹推进用的固体推进剂,这些都是由多种组分混合而成的含能材料。火炸药还可以按照制备工艺分为浇铸类火炸药和压伸类火炸药。下面按照组分对火炸药进行分类。

1. 单组分火炸药

(1)单组分炸药。

单组分炸药(又称单质炸药)是炸药的主要品种,由硝基基团以及碳、氮、氧的连接形成的三种重要的爆炸性基团:—C—NO$_2$、—N—NO$_2$ 及—O—NO$_2$,分别构成三类最重要的单质炸药:硝基化合物炸药、硝胺炸药及硝酸酯炸药。

硝基化合物炸药主要是芳香族多硝基化合物,可分为碳环及杂环两大类。脂肪族多硝基化合物中可用作炸药的主要为硝仿系化合物。最常用的硝基化合物炸药是单碳环芳香族多硝基化合物,其典型代表是梯恩梯。硝酸酯炸药主要有太安、硝化甘油以及硝化纤维素等。硝胺炸药可分为氮杂环硝胺、脂肪族硝胺及芳香族硝胺三类,典型的代表是氮杂环硝胺中的黑索今和奥克托今。硝胺炸药的感度和安全性介于硝基化合物炸药与硝酸酯炸药之间,具有能量高、综合性能好的优点。目前,各国竞相研究的高能量密度化合物,大多属于硝胺炸药,特别是多环笼形硝胺化合物,如六硝基六氮杂异伍兹烷。

除了上述三类单质炸药以外,无机酸盐如硝酸铵(AN)、高氯酸铵,有机碱硝酸盐以及含氟炸药等,也在混合炸药及火药中广泛使用。

(2)单组分起爆药。

单组分炸药一般是用来引燃或引爆其他炸药的,故称其为起爆药。常用的单组分起爆药有雷汞、叠氮化铅、四氮烯、二硝基重氮酚等。

(3)单组分发射药和单组分推进剂。

硝化棉和某些液体硝基化合物可以作为单组分发射药和单组分推进剂,但是,发射药和推进剂很少使用单组分的固体和液体物质。

2. 复合型火炸药

(1)混合炸药。

混合炸药是由两种及以上物质组成的、能发生爆炸的混合物,也称爆炸混合物。绝大多数实际应用的炸药都是混合炸药。混合炸药由单质炸药和添加剂或者由氧化剂、可燃剂和添加剂按照适当的比例混制而成。研制混合炸药不仅可以增加炸药品种,扩大炸药的应用范围,更重要的是通过配方设计可以实现炸药各项性能的平衡,研制出具有最佳综合性能、能适应各种使用要求和成型工艺的炸药。混合炸药可分为军用混合炸药和民用混合炸药两大类。

军用混合炸药是指用于军事目的的混合炸药,主要用于装填各种武器弹药和军事爆破器材,少量用于核弹药。按组分特点可以分为铵梯炸药、熔铸炸药、高聚物黏结炸药(PBX)、含金属粉炸药、燃料-空气炸药、低易损性炸药以及分子间炸药等。军用混合炸药的特点是能量水平高,安定性和相容性好,感度适中,而且具有良好的力学性能。

民用混合炸药是指用于工农业目的的混合炸药,也称为工业炸药,广泛用于矿山开采、土建工程、地质勘探、油田钻探、爆炸加工等众多领域,是国民经济建设中不可缺少的能源。按组分特点可分为胶质炸药、铵梯炸药、铵油炸药、浆状炸药、水胶炸药、乳化炸药等。民用混合炸药根据不同的使用要求应具有不同的爆炸性能,足够的安全性、实用性和经济性。

(2)发射药。

发射药是用于发射的混合型火炸药。发射药按其物态,可以分为固体发射药和液体发射药,一般所指的发射药只限于固体发射药;发射药按其相态可以分为均质发射药和异质发射药。

①均质发射药。均质发射药是以硝化纤维素为主体,硝化纤维素和增塑剂(溶剂)作用形成单相的均匀体系,经过塑化、密实和成型等物理及机械加工过程而形成的一种近似的固体溶液。均质发射药包括单基发射药、双基发射药和混合硝酸酯发射药。单基发射药中的含能成分仅有硝化纤维;双基发射药中,不仅有硝化纤维素,还含有其他含能增塑剂,通常使用的含能增塑剂为硝化甘油;混合硝酸酯发射药则是用其他的硝酸酯取代或部分取代硝化甘油,组成混合硝酸酯溶剂来增塑硝化纤维素,以改善双基发射药的性能。例如:为了降低双基发射药对武器的烧蚀性,用硝化二乙二醇或硝基叔丁三醇三硝酸酯来取代或部分取代硝化甘油;为了改善双基发射药的力学性能,用硝化三乙二醇或硝化二乙二醇和硝化甘油以一定比例组成混合硝酸酯溶剂。

②异质发射药。异质发射药是在可燃物或均质发射药的基础上加入一定量的固体氧化剂混合而成的发射药。黑火药、三基发射药以及高分子黏合剂发射药都属于异质发射药。目前广泛使用的三基发射药,是为了改善发射药的某种特性,在双基发射药的基础上加入一定量的固体炸药而制成的发射药。例如:为了降低发射药对炮膛的烧蚀性,减少焰和烟,加入硝基胍制备的三基发射药,通常称为硝基胍发射药;为了提高发射药的能量,在双基发射药的基础上加入黑索今而制备的三基发射药,通常称为硝胺发射药。近年发展起来的不敏感发射药采用高分子黏合剂取代含能黏合剂硝化纤维素,用耐热炸药取代常用的硝化甘油,从而降低发射药发生意外反应的敏感度,以及一旦发生反应后产生爆炸作用的剧烈程度。

(3)推进剂。

推进剂是用于推进的复合型火炸药。固体推进剂有多种分类方法,按结构特征可以分为双基推进剂、复合推进剂以及改性双基推进剂;按能量级别可以分为高能、中能和低能推进剂;按使用性能特征可以分为有烟、少烟、无烟推进剂。以下按结构特征对固体推进剂进行分类介绍。

①双基推进剂。双基推进剂是以硝化纤维素和硝酸酯为主要成分,添加一定量功能助剂组成的一种均质推进剂。其成型加工工艺成熟,可以采用压延、挤出、模压等工艺塑化成型。双基推进剂具有良好的常温安定性和机械强度,抗老化性能好,并具有排气少烟、无烟等优点,但其能量水平较低,高、低温力学性能差,稳定燃烧的临界压力偏高,适合于自由装填的发动机装药,并且在要求燃气洁净的燃气发生剂中得到广泛应用。

②复合推进剂。复合推进剂是以高分子黏合剂为基体,添加固体氧化剂制成的一种推进剂,为了提高燃烧温度以获得更高的能量水平,还可以加入如铝粉类的轻金属燃料。复合推进剂属于一种存在相界面的非均相复合材料,按黏合剂的性质可分为热塑性复合

推进剂和热固性复合推进剂,复合推进剂的类别如图 2.1 所示。通常复合推进剂根据黏合剂的化学结构命名,例如聚硫橡胶(PSR)推进剂、聚氯乙烯(PVC)推进剂、聚氨酯(PU)推进剂、端羟基聚丁二烯(HTPB)推进剂、硝酸酯增塑聚醚(NEPE)推进剂,以及近年发展起来的聚叠氮缩水甘油醚(GAP)推进剂和 3,3-二叠氮甲基氧丁烷与四氢呋喃共聚醚(PBT)推进剂等。

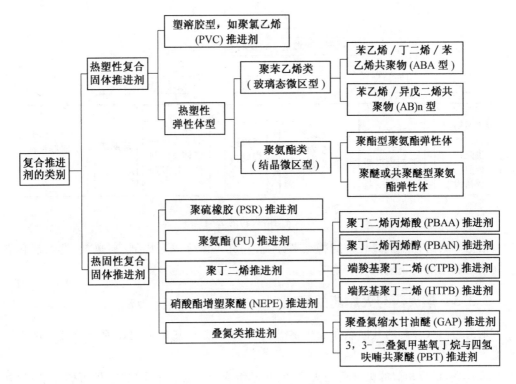

图 2.1　复合推进剂的类别

　　③改性双基推进剂。改性双基推进剂是以双基黏合剂硝化纤维素和硝化甘油为基体,通过加入提高能量的固体填料或引入交联剂使黏合剂大分子硝化纤维素形成一定的空间网络,从而获得能量、力学性能显著提高的一类推进剂。

　　复合改性双基推进剂(CMDB)通常由双基黏合剂体系、氧化剂高氯酸铵及金属燃料铝粉组成,具有能量高、密度大的优点,但缺点是力学性能较差、使用温度范围较窄、危险等级高。在此基础上,用奥克托今或黑索今部分或全部取代高氯酸铵为氧化剂,不含铝粉,添加高分子预聚物,研制出的 CMDB 具有力学性能好、燃气无烟或少烟、无腐蚀性、燃温低且性能可调范围大等优点。交联改性双基推进剂(XLDB)则是用交联剂与硝化纤维素中剩余的羟基基团进行交联反应,从而改善了推进剂的力学性能。

　　改性双基推进剂使用大量硝酸酯增塑获得高能量,而复合推进剂通过黏合剂交联固化形成高弹性三维网络赋予推进剂优良的力学性能,结合两者的优点,突破了传统改性双基和复合推进剂的界限,发展起来一类新型的推进剂,即硝酸酯增塑聚醚(NEPE)推进剂。以能够被硝酸酯增塑的脂肪族聚醚或聚酯为黏合剂,通过交联固化成型,使推进剂的能量水平和力学性能都跃上了一个新的台阶，NEPE 推进剂是目前获得实际应用能量最高的推进剂。

（4）烟火药类混合药剂。

烟火药在多数情况下为混合药剂，主要由氧化剂、可燃剂和黏合剂混制而成。按其产生的光、声、烟、热、气动、延期等，烟火药可按图 2.2 所示分类。

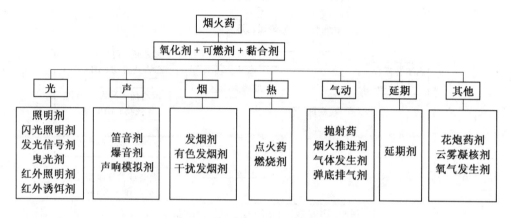

图 2.2　烟火药的分类

根据烟火药在燃烧过程中的特点来分类，它又可以分成火焰剂、高热剂、发烟剂和借空气中的氧燃烧的物质及混合物等。

2.3.3　烟火药与火炸药的异同

烟火药与火炸药的共同点在于化学组成相似，均为放热的氧化还原反应且活化能均不高：

（1）化学组成相似的烟火药与火炸药，化学组成中都含有电子给体（即可燃元素）和电子受体（即含氧或不含氧的氧化剂）。火药和炸药的化学组成通常是单一物质，或者是一种均质的药剂。当组分为单一物质时，往往是由 C、H、O、N 四种元素构成，其中的 C、H 是电子给体（可燃剂），O 是电子受体（氧化剂）。火药、炸药为异质的情况也有，如复合火药、混合炸药等。它们与烟火药组成完全一样，药剂中有电子给体（可燃剂）和电子受体（氧化剂）。

（2）是放热的氧化还原反应。火炸药与烟火药均是一种放热的氧化还原反应，在这个反应中可燃剂（可燃元素）被氧化，氧化剂（含氧的或无氧的氧化剂）被还原，且反应是自持性的。

（3）活化能均不高。火炸药与烟火药都是一种相对稳定的物质，活化能均不高，当给以一定的初始冲能（火焰、冲击、摩擦、静电、绝热压缩）时即可产生燃烧或爆炸反应，释放出很大的能量。

（4）反应过程短暂。与一般化学反应比较，烟火药与火炸药反应速度均较快，作用时间都比较短暂。

烟火药与火炸药的不同点在于反应速度不同、反应产物不同和用途不同：

（1）反应速度不同。

炸药反应速度极快,爆速为数千米每秒;火药燃速随压力而变,燃速为数米至数毫米每秒。烟火药为药柱时,燃速为数毫米每秒,粉状的烟火药在密闭条件下不能由燃烧转爆轰,燃速为数百至数千米每秒。与火炸药相比,烟火药的反应速度一般较低。

（2）反应产物不同。

火药、炸药的反应产物为大量的气体。烟火药按所产生的烟火效应要求,其反应产物将会不同,可以是气相物质,也可以是凝聚相物质(即固、液相物质)。如照明剂为获得较好的光效应,反应产物应含大量炽热固体微粒。信号剂为获得较好的焰色效应,反应产物应含有大量的分子或原子蒸气。发烟剂产物除含有大量的固体或液体的微粒外,尚需一定量的气体产物以利于形成气溶胶。笛音剂产物应为气体,便于产生较好的音响效果。

（3）用途不同。

火药与炸药是利用反应时产生的高温高压气体做膨胀功,如火药用于弹丸发射(发射药)和火箭推进(推进剂)等;炸药用于各种炸弹和工业爆破等。烟火药是利用反应时产生出的光、色、声、烟、热、气动等特种效应制造各种烟火器材或特种弹药,为国民经济建设和战争服务。

2.4 典型含能材料的基础理化性质

典型含能材料的基础理化性能见表 2.1。

表 2.1 典型含能材料的基础理化性能

名称	分子式	相对密度	外观	熔点/℃	沸点/℃	氧平衡系数	生成焓/(kJ·mol⁻¹)	闪点/℃
TNT	$C_7H_5N_3O_6$	1.654	白色或黄色针状结晶	80.9	240(爆炸)	−74	−26	300
RDX	$C_3H_6N_6O_6$	1.799	白色结晶性粉末	205	747	−22	615	230
HMX	$C_3H_6N_6O_6$	1.96	白色结晶性粉末	281	960.1	−21.6	84	287
PETN	$C_5H_8N_4O_{12}$	1.773	白色结晶性粉末	139	426.7	—	−538	198.8
CL−20	$C_6H_6N_{12}O_{12}$	2.61	白色结晶性粉末	—	1 392.7	−11	415.5	228
AP	NH_4ClO_4	1.95	白色结晶性粉末	—	150(分解)	34	−291	—
AN	NH_4NO_3	1.72	白色结晶性粉末	169.6	210(分解)	20	−366	—
ADN	$NH_4N(NO_2)_2$	1.82	—	91.5	155(分解)	25.8	−140.3	—
硝基胍	$CH_4N_4O_2$	1.72	白色结晶性粉末	—	245(分解)	−30.7	−89.54	149.3
硝仿肼（HNF）	$CH_5N_5O_6$	1.86	—	—	—	13.1	−71.13	—
太安（PENP）	$C(CH_2ONO_2)_4$	1.76	白色结晶	142.9	—	—	−538	—
八硝基立方烷	$C_8(NO_2)_8$	1.98	—	—	—	—	—	—
TNAZ	—	—	—	—	—	—	—	>240
FOX−7	—	—	—	—	—	—	—	>240
TATB	$C_6H_6N_6O_6$	—	—	—	—	—	—	>325

本章参考文献

［1］王泽山. 含能材料概论［M］. 哈尔滨：哈尔滨工业大学出版社，2006.

［2］肖忠良. 火炸药导论［M］. 北京：国防工业出版社，2019.

［3］李国平，王晓青，罗运军. 火炸药物理化学性能［M］. 北京：国防工业出版社，2020.

［4］谢兴华，颜事龙. 推进剂与烟火［M］. 合肥：中国科学技术大学出版社，2012.

第 3 章　喷墨打印技术

3.1　喷墨打印技术简介

近年来,人们对 3D 打印直写技术产生了极大的兴趣。重要的是,这些方法能够在复杂结构的各种长度尺度上沉积功能材料,也能在三维空间中沉积。在各种直写技术中,喷墨打印作为一种低成本的加工方法,显示出良好的前景,供应商开发和提供了可以商用的按需喷墨打印机。基于压电技术的喷嘴提供了按需滴注的精度,而多喷嘴打印头允许在大面积上快速沉积。文献报道已经证明了喷墨打印各种功能材料的能力,包括陶瓷、金属、聚合物和生物材料。

直写技术是一种新的直接沉积和图案化高能材料的方式,用于微能量装置和爆炸物检测。科研工作者为了使高能材料小型化并研究其在小尺度上的引爆行为,已经投入了大量的努力。现代军事对生产这种性质的高能样品的需求将继续增长。批量的沉积和精确的拍子喷墨打印能力使其成为生产小尺度高能材料的理想技术。科研人员证明了喷墨打印可作为一种新颖的、一步到位的方法来打印和图案化 RDX(一种有机高爆炸性材料)的可行性。科研人员还观察到,墨水沉积参数的变化有可能产生爆炸物的各种晶体形态。

众所周知,高能材料的形态在很大程度上影响了材料的引爆性能,如其对冲击的敏感性和维持引爆所需的临界尺寸。例如,Qiu 等人最近发现,与具有微米级晶体的传统配方相比,基于纳米晶体的 RDX 复合配方的敏感性可以明显降低。敏感性的降低归因于炸药晶体尺寸的减小、空隙尺寸的减小以及炸药和聚合物黏合剂相的均匀混合,从而减少了关键热点的形成。

由于认识到晶体形态在高能材料中的重要性,研究人员对喷墨打印机控制的墨水沉积参数对 RDX 基复合材料的爆炸性晶体形态和精密图案的影响进行了相关研究。在这项工作中,研究人员描述了一种能够产生各种晶体形态的工艺,其尺寸范围为 300 nm～1 mm,确定了各种打印工艺参数和复合材料形态之间的相关性。

喷墨打印是材料喷射制造的一种关键方法,在工业上得到了广泛的应用。活性材料的喷墨打印主要采用滴-按需喷射方式。根据墨水的组成可分为固体成分完全溶解的染料型全液体墨水和固体颗粒分散的颜料型墨水,这墨水的两种液滴足够小,不会堵塞喷嘴。这两种打印技术的主要原理是通过压电晶体(通常是锆钛酸铅,PZT)的膨胀和收缩驱动声波形成微滴。而另一种类型的热喷墨打印,由于加热墨水时会产生气泡,尚未应用于高能物质。

研究人员在优化喷射行为时发现,关键因素是墨水的流变性能、驱动脉冲电压-时间波形和沉积参数。成功的喷墨打印所需的流体性质可以概括为:黏度为 1～10 cP (1 cP＝10^{-3} Pa·s)和表面张力为 20～70 mN。使用 Ohnesorge 数 Z 可以表示相同的条件要求,即 Z 值应该在 $1\sim10$ 之间。然而根据 Xu 等人报道,已成功打印出 Z 值高达 $35\sim76$ 的墨水,这可能是由于该研究中使用的喷墨打印机和喷嘴具有某些特定的特性。一般在低黏度时,形成卫星滴;但在高黏度时,压力脉冲被耗散,射流受到阻碍。固体的溶解对初始溶剂性质的影响很小。

Ihnen 和他的同事在一系列的论文中探索了一种非浆状材料,即一种可用于喷墨打印的解决方案。该方案中,爆炸墨水由二甲基甲酰胺(DMF)中的 RDX 溶液和聚合黏合剂(醋酸纤维素丁酸酯 CAB,聚醋酸乙烯酯)组成,并提出了以下打印条件:①颗粒尺寸小于 200 nm,这是通过爆炸溶解实现的;②墨水黏度为 $10\sim12$ cP,这是通过引入质量分数为 2% 的黏合剂实现的。在直径为 $20\sim50$ μm 的衬底盘上产生体积为 $1\sim10$ pL 的墨滴,经溶剂蒸发后,可产生质量分数为 95%~99.5% 的干炸药。

墨水沉积参数的变化,即墨滴间距为 $5\sim254$ μm,墨水喷嘴与基体之间的距离为 $1\sim15$ mm,基体温度为 $21\sim60$ ℃,导致了复合材料的不同形貌。也就是说,咖啡环结构(图 3.1(a))是由于液滴显著聚集时溶剂的缓慢蒸发而形成的。增大液滴间距和喷嘴到衬底的距离会导致另一种极限情况,即纳米大小的 RDX 粒子被限制在 CAB 基体内。然而,在这些打印条件下,制造复杂的结构是不可能的。对总厚度达 150 μm 的多层膜的沉积实验表明,上一层膜的某些形态特征被下一层膜所采用。An 和同事报告了使用基于 PETN、CL-20 和 3,4-二硝基呋喃呋辛的全液体墨水进行喷墨打印,其理论最大密度(TMD)高达 93%,引爆打印样品厚度低于 1 mm。最新的结果是已实现 97% 的 TMD,所使用墨水是两种爆炸物 3,4-双(4-硝基-1,2,5-恶二唑-3-基)1,2,5-恶二唑-2-氧化物(BNFF 或 DNTF)和 RDX,以及两种黏合剂 GAP 和乙基纤维素的溶液。

沉积速度是打印的关键参数。对于不加热基板的单喷嘴系统,这个值在 $1\sim100$ μm 时非常低。进一步的改进可以实现使用多喷嘴系统,然而液滴间距的降低促进了聚集效应,如图 3.1(b)所示,线性结构以最小间距打印时,咖啡环现象再次出现,导致线宽从直径为 50 μm 的液滴增加到 190 μm。

Botinger 等人提出了一种额外的装置——喷墨气溶胶发生器,它代表了控制单粒子或多粒子输送的干燥管,即单粒子打印。国家标准与技术研究所的一个团队对该设计进行了理论和实验的探讨,并将其应用于能源领域材料,它的主要结构包括两个同轴管和一个流聚焦帽。内管由导线加热,而干燥的气流被用于携带系统中的液滴/颗粒,并去除卫星液滴。液滴注入频率、空气流量和溶剂性质(流体黏度和蒸气压)是重要的可调参数。调节 DMF 溶液中 RDX 浓度从 5 至 150 mg/mL,产生的颗粒直径可在 $9\sim30$ μm 之间变化。

与从溶液角度对 RMS 喷墨打印的研究不同,在悬浮液基墨水的打印研究方面研究人员已经做了大量的工作。主要的挑战是保持稳定的悬浮液,优化打印条件,并确保安全生产。与以往全液喷墨打印工艺中使用的墨水黏度相比,此方法的墨水黏度略高,可达 100 cP,推荐值接近 40 cP;此外,表面张力高于 35 N/m,固体颗粒的含量一般在 $10\sim250$ mg。Tappanetal 认为高能墨水是基于纳米硅的 Al/MoO_3 和 Al/Bi_2O_3 时,液相选用乳酸乙酯和乙酸乙酯的质量比为 70:30 的混合物较为稳定。使用商用压电元件 PipeJet® P9(Bio Fluidix)产生直径为 200 μm 的墨滴,喷射速度为 0.87 mm/s,制作了厚度高达

350 μm的层。观察到两种燃烧状态：一种是火焰速度低于 1 m/s 和另一种是过渡到对流燃烧（约 100 m/s）。后者是由打印炸药内部的裂纹和气孔的影响造成的。

为了提高加工过程中的安全性，Murray 等人提出了组合或反应式喷墨打印，其中反应式的混合物两种组分悬浮在不同的墨水中，然后依次喷射。作者通过在 DMF 中沉积纳米 Al（体积分数为 3.5%）和纳米 CuO（体积分数为 6%）悬浮液来证明这种方法的潜在价值。墨水中固体以体积比为 1∶1 的化学计量铝热剂组成。制备方案包括粉末加入液体后超声处理，并引入 0.5%聚乙烯吡咯烷酮。科研人员对脉冲的大小、持续时间、点火频率和背压进行调整以优化喷射。最后形成单个液滴，而外围液滴只允许落在主液滴的空间范围内（图 3.2(a)、(b)）。三层、五层和七层结构相似的样品分别用单喷嘴和单墨水打印，并进行比较。在最小的层数下，燃烧温度仍存在 200 K 的差异；然而，随着层数的增加，这种差异消失了。Murray 等人在最近的一项研究中对各种打印机和相关的喷嘴进行比较，发现了滴漏喷射行为的巨大差异。

喷墨打印技术的一般优势是低成本和可获得的商业滴点式打印机。典型的缺点是只允许相对较低的黏度（小于 500 cP），这限制了聚合物的固相含量和应用，形态的不均匀性（例如咖啡环结构），以及相对较低的打印速度（打印几微米长需要数小时）。

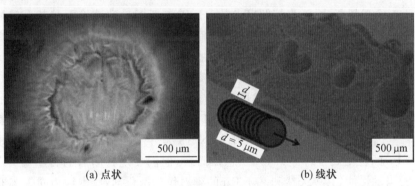

(a) 点状　　　　　　　　　　　　　(b) 线状

图 3.1　喷墨打印复合材料的形态

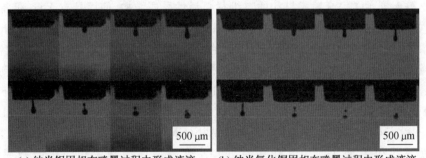

(a) 纳米铝固相在喷墨过程中形成液滴　　(b) 纳米氧化铜固相在喷墨过程中形成液滴

图 3.2　悬浮液基墨水喷墨打印

3.2　喷墨打印材料

3.2.1　石墨烯材料

石墨烯及其衍生物通常被认为是聚合物的重要填充材料,可增强聚合物的热性能、机械性能和电性能,且由于其良好的导电性、热稳定性和优异的机械强度,在电子、航空航天、汽车和绿色能源等各种重要应用中显示出巨大的潜力。石墨烯填料与聚合物基体的质量、填料的分散性、填料与基体之间的结合力、填料与基体的比例等多种因素决定了石墨烯－聚合物复合材料的性能。同样,石墨烯－无机纳米结构复合材料也越来越受到关注,并广泛应用于催化、储能、光催化、传感器和光电子学等领域。无机纳米结构主要包括金属、氧化物和硫族化物。此外,石墨烯基材料还包括石墨烯－有机晶体复合材料、石墨烯－有机晶体复合金属－有机骨架(MOF)等。

Dodoo－Arhin 等人通过喷墨打印技术为天然和钌基染料敏化太阳能电池(DSSC)制造了对电极(CE)。他们通过超声辅助液相剥离块状石墨片,设计了一种异丙醇基石墨烯墨水。由于与石墨烯相比,汉森溶解度参数(HSP)不匹配导致纯异丙醇基石墨烯分散体的长期稳定性较差,因此将聚乙烯吡咯烷酮(PVP)添加到墨水中以提高其稳定性并优化墨水配方。未稀释分散体中石墨烯的浓度约为 0.42 mg/mL,Z(Ohnesorge 数)为 9.6。他们在 60 ℃ 的压板温度下,通过在预钻孔的掺氟 SnO_2(FTO)玻璃基板上喷墨打印石墨烯墨水来制造石墨烯。为了增强石墨烯的附着力和去除 PVP,将基板在 150 ℃ 的温度下加热约半小时。他们使用无机钌剂 535－bisTBA(N719)和从木槿、金银花和青蒿中提取的天然染料。选用无机钌剂 535－bisTBA(N719)染料时,石墨烯 CE 的转化效率约为 3%,而 PtCEs 的转化效率约为 4.4%。总体而言,他们发现打印后的石墨烯 CE 表现出与 PtCEs 相当的性能,其中天然和基于 Ru 的染料作为敏化剂,成本约为同等溶液处理 Pt 的 2.7%。

凯里等人展示了完全喷墨打印的二维材料活性异质结构,使用具有无毒、低沸点的石墨烯和六方氮化硼(h－BN)墨水。然后,使用二维材料活性异质结构在纺织品上喷墨打印所有柔性、可清洗场效应晶体管(FET)。他们通过将石墨片(10 mg/mL)分散在 NMP 中并超声处理 9 h 来制备石墨烯墨水,从而提供无表面活性剂/聚合物的石墨剥离。然后,将该墨水的 NMP 与乙醇进行溶剂交换,这有助于在打印过程中于环境温度下去除高沸点溶剂并提高多层沉积的均匀性。最终墨水中石墨烯的浓度约为 0.42 mg/mL。通过将 h－BN 粉末与去离子水和羧甲基纤维素钠盐(CMC)混合来制备 h－BN 墨水,再用剪切流体处理器和 Z 型几何相互作用室处理。聚酯缎面织物用作纺织品石墨烯/h－BNFET 的基材,并将聚氨酯(PU)涂在纺织品上。首先,将聚(3,4－乙烯二氧噻吩)/聚苯乙烯磺酸盐(PEDOT/PSS)薄膜作为栅电极进行打印,然后打印 h－BN 介电层。他们打印了一个厚度约为 200 nm 的石墨烯通道,最后沉积了 PEDOT/PSS 源极和漏极触点。之后,为了去除器件中的残留溶剂,在 100 ℃ 下进行 1 h 的退火处理。聚酯织物上的石墨烯/h－BN 异质结构 FET 在室温空气环境条件下表现出优异的性能,μ_h 和 μ_e 高达

91 cm^2/s和22 cm^2/s。此外,FET 可以承受高达 4% 的应变,并且可清洗至少 20 个循环。

3.2.2　RDX 材料

从能量学的角度来看,物体接触到的个人和环境,虽然已经被处理,但仍有能量的痕量残留。为了准确识别这些残留物,现场检测系统的性能必须用定义明确的痕量分析物(样品)浓度进行评估。这些样品需要以受控和统一的方式制作,以确保准确的测试和系统性能评估。

样品沉积通常使用溶剂铸造来实现,最近发展为滴-按需打印技术。在溶液中使用溶剂铸造材料是将已知数量的材料沉积到衬底表面上的一种常用方法。最常见和最基本的技术被称为“滴干法”。在这种方法中,已知浓度和体积的分析物液滴沉积在衬底表面,并允许溶剂蒸发。这种技术在很大程度上产生了颗粒的不均匀分布,样品的整体分布形状和面积难以精确控制或预测,通常被描述为“咖啡环”效应,其中颗粒倾向于在液滴的边缘沉淀,导致样品的面积密度有数量级的变化。使用滴-按需打印技术生产测试材料,作为一种满足样品标准化要求的方法,具有得天独厚的优势。滴-按需技术允许在表面的精确位置沉积微液滴,从而更好地控制样品分布的形状、面积、密度和均匀性。随需沉降的样品不表现出宏观尺度的“咖啡环”效应,使样品覆盖范围更加均匀。

随需应变的样品制造技术允许对样品沉积进行精确控制。当微量样品沉积在表面上,在某些情况下,材料的多态状态可以通过溶剂沉积过程而改变。溶剂的蒸发取决于诸如所使用特定溶剂的性质、沉积溶液的浓度、溶剂的蒸发速度和衬底表面结构等因素,了解这些溶剂发生相变的浓度范围对光学探测应用很重要,因为材料的光谱特性可能因相的不同而显著不同。因此,为了使被评估的系统能够检测并准确地识别目标上的不同样品,光谱数据库中的样品数据必须准确地表示材料的可观测相。

爆炸性的 1,3,5-三硝基-1,3,5-三嗪(RDX)是一种可以根据溶剂沉积条件以不同相重结晶的化合物,表现出明显的多态性。自第二次世界大战以来,RDX 在军事和工业应用中已经相当普遍。RDX 被开发成为比 2,4,6-三硝基甲苯(TNT)更强大的炸药,并形成了制备一些常见军事炸药的基础,如组成成分 α(RDX 和增塑性蜡)、β(40% RDX)和 γ-4(91% RDX)。由于 RDX 在该领域的应用非常广泛,因此能够控制(样品衬底沉积)和识别(检测系统光学查询)其多态相对控制 RDX 性能是至关重要的。

常见的 RDX 块状(即可见沉积物)阶段表示为 α-RDX。α-RDX 中的分子采用AAE(轴-轴-赤道)构象。在这种构象中,两个 NO$_2$ 基团沿环轴轴向指向轴向,而第 3个 NO$_2$ 基团则指向赤道方向。观察到的 RDX 的另一个多态相是 β-RDX,它是通过高沸点溶剂的结晶或在玻璃基板上的 RDX 溶液蒸发得到的。在这一阶段,单个分子采用AAA(轴向-轴向)构象,即所有硝基都指向轴向。α 相和 β 相 RDX 的分子构象如图 3.3所示。除了个体分子构象的变化(构象多态性)外,这两种形式的 RDX 所采用的晶格结构也有所不同。α-RDX 的结构是与 Pbca 空间群正交的,每个单元结构有 8 个分子;β 相RDX 的多晶结构也是正交的,Pca2$_1$ 空间群,每个单元结构有 8 个分子。α 相是热力学上最稳定的相,而 β 相是亚稳态的相,在标准温度和压力下均可以保持较长时间。人们认为,在溶液和气相中,RDX 分子采用与 β 相相同的 AAA 构象。由于在不同浓度下观察到的 RDX 的相态不同,为了准确地校准和评价多态分析物的光学检测技术,需要一种准确和受控的样品制备技术。从溶剂中沉积时观察到的 RDX 的多态性是证明"奥斯特瓦尔德阶段规则"的一个常见例子。根据奥斯特瓦尔德的阶段规则,第一相导致的吉布斯自由能的变化通常最小,但不是热力学最稳定的(也就是说,在这些情况下,动力学优势高于热力学优势)。这一规律证明,早期形成的相比后期形成的相更不稳定。在形成速度近似相等的情况下,可能会伴随出现多态性现象,或多个多态性的存在。当存在较稳定相的种子晶体时,平衡经常强烈地向最稳定相偏移,亚稳定相可能更难以形成。溶剂通过优先溶解亚稳定相和在溶剂介导的过程中在稳定相中重新沉积分子来驱动转变。

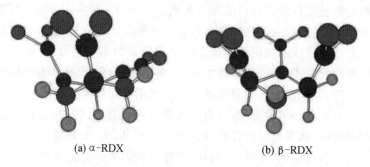

(a) α-RDX　　　　　　　　(b) β-RDX

图 3.3　α—RDX 和 β—RDX 的分子构象

可利用拉曼化学成像(RCI)和代表性光谱来观察滴—干喷墨打印和滴—按需喷墨打印方法产生的 RDX 镀层的多态性,进而讨论基于样品制备方法和分析物浓度的 RDX 的一个或多个相的出现,并比较两种制备方法产生的光谱差异。结果表明,在已知的多态相中制造已知浓度的均匀样品是十分重要的。

3.3　喷墨打印机设备及装置

3.3.1　MicroFab Technologies 滴点式喷墨打印机

材料的制备使用 JetLabt 4(MicroFab Technologies)桌面打印平台。JetLabt 4 滴点式喷墨打印机如图 3.4 所示。JetLabt 4 是一种按需喷墨打印系统,具有喷墨驱动电子设备(Jet Drive TM Ⅲ)、压力控制器、喷墨可视化系统和精确的 X、Y、Z 运动控制。点胶装置(打印头组件,MJ—AL—01—060)由一个直径为 60 μm 的玻璃毛细管孔与压电元件耦合组成。图 3.4(b)、(c)分别给出了点胶装置包装箱和打印头组件的照片。电压脉冲(20~25 V;上升时间 1 μs;停留时间 28~32 μs;下降时间 1 μs)施加在压电器件上,导致毛细管周围的压力波动。这些压力振荡通过管中的打印流体传播,导致微滴喷射。确定最佳喷射参数是一个试错过程。通过目视观察喷射出的微滴,调节电压脉冲参数和毛细管流体回填压力,实现稳定的液滴喷射。使用同步频闪灯照明和电荷耦合装置(CCD)相机来观察液滴。需要优化条件以得到最高滴速而不形成卫星滴的条件。打印频率为 250 Hz,液滴速度为 2 m/s。毛细管孔直径估计滴径为 60 μm。驻留时间是驱动电压施加到压电器件上一段给定时间内,压电波形改变形状的时间量。最优液滴是与所使用的配胶孔尺寸近似相等的液滴,它没有卫星液滴产生,并始终以最佳速度下落。卫星液滴是在最优液滴之后的二次液滴中产生,通常观察到体积比最优液滴小。卫星液滴的沉积增加了总浓度误差,并会影响液滴间距的均匀性。在打印过程中,一个单一的承印物被放置在样品台上。当承印物按特定的打印图案移动时,打印头固定保持在指定的高度。矩形区域及覆盖矩形区域的行和列的等距点,是基于衬底尺寸和期望的样品浓度预编程的。选择该图案的目的是在光学观察中产生均匀涂层的效果。根据单个微滴的体积和溶液浓度,计算出单位面积内达到理想浓度所需的总液滴数。根据需要的总液滴数,可以计算出每行所需的阵列间距和液滴数。这些值很容易根据溶液浓度进行调整。在即时打印模式下打印,当单个微滴被分配到每个阵列元素时,样品台会连续移动,即时打印模式提高了样本吞吐量。由一行等距点组成的单线是根据衬底尺寸和每个点所需的滴数预先编程的。选择一条线是为了在单个表面上产生浓度梯度。

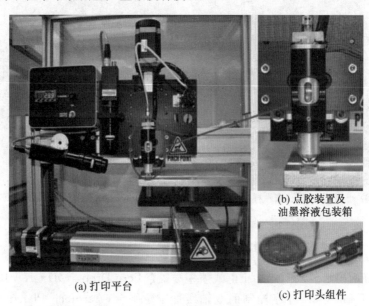

(a) 打印平台　　　(b) 点胶装置及油墨溶液包装箱　　　(c) 打印头组件

图 3.4　JetLabt 4 滴点式喷墨打印机

目前已有许多溶剂铸造样品的方法,如前面提到的滴—干法,会产生非常不均匀的样品。不同于其他样品制备方法常常导致"咖啡环"效应——大部分材料沿边缘集中,使用按需喷墨技术制备的样品具有优异、均匀的材料分散性。这些样品制备方法及其均匀性的直观比较可以很容易地用 SEM 图像和照片来说明,如图 3.5 所示。使用滴—按需喷墨打印机制备的样品通常处于痕量水平,在这个浓度下,RDX 的相位很可能与通常在散装材料(即滴式和干燥样品)中遇到的相位不同。此外,通过比较不同的打印机来确定多态性现象的普遍性是有用的。不同的打印机有不同的特点和相对的优点(如易用性和适应性),例如,与 MicroFab Technologies 打印机相比,Direct Color Systems 打印机对相关参数的控制更少,但允许沉积更大的样品区域和更多的分析物数量。

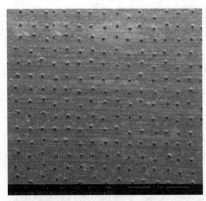

(a) 滴－按需喷墨打印机代表性样品 SEM 图　　　(b) 滴－按需喷墨打印机代表性样品照片

(c) 滴－干法制备的代表性样品 SEM 图　　　　(d) 滴－干法制备的代表性样品照片

图 3.5　JetLabt 4 打印机打印的样品照片

3.3.2　压电式喷墨打印机

将制备好的墨水装入 70 μL 压电式喷墨喷嘴（Micro Drop，MD－K－130－022），并固定在由内部 LabView 程序控制的双轴线性定位平台（Aerotech Planar DL200－xy，200 mm 行程，0.5 mm 精度），如图 3.6 所示。

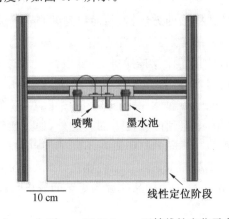

图 3.6　Aerotech Planar DL200－xy 双轴线性定位平台示意图

对于使用双喷嘴打印的样品,nAl 墨水(图 3.7(a))的触发脉冲为 143 V,脉冲宽度为 27 μs,发射频率为 75 Hz,背压为 8 mbar(1 bar＝10^5Pa)。nCuO(图 3.7(b))在 93 V 脉冲、25 μs 脉冲宽度、230 Hz 频率、8 mbar 背压下进行打印。这些设置是科研人员优化的质量液滴形成条件,可以观察到侧视成像与 3 mm×110 mm 远心镜头和彩色通用串行总线(USB)相机(Edmund Optics EO-1312)的背光发光二极管(LED)。液滴形成包括在喷嘴孔处形成的液滴头,接着液滴颈缩以产生尾部。这个液滴在掉到衬底的时候就会从小孔中被火走。尾部的大部分变成了土液滴,而剩下的则形成了一个小的卫星液滴。在本研究中,如果卫星降落在主降落点的空间范围内,认为是可以接受的。MD-K-130022 喷嘴实现的水滴形成的侧视图如图 3.7 所示。打印样品点火前后的代表性图像如图 3.8 所示。

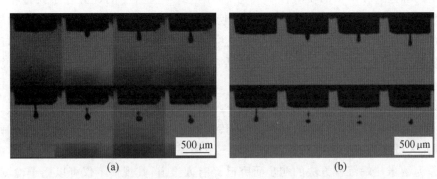

图 3.7　MD-K-130022 喷嘴实现的水滴形成的侧视图

(a) 点火前 3 层纳米热螨样品　　　　　　(b) 点火后 3 层纳米热螨样品

图 3.8　双压电式喷中级、燃料墨沙氧化剂墨水就地混合打印样品的代表性图像
(样品为正方形,每边 10 滴)

随着含有含能材料的许多工程部件的小型化,对能够将反应性或含能材料无缝功能化的微尺度电子器件的制造技术有了需求。例如,微加热元件、微功率源、微推进系统、微驱动装置和微启动器都需要具有精确定位能源的强大电子封装。由于缺乏适合于微米级高能材料沉积的技术,这些器件的制造面临着挑战。以上研究提出使用压电喷墨打印选择性沉积含能材料,以允许一定程度的体积和空间控制,这是目前的含能材料沉积方法无

法获得的。这种控制将允许电子与含能材料的集成,为大量的微能量应用打开大门。

纳米含能材料已被证明在 MEMS 应用中很有用,因此已被广泛研究了多年。在这类材料中,纳米铝热剂因其显著的、高放热的反应和相对简单的合成过程而越来越受欢迎。纳米铝热剂还可以提供显著的能量密度,这可以在将高能材料集成到小区域时发挥优势。目前,含能材料沉积的解决方案有电泳、磁控溅射和刀片铸造。这些方法允许在基片上大量沉积含能材料,但缺乏亚毫米空间控制。正因为如此,将高能材料集成到电子学中所必需的基本几何图形很难用这些方法实现。

在许多行业,喷墨打印已经被证明有利于功能墨水的小规模沉积,用于制造组件,包括金属纳米粒子、DNA 功能化碳纳米管和水凝胶等。人们对当前的微纳米级打印技术进行了广泛的综述。在众多的喷墨打印系统中,压电式喷墨打印的优势在于其打印头设计允许的墨水组成的灵活性。在这种方法中,喷嘴是由压电材料形状的改变来驱动的。根据设计的储层可以被挤压、弯曲或推入。与热喷墨头使用闪光沸腾产生水滴相比,压电喷墨打印实现了液滴不影响墨水热。对于包括含能材料在内的敏感墨水组合物来说,这可能更安全、更可靠。

早期报道的工作是利用喷墨打印沉积少量含能材料来开发微量蒸汽校准工具。这些样品并不一定是用于含能材料的,而是作为传感器性能验证的标准测试样品进行制造的。此外,研究人员还研究了墨水沉积参数对环三亚甲基三硝胺(RDX)形态变化的影响。喷墨打印作为纳米热螨沉积方法的初步研究已经有人报道,其规模不仅可以用于检测,而且允许用于反应。这些最初的作品展示了在玻片上打印多层、单宽的纳米虫线,具有高点火保真度。然而,他们没有研究几何或打印机参数变化对燃烧性能的影响。

也有报道研究了压电喷墨打印纳米热螨作为可控沉积含能材料的一种合适方法,以开发具有功能几何特征的样品。它探索了 3 种沉积系统在精确的空间和体积控制沉积铝铜(Ⅱ)氧化物的效用。该系统在跌落形成的可靠性、高墨水固体负载的稳健性和打印能量材料的点火保真度方面进行了评估。此外,通过测量传播速度,研究了打印样品的能量性能。这类测量被广泛用作纳米热螨性能评价的初始指标。最后,这项工作演示了一个沉积系统,该系统允许打印材料的灵活性和沉积的含能材料的空间控制,以及含能材料与小型部件(如电子器件)的集成。

实验测试了 3 种沉积系统,以确定可靠的纳米热菌打印最有效的过程。所有这些系统都是开放式压电喷墨打印机的变种。这些打印头由连接到泵室的墨库组成。该腔室包括一个压电驱动器,可以提供一个规定的位移脉冲,迫使液滴通过喷嘴孔。本工作中测试的 3 个打印头(图 3.9(b)~(d))是一个 80 μm 压电喷嘴(Micro Fab MJ－AL－01－80)、一个 70 μm 压电喷嘴(Micro Drop MD－K－130)和一个 500 μm 压电驱动吸管(Bio Fluidix Pipe Jet P9)。这些打印头安装在双轴线性定位平台上(Aerotech Planar DL200－xy,200 mm 行程,0.5 μm 精度),如图 3.9(a)所示。这些组件是通过内部开发的 LabView 脚本控制的。将位置与喷嘴点火相结合,制造出复杂的几何形状。

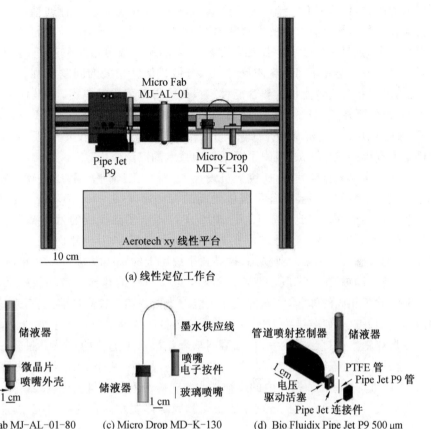

(a) 线性定位工作台

(b) Micro Fab MJ-AL-01-80
80 μm 压电喷嘴示意图

(c) Micro Drop MD-K-130
70 μm 压电喷嘴示意图

(d) Bio Fluidix Pipe Jet P9 500 μm
压电驱动吸管示意图

图 3.9　Aerotech Planar DL200－xy 三头打印机示意图

3.3.3　微机电系统(MEMS)技术

微机电系统(Micro-Electro Mechanical System,MEMS)技术与炸药材料的集成已成为微型弹药安全臂装置研究的新方向。与传统的大型、笨重的机电安全臂装置相比,MEMS 安全臂装置外形小巧,在复杂环境中具有较高的可靠性和安全性。在 MEMS 安全臂装置中,炸药通常被装入内置的凹槽或孔中,形成毫米级的爆炸列车,这对装药方法提出了挑战。传统的压铸方式由于与 MEMS 技术的不兼容性而不能满足要求,因此,寻找另一种合适的收费方式是必要的。

目前在 MEMS 安全臂装置中,炸药装药有两种方式,即墨水直写(Direct Ink Writing,DIW)和喷墨打印。利用精密的操作平台和亚毫米喷嘴,通过 DIW 和喷墨打印将爆炸物装入 MEMS 安全臂装置的凹槽和孔洞中。此外,在充电过程中,喷嘴和凹槽之间不相互接触,防止了对其他零件的污染。此外,"湿装药"过程中炸药的制备形式为墨水,在一定程度上提高了安全性。

目前常用的技术是 DIW,通过 DIW 将炸药的胶体悬浮物从喷嘴中挤出,沉积到通道或衬底中,形成一定形状。迄今为止,一些研究人员在 DIW 上做出了重大的努力,并取得了巨大的成就,如基于 CL—20 的 EDF—11,已被美军鉴定为一种助推器炸药。然而,喷墨打印在沉积爆炸材料方面的发展相对缓慢。与 DIW 相比,喷墨打印更简单,因为在制备爆炸墨水的过程中,唯一要做的就是将所需的所有成分溶解到有机溶剂中。这种"一步,简单"的方法避免了与颗粒团聚、生长、分散或堵塞相关的问题,因此吸引了越来越多的关注,沉积和模式含能材料和含能材料检测中得到了广泛应用。例如,2011~2016 年,一些科学家使用 DMP—2800 喷墨打印机,将材料包括黑索今(RDX)和季戊四氮(PETN),应用于打印机制研究。遗憾的是,由于喷墨打印速度不合理,有限的打印样品的性能没有得到充分测试,阻碍了喷墨打印技术的广泛应用。

为了提高喷墨打印速度,研究人员设计了一种由三轴平台和压电喷墨喷嘴组成的低成本喷墨打印装置。组装设备可提供更高的打印速度(3~10 mL/h)。比目前报告的喷墨打印机性能更好。在此基础上,于 2017 年打印出了高性能的六硝基六氮杂索瓦兹烷(CL—20)基复合材料。达到 86% 的理论最大密度(TMD)。然而,由于黏合剂的加入,CL—20 的形态转变为 β 的亚稳态,这导致了应用上的一些限制。2018 年,打印了基于 3,4—二硝基呋喃呋咱(DNTF)的复合材料,其打印密度达到 1.785 g/cm^3,是 TMD 的 93.16%。对于相同的炸药,其强大的爆轰能力主要依赖于较高的装药密度,这是制造过程中所追求的。这一研究结果为进一步发展喷墨打印炸药材料提供了方向。

在爆炸墨水的打印实验中,存在溶剂从爆炸墨水中逸出的重结晶过程。与其他方法相比,这种方法可以很容易地产生均匀的混合物,甚至一些新的结构,如共晶体。因此,包括 DNTF 和其他有机炸药在内的爆炸墨水将是一个有趣的研究课题。

将所有溶质溶解在有机溶剂中制备无颗粒爆炸墨水。在这项研究中,主要涉及的炸药 DNTF(200 mm)和 RDX(40~100 mm)以及 EC 和 GAP 溶解在丙酮。在打印之前,墨水要经过一个 40 mm 的尼龙网,以去除任何大的、不可溶解的物质和其他可能无意中进入墨水的污染物。为了保证溶剂的快速蒸发,本研究选用了厚度为 1 mm 的导热性能良好的铝板作为衬底。使用前,将底物用去离子水冲洗,然后在超声波清洗机中覆盖乙醇 15 min。之后,底物再次用去离子水漂洗,在 50 ℃ 的烤箱中干燥 20 min。

喷墨打印装置由 Pico Pulse 压电驱动器(Nordson EFD, Westlake, Ohio)和 D3 三轴运动平台(Xiamen Twinwin Automation Technology Co. Ltd)组成,用于打印爆炸墨水。在该装置中,液滴最小体积达到 10 mL,机器人手臂在三轴运动平台上的运动精度为 0.01 mm。含能复合材料的流动制备如图 3.10 所示,所研究的压电驱动器内的喷嘴直径为 0.1 mm。在制造过程中,最终产品的形状由预定的动态平台程序决定,通过该程序,墨水被沉积到基材中,并逐层堆叠。温度控制平台提供的热量为溶剂从印在基板上的液滴中逃逸提供了机会。本研究的内置程序是一个长 50 mm、宽 7.5 mm、层数 400 的立方体。本研究设定控制液滴体积的脉冲为 0.3 m/s。压电驱动器的循环和决定液滴间距的机械臂写入速度分别设定为 5.0 ms 和 50 mm/s。喷嘴与基体之间的距离为 3 mm,以避免卫星液滴的发生。保证墨水从注射器到喷嘴稳定传输的压力为 0.05 MPa。

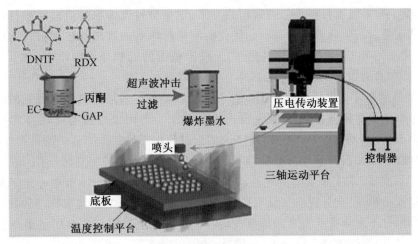

图 3.10　含能复合材料的流动制备

3.4　喷墨打印技术应用

3.4.1　痕量炸药分析领域

随着全球安全局势日趋严峻,探测微量爆炸物的能力已成为一个国家至关重要的问题。在包括机场、海港、美国大使馆和其他政府设施在内的安检地点尤其如此。虽然现有的分析技术可以检测出纳米克(ng)水平或以下的炸药数量,但大多数方法无法处理筛查地点存在的高通量取样要求。离子迁移谱(IMS)是一种能够快速(≈10 s)分析痕量炸药的分析技术。商用 IMS 系统坚固耐用,便携,能够在空气下工作。由于这些原因,IMS 工具已被广泛部署。据估计,大约有 1 万套 IMS 仪器用于痕量炸药筛查。对于这项工作,将痕量检测定义为对质量在 0.1~100 ng 之间的爆炸残留物进行化学分析。

在典型的筛查实施中,工作人员用布、纸或聚四氟乙烯(PTFE)涂层材料构成的"陷阱"擦拭行李或货物表面,如行李手柄或包装标签。将爆炸颗粒从擦拭过的表面清除,并收集到捕集器上。然后在 IMS 仪器中引入陷阱,爆炸粒子在超过 200 ℃的温度下蒸发。将爆炸蒸气引入离子源区域,在此通过与氯离子—反应物的加合得到电离。电离后,加合离子被注入漂移管中,其大气气相迁移率由其在弱电场中的飞行时间决定。离子以不同的速度通过漂移管,这取决于它们的大小、形状和电荷,测量的漂移时间将与已知爆炸物的参考库进行比较以进行识别。

测试材料(陷阱)中含有已知的和可复制的(通常是纳克)数量的炸药,这对于校准 IMS 仪器和确保它们在部署地点正常运行至关重要。这些测试材料所需的特性包括:高精度和准确性,浓度的大波动范围,以及可伸缩性,以允许快速和廉价生产的高吞吐量,以适应大量部署的 IMS 系统。需要各种不同的爆炸实验材料,以提供灵活性,以应对数量庞大且经常变化的威胁。利用喷墨打印技术生产微量炸药实验材料是一种很有前途的方法来满足所有这些要求。

　　压电滴-按需喷墨打印是一种通用的方法,定量交付微体积的溶液喷墨打印提供了非接触、高通量沉积精确数量的材料。优化的喷墨打印机的重现性已被报告为分配的体积的日常测量优于2%的相对标准偏差。大动态范围的沉积分析物浓度(10^5)是通过简单地改变打印的滴数实现的。在过去的十年里,喷墨打印技术已经广泛应用于多种用途,从DNA微阵列打印到电子工业中用于互连的金属焊料。如果炸药能以可复制的方式打印出来,那么实验材料就能快速而廉价地生产出来。下面采用按需喷墨打印技术生产RDX(1,3,5-三硝基-1,3,5三氮环己烷)测试材料用于痕量炸药分析的可行性。

　　高爆炸性RDX溶液是作为标准溶液购买的,包括单独包装的安瓿(约1 mL),其中含有以1 000 μg/mL名义浓度溶解在乙腈或甲醇中的爆炸性物质(本节中确定了某些商业设备、仪器或材料,以充分说明实验程序。这种鉴定并不意味着由国家标准和技术研究所建议或认可,也不意味着所鉴定的材料或设备一定是为此目的所能获得的最佳材料或设备。)同位素标记RDX(13C3-15N3-RDX,99%,剑桥同位素实验室,Andover MA)的标称浓度为1 000 μg/mL,用作气相色谱/质谱(GC/MS)定量分析的内标。

　　我们发现,用于溶解炸药的典型溶剂不适用于打印。溶剂如乙腈、甲醇、四氢呋喃的流变性超出了打印机系统稳定运行所需的典型范围(运动黏度$1\times10^{-6}\sim30\times10^{-6}$ m²/s,表面张力0.02～0.06 N/m)。为了实现打印机的稳定性,将炸药在异丁醇(IBA)中重组。通过将已知体积的炸药溶液转移到30 mL的喷墨打印机瓶中,让溶剂蒸发,然后将剩余的炸药残留物在IBA中重新溶解,实现了重组。炸药在IBA中的溶解度小于在原溶剂中的溶解度。因此,再生喷墨打印机溶液的最大爆炸浓度通常为<200 μg/mL。使用0.2 μm聚四氟乙烯注射器过滤器前,所有喷墨打印机溶液都经过过滤,以减少堵塞喷墨打印机系统的可能性。

　　测试材料是使用JetLab Ⅱ(Micro Fab,Plano,TX)喷墨打印机系统生产的。JetLab Ⅱ是一款按需喷墨打印系统,具有精确的X、Y、Z运动控制、喷墨驱动电子设备、压力控制和喷墨可视化系统。打印头由一个直径为50 μm的玻璃毛细管组成,周围环绕着一个压电晶体。电压脉冲(20～60 V;上升时间3～5 μs;停留时间20～40 μs;跌落时间3～5 μs)施加在压电晶体上,使其在毛细管周围先膨胀后收缩,产生声波,声波通过毛细管内的打印流体传播。当有足够能量的声波到达小孔时,喷射出一个微滴。使用频闪照明和电荷耦合装置(CCD)摄像机对喷射液滴进行可视化(图3.11)。对于稳定喷射液滴,通过可视观察喷射出的微滴来调节打印机条件,同时调节毛细管中流体的电压脉冲参数和回填压力。在没有卫星液滴形成的情况下,通常使用给出最高微滴速度的条件来找到最佳喷射。打印频率为2 000 Hz,液滴喷射速度≈2 m/s,平均液滴体积为116 pL(直径=60.5 μm)。科研人员最近进行了详细的研究,采用先进的重力测量方法,严格评估了电压脉冲参数、回填压力和滴射速度对打印机稳定性、重现性和滴尺寸的影响,目标是为未来的打印研究开发最佳条件。

　　衬底材料:喷墨打印水滴图案的可视化是一个有价值的工具,特别是在开发新的爆炸性"墨水"解决方案中。可视化打印的阵列模式是一种有用的技术,以确定打印机是否执行稳定和可重复。水滴图案的可见性是通过向打印机溶液中添加荧光染料和使用允许可见性的基材(如喷墨纸和由纤维素酯或聚碳酸酯组成的膜滤材料)来实现的(图3.12(a))。

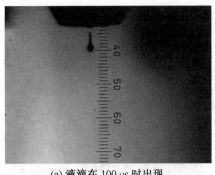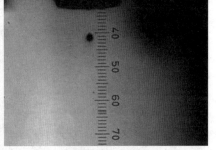

(a) 液滴在 100 μs 时出现　　　　　　　　　　　　　　(b) 液滴在 150 μs 时出现

图 3.11　JetLab Ⅱ 压电式喷墨打印机液滴（每级 32 μm）

虽然这些衬底用于喷墨用途，但它们不能用于微量炸药实验材料的生产，因为它们在 IMS 分析中使用的高温下不具有热稳定性。因此，为了生产用于 IMS 的爆炸实验材料，有必要打印到热稳定的衬底上，不存在干扰 IMS 分析的挥发性化合物。IMS 制造商生产的捕集器（商业上称为扫片、过滤器或拭子）满足了这些要求，并成为微量爆炸实验材料的良好衬底。衬底的唯一缺点是，由于这些材料的强荧光背景，喷墨打印的图案很难看到。

通过反复测试，确定无灰级滤纸与 IMS 测试温度兼容，同时也允许喷墨打印图案的充分可视化（图 3.12(b)）。在滤纸上进行的空白 IMS 分析比在衬底上进行的空白分析更快地消耗了 IMS 仪器中的掺杂离子，这很可能是由于滤纸上的挥发性成分。使用溶剂清洗（丙酮浸泡一夜≈15 h）和热处理（115 ℃烘箱过夜）对滤纸进行预处理，以减少 IMS 干扰。因此，在制作爆炸实验材料之前，通常会进行预处理。处理过的滤纸用于本研究的所有分析。喷墨打印机解决方案中染料的添加是在方法开发和解决问题时使用的。为了尽量减少对炸药化学分析的任何潜在干扰，在实际实验材料的生产过程中没有使用染料。一个典型的喷墨打印图案的例子如图 3.12 所示。印字液为异丁醇，加入 25 μg/mL 荧光素染料，使图案可见。一个包含 400 滴的阵列图案（20×20 个点，每个点包含 1 滴），滴间距为 0.3 mm。在图 3.12(a)中，该图案被印在混合纤维素酯膜过滤器上（0.05 μm 孔径）。图 3.12(b)显示了同样的图案印在无灰级滤纸上。

重力测量：使用 Mettler AE 240 分析天平、Mettler AT21 Comparator 微量天平（Toledo，OH）和 Sartorius SE2－F 超微量天平（Goettingin，德国）进行质量测量。每个天平的重复性是通过对本研究中使用的容器进行重复质量测量来确定的。天平的精度是通过测量与本研究中称重的容器质量相似的校准砝码的质量来确定的。

气相色谱/质谱分析：气相色谱/质谱分析使用 1200 瓦里安（Palo Alto，CA.）GC/MS 进行。在 150 ℃、1 μL 的等温注射（通过自动进样器），使用分流阀注射器，分流比为 50/1。气相柱（12 m × 0.22 mm HT－5－SGE，Austin，TX）以 6 mL/min 的氦气载流在 130 ℃保持 2 min，然后以 20 ℃/min 升温到 160 ℃，保持 1 min。以甲烷为试剂气，在负离子化学电离（NCI）模式下工作。对于 RDX 定量分析，加入同位素标记的 RDX(13C3－15N3－RDX，99%)溶液作为内标（Cambridge 同位素实验室，Andover，MA）。离子在质量/在固定的 1 200 V 电子倍增电压下，RDX 的电荷(m/z)为 102 和 129，同位素标记的 RDX 的电荷(m/z)为 104 和 135。$129m/z$(RDX)和 $135m/z$(13C3－15N3RDX)荷质

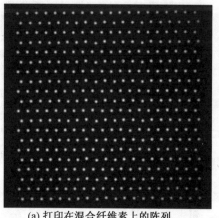
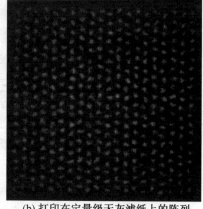

(a) 打印在混合纤维素上的阵列　　　　　(b) 打印在定量级无灰滤纸上的阵列

图 3.12　典型的喷墨打印图案

比碎片离子相对丰度较高,可用于定量分析。为了定量分析,从 5 个 RDX 标准溶液的浓度范围为 $0.1\sim100$ μg/mL,建立了校准曲线。每个标准溶液的制备方法是将已知质量的 RDX 标准溶液与已知质量的 RDX 同位素标记内标液混合。

这些校准溶液被用来确定仪器的响应因子,然后被用来量化从喷墨打印机中分配的 RDX 的量。通过喷墨打印将喷墨生产的样品制成气相色谱/质谱(GC/MS)分析用的玻璃衬垫,置于气相色谱/质谱(GC/MS)样品瓶中。当打印到插入件时,有时会在插入件的侧面观察到液体,这表明液滴轨迹并不总是直接向下进入插入件的底部。为了确保在 GC/MS 分析之前没有爆炸物丢失,喷墨喷嘴大约插入到插入物的一半,滴药,然后移除喷墨喷嘴。用吸管加入内标,插入物中加入溶剂至最终体积为 250 μL。添加额外的溶剂从插入物的侧面回收炸药要求打印更多的液滴,以达到预期的 GC/MS 浓度目标。每瓶通过 GC/MS 分析测试 6 次,这 6 次重复分析的平均值作为该瓶的最终 RDX 浓度。

紫外/可见吸收光谱(UV/vis):紫外/可见吸收光谱测量使用岛津 UV-1800 双光束分光光度计在光度模式下进行。从含有炸药的标准溶液蒸发乙腈,将爆炸残留物在异丁醇中重组,稀释到仪器线性动态吸光度范围内的浓度。用匹配的石英比色管测量吸光度,光路为 10 mm。一个比色皿装满 1 mL 爆炸标准溶液;另一个作为空白,充入 1 mL 异丁醇,然后使用 $230\sim300$ nm 的波长扫描测量吸光度。

离子迁移谱:离子迁移谱分析使用 GC-IONSCAN 400B(Smiths Detection,Warren, NJ.)在 IONSCAN 模式下进行,解吸器温度为 230 ℃,试管温度为 114 ℃,采样时间为 7 s。仪器的漂移时间是通过内部校准器来校准的。所有的分析都是在负离子模式下进行的,使用六氯乙烷气体来产生反应离子。

为了验证喷墨打印过程中炸药的分配量和过程的重现性,以 RDX 为炸药进行了整个喷墨打印过程的实验。实验连续进行了 3 天,允许测定一天内和每天的重现性。之所以选择 RDX,是因为它广泛应用于各种炸药,是许多塑料结泥子炸药的主要成分。本节其余部分讨论了 RDX 测试运行,在此期间产生了以下测试材料。(1)编号 130(130)trap 样品用于 IMS 测试和校准。分别以 0.01、0.05、0.1、0.5、1、5、10、15、20、40、60、80 和 100

(ng)的 RDX 量制备 10 个捕集器。(2)编号 30(30)瓶用于质量法和气相色谱/质谱法测定爆炸量和喷墨打印机再现性。以 6 种不同的目标浓度(0.5、1、5、15、35 和 50(μg/mL))打印样品进行 GC/MS 分析。第 1 天打印 12 瓶(每个目标浓度打印 2 瓶),第 2 天打印 6 瓶(每个目标浓度打印 1 瓶),第 3 天打印 12 瓶(每个目标浓度打印 2 瓶)。

初始溶液浓度:喷墨打印机启动液的浓度通过质量法测定,并通过另外两种独立的分析技术进行验证,即 GC/MS 和紫外可见吸收光谱法。质量测定用 1 安瓿,含 1 mL 标准 RDX 溶液,起始浓度为(1 000±5)μg/mL。将溶液转移到先前称重过的喷墨打印机瓶(容量 30 mL)中,然后重新称重以确定转移的溶液的质量。盖子被取下,乙腈被蒸发掉。然后将测得质量的 IBA(相当于 15.5 mL)加入 RDX 残渣中,形成喷墨打印机启动液。根据制造商认证的浓度值和质量测量,打印机溶液的起始浓度被确定为(64.4±0.3)μg/mL(假设在溶剂蒸发过程中 RDX 的损失可以忽略不计)。(不确定度表示由起始溶液浓度的不确定度、天平读数的不确定度和天平的再现性引起的误差。)采用气相色谱/质谱(GC/MS)和紫外-可见光谱(UV-vis)分别测定该打印机溶液的浓度为(62.9±0.3)μg/mL 和(62.8±0.2)μg/mL。(不确定度是指从单个样本中重复分析的标准偏差。)

喷墨打印机配发炸药量:通过测定每滴 RDX 的质量,可以简单地通过打印不同数量的滴来生产包含不同爆炸量范围的测试材料。每滴 RDX 的质量是通过将预先选定的滴数(2 000 Hz)分配到包含质量和化学分析的玻璃插入的 GC 瓶中来确定的。选择打印的液滴数量作为 6 种不同浓度的 GC/MS 分析:0.5 μg/mL、1 μg/mL、5 μg/mL、15 μg/mL、35 μg/mL 和 50 μg/mL。打印后,立即盖上预先称重的瓶子,并重新称重,以确定所分发的溶液的质量。将溶液质量除以 IBA 的比重,再乘以打印机溶液的浓度,就得到喷墨打印机分配的 RDX 的质量。将 RDX 质量除以滴数得到每滴 RDX 的平均质量。质量测定用 GC/MS 进行验证。对于 GC/MS 分析,加入一个内标,插入物中填充溶剂(乙腈)至最终体积为 250 μL。为了与质量分析进行比较,GC/MS 分析将确定的浓度乘以插入液的体积(≈250 μL)转换为 RDX 质量。两种技术的比较表明,所有打印浓度的差异小于 4%。样品滴数与 GC/MS 测定的 RDX 浓度之间的线性关系如图 3.13 所示。对数据进行线性回归分析得到的 r^2 值为 0.999 98。

溶剂蒸发的潜在偏差:质量测量可能会有偏差,因为没有考虑打印瓶时异丁醇的蒸发。为了调查这一偏差,将预先称重过的瓶子中的溶剂质量(如前所述)与直接放置在微量天平称量盘上的瓶子中的相同数量的溶剂质量进行了比较。微天平与计算机连接,每 0.5 s 记录一次质量读数。蒸发速度是通过将溶剂倒入瓶中,然后监测随时间的质量损失来确定的。滴质量是通过将 5 万滴溶液分配到预先称重的瓶子中来确定的,然后将瓶子盖上盖子并重新称重以确定所分配溶剂的质量。随后,用微量天平将 5 万滴药滴到瓶子里,记录的最大平衡读数为 5 万次下降的质量。这一质量为蒸发而修正,并与打印到瓶中测定的质量进行比较(不考虑蒸发)。该方法在 8 h 的时间内重复 6 次。在质量测量中不考虑蒸发所引入的平均偏差被确定为 1.2%。。

再现性:在 3 天的测试期间收集的质量数据被用来确定用于生产痕量炸药的喷墨打印机的重现性。通过分析第 1 天和第 3 天打印的 12 个瓶子和第 2 天打印的 6 个瓶子的滴量数据来确定天内的重现性。每天的重现性是通过 3 天测试期间打印的 30 个瓶子的

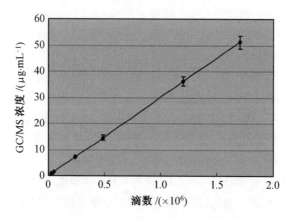

图 3.13　气相色谱/质谱分析测定的 RDX 浓度与喷墨打印机样品滴数的实验校准图
（数据点表示 5 个测量值的平均值,不确定度表示测量值的标准差）

滴质量计算来确定的。以相对标准偏差百分比测量的滴落质量的日内重现性范围为
0.7%～1.8%,而日重现性为 2.6%。

喷墨打印样品和 IMS 校准:RDX 测试期间产生的样品捕集器用于校准的检测器响
应显示了经典的 IMS 行为如图 3.14 所示,在低样品含量(0.05～15 ng)时线性范围转变
为在较高样品含量(15～100 ng)时斜率较小的第 2 个线性范围。

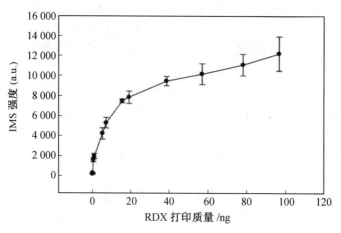

图 3.14　使用喷墨生成的 RDX 测试材料的标准偏差图
（数据点表示 5 个测量值的平均值）

经测试,利用压电滴－按需喷墨打印技术,可以将炸药配制成可重复打印的溶液。通
过质量测量技术确定打印机的重现性,在日内测量中优于 2%,在日常比较中优于 3%。
采用质量法、气相色谱－质谱联用技术和紫外－可见吸收技术测定喷墨打印机的炸药用
量。喷墨打印的痕量炸药实验材料被用来校准在 NIST 的 IMS 仪器。爆炸实验材料目
前正在几个不同的联邦机构进行进一步的现场实验。

许多安全检查点都部署了追踪爆炸物的快速检测系统。热解吸谱是离子迁移谱、质
谱等微量检测常用的进样步骤,热解吸谱对微量爆炸物的检测至关重要。化学残留物通
常被收集在取样刷上,热解吸为中性蒸气分子,电离并被电场分离以进行检测。传统的热

测量方法需要毫克数量的炸药,升温速率非常慢,通常为 10 ℃/min。然而,典型的痕量探测器可在约 6 s 内测量从室温加热至 230 ℃的炸药(单个颗粒)的纳克数量。匹配这些速度的热分析方法将为改进痕量检测提供有用的信息。

纳米热法能够对小质量样品(100~250 ng)进行热测量,具有高灵敏度,并可编程任意加热剖面。小质量样品很好地适应了微量检测的挑战,包括微量爆炸物和非法药物。除了更紧密地匹配现场的样品质量,小质量样品大大降低了与这些测量相关的实验室风险。升温速率范围为 1~1 000 000 K/s,可编程为任意加热剖面,如非线性斜坡或逐步加热剖面。由于纳米热量计具有 MEMS 的规模,因此也很容易将其集成到其他仪器中,如飞行时间质谱,以同时测量进化物种。

纳米热法最近被用于爆炸物探测。最大的挑战是将大量的炸药放置在纳米热量传感器上。喷墨打印可以精确地控制样品的质量和位置,并可用于沉积均匀、高重现性和定量的炸药质量。为了评估纳米热法优化热解吸的可行性,选择了 3 种中挥发性炸药:环三亚甲基三硝基胺(RDX)、季戊四醇四硝酸酯(PETN)、三硝基甲苯(TNT)和一种低挥发性氧化剂——氯酸钾(PC)。用喷墨打印和纳米热法测定了 RDX 的 α 和 β 相。使用纳米热量和质谱的联合测量可以潜在地用于优化这些材料的热解吸,以获得更好的灵敏度。

高爆药环三亚甲基三硝胺(RDX)、季戊四醇四硝酸酯(PETN)和三硝基甲苯(TNT)作为储备溶液,溶解在乙腈或甲醇中,标称浓度为 1 mg/mL(Restek, Bellefonte, PA,或 Supelco, Bellefonte, PA)。将氯酸钾溶于浓度为 20 mg/mL 的水中用于打印。以 0.24 mg/mL 浓度的异丙醇(IPA)复配 RDX 打印液。

使用压电喷墨打印机将样品沉积在纳米热量计上,该打印机包括一个打印头,该打印头由一个直径为 50 μm 的玻璃毛细管孔包围着一个压电晶体、一个微天平(SE2－F, Sartorius, Bohemia)和一个压力/真空调节器(PC90, MKS Instruments, Andover, MA),以控制流体储液器的顶空压力。典型的喷墨参数包括降滴喷射电压为 32 V,上升和下降时间为 3 μs,停留时间为 29 μs。对于每个解决方案,喷墨打印参数都进行了调整,以实现可重复喷射的液滴,并通过集成的摄像机系统和频闪灯照明确定最小的卫星液滴形成。然后,通过在微天平上放置数千滴称量的液滴,测量液滴的平均质量。在继续在纳米热量计上打印样品之前,通过 5 次运行,检测误差小于 2%。另一台摄像机用于观察沉积在纳米热量计上的液滴,并进行校准。液滴频率通常为 6 Hz,以便更好地显示和控制沉积的液滴。打印在纳米热量计上的样品的非原位图像,如图 3.15 所示,是由配备佳能 Rebel EOS T1i 数码相机的徕卡 Z16 APO 显微镜拍摄的。

每个纳米热量计都是使用之前报道的在 300~700 ℃范围内的电阻加热和光学测热法,并通过在烤箱中测量 25~100 ℃范围内的电阻进行校准的。在校准中也使用室温电阻值。测量是在环境条件下进行的,通过施加电流脉冲和测量电流和电压降的加热器,以计算电阻和功率在每个时间步长;使用记录的校准,加热器的温度和升温速率从测量的电阻导出。由于这些样品最终会分解或升华,留下一个空的传感器用于样品后基线测量,因此同样的传感器会再次加热以收集作为参考测量的数据。从第一和第二加热循环的功率差中可以看出样品所消耗的功率。表观热容由功率除以升温速率得到。纳米热量测量系统通过先前报道的 VENTI(文丘里辅助夹带和电离)远程采样和电离系统组件与三四极杆质谱耦合。

由于样品质量小（100～231 ng），样品沉积在精确的位置是一个挑战。先前用于纳米热量测量的方法包括手动微调和放置，使用阴影罩的蒸发或溅射，以及使用阴影罩的电喷涂。这些方法中没有一种可以直接测量质量——质量通常是由热量推断出来的能力值。了解样品质量对于量化相关比热而不与大块材料性能进行比较是很重要的。喷墨打印能够精确控制样品的质量和位置，在美国国家标准与技术研究所（NIST）中被用于生产质量可控的标准材料。喷墨打印的重现性在一天之内优于 3%。根据定量输送已知浓度的特定微体积的溶液，以及载体溶剂的蒸发，可以将所需的样品质量放置在纳米热量计传感器加热器的任意位置。图 3.15 显示 4 种炸药（TNT、PETN、PC 和 RDX）通过喷墨打印沉积在纳米热量传感器上。样品被很好地放置在加热器中心的一边到另一边和纵向。每个纳米热量计传感器上均匀分布有 10 个样品点，每个点的样品质量相同。标称样品质量为 $m(\text{RDX})=99$ ng、$m(\text{PETN})=99$ ng、$m(\text{TNT})=231$ ng 和 $m(\text{PC})=100$ ng。

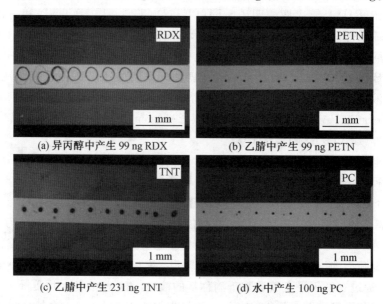

(a) 异丙醇中产生 99 ng RDX　　　　(b) 乙腈中产生 99 ng PETN

(c) 乙腈中产生 231 ng TNT　　　　(d) 水中产生 100 ng PC

图 3.15　喷墨打印技术沉积在纳米热量计传感器上的炸药图

图 3.16 显示了 RDX、PETN、TNT 和 PC 的纳米热量测量结果，其中升温速率绘制为温度的函数。通常情况下，曲线的向下倾斜表示吸热转变（如熔化，从而减缓加热），而向上的峰值表示放热反应或转变（如能量物质的分解，从而增加升温速率）。不同的材料表现出不同的熔融和分解组合取决于样品的性质和样品的沉积方法。样品从室温加热100 s 至远高于其分解温度的温度，升温速率为 4 000～10 000 ℃/s 不等。

从图 3.16(a)可以看出，从室温到 500 ℃以上的快速加热过程中，RDX 既熔化又分解。RDX 有 5 种已知的多态形态，但在室温和常压条件下只能观察到 α 和 β 相。α－RDX 更常见，而 β－RDX 是亚稳定的，通过剧烈搅拌或与 α－RDX 晶体接触，很容易和不可逆地转变为更稳定的 α 相。相应的转化能小于 1 kcal/mol。否则，β－RDX 可保持稳定几个月至一年。在图 3.16(a)中突出显示的两个独立的吸热峰是正常的。187 ℃的一个峰与最近报道的亚稳态 β－RDX 的熔点(188 ℃)一致,而 202 ℃ 的另一个峰则归因于更稳定的 α－RDX(203～206 ℃)的熔点。根据最近的报告,使用滴铸结晶法,得到的结晶相取决于衬底、溶剂和浓度。结果表明,β－RDX 主要在低浓度溶液中形成,而 α－RDX 主要在高浓度溶液中形成。作者将这归因于在较高浓度下存在的晶体数量较多,碰撞的可能性增加,从而导致向稳定相的转换更大。据报道,在亲水性较强的玻璃基质上,β－RDX 的比例通常较高,因为它具有较大的扩散面积和较高的蒸发速度,从而降低了 α 和 β 晶核之间的接触概率。RDX 在低浓度(0.24 mg/mL)的异丙醇中被重组,沉积在纳米热量计上,表面涂有一层薄薄的亲水氧化铝,沉积设置旨在创造高蒸发速度。每 10 个点沉积 750 滴(≈70 pL/滴)。这些条件有助于本工作中 α 和 β 晶体混合物的形成和观察。值得注意的是,在重复样品中,α 和 β 晶体的混合物并不总是同时得到的,一些样品仅表现出与 β 晶体相关的单一熔点。

因为 β－RDX 是通过喷墨打印得到的,这可能是高蒸发速度、多点多滴导致 α－晶体的形成。在无法区分两种可能的情况下,可能包含或多个点的混合阶段,或者每个点可以包含在不同的阶段,一些被所有 α－RDX 和一些被所有 β－RDX 抽样的协调行为在所有 10 个点同时测量。

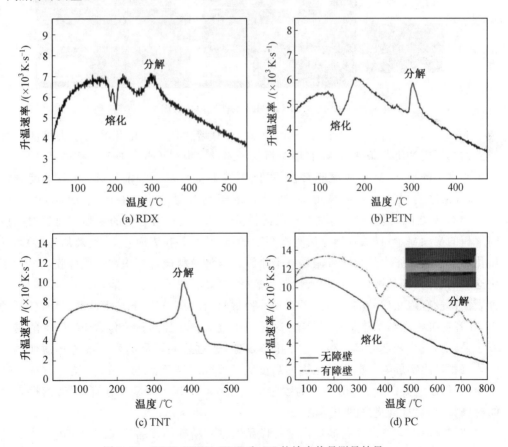

图 3.16　RDX、PETN、TNT 和 PC 的纳米热量测量结果

图 3.16(b)显示了 PETN 的熔化峰和分解峰,测量的熔化温度为 147 ℃,略高于文献

值;而测量的分解温度为 304 ℃,远高于文献报道的,归因于升温速率较高。纳米热量计可以被放置以改变样品的方向,从而改变传感器表面的质量传输。测试时,样品正面朝下或正面朝上,未观察到明显差异(数据未显示)。然而,测量后的传感器表面却有不同,如图 3.17 所示。被测量的样品面朝下留下一个干净的表面;被测量的样品正面朝上,在靠近加热器的地方留下了许多小颗粒,这表明有一部分样品(或分解产物)被喷射成液滴,在附近重新沉积,并没有真正蒸发。进一步调查并确定它们是浓缩汽化的 PETN 还是分解产物。这为样品蒸发/升华和分解提供了一个区分,并且很明显与竞争性蒸发和分解过程的动力学和机制有关,这是选择理想的微量检测加热剖面时非常重要的考虑因素。

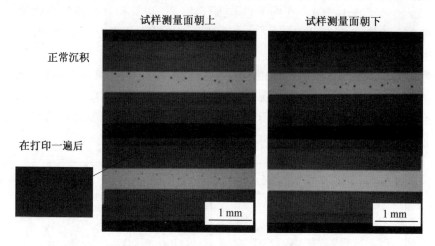

图 3.17　PETN 的面取向效应图

　　TNT 只有分解信号,如图 3.16(c)所示,没有熔化信号。熔化峰的缺失可能取决于样品的热历史和沉积条件,这在痕量探测现场测量中也很重要。对于这些样品,喷墨打印产生非常小的液滴,蒸发速度非常快,可能形成非晶样品。如前所述,分解温度测量在 387 ℃,比之前报道的温度高得多,将其归因于高升温速率。在图 3.16(d)中,PC 在 330～420 ℃之间明显熔化,但这个样品的挑战是如何实现对分解的观察。通过对一段时间解析的视频显示,样品在熔化后具有高度的流动性,并在表面移动(远离加热器)。样品熔化后引起表面张力的变化可能是一个原因。这种材料通常沉积在氮化硅膜上。为了解决这一问题,在样品熔化前沉积氧化铝和氧化硅薄膜,以改变表面能,但在样品熔化后,两种表面都没有阻止样品的运动。要找到一种材料,在 800 ℃ 以下是惰性的,具有较低的应力,并容易沉积在纳米热量计薄膜上,这是一个挑战。在加热器上包含 PC 样本的另一种方法是建立一个物理屏障。利用电子束蒸发器,通过遮光罩沿纳米热敏传感器加热器的两侧沉积氧化铝屏障。沉积氧化铝的高度为 200 nm,宽度为 200 μm。这种方法在这里适用,并用于收集图 3.16(d)所示的数据——在 650 ℃ 以上观察到分解,但继续探索潜在的衬底材料,以找到更好的中间层。

　　使用喷墨打印样品交付的优点是有样品质量和精确的样品放置。对于电子束蒸发或射频/直流溅射制备的薄膜的纳米热量测量,假设沉积薄膜具有体积密度,则根据名义沉积速度估计样品质量。样品质量也可以通过测量的热容与体积值相比较来估计,再次假设沉积的材料具有与体积相同的热容。如图 3.18 所示,将测得的热容与体积值进行比较,通过热容估算出的质量约为 80 ng,比校准后的喷墨打印机测量的质量(99 ng)低约 20%。在加热循环之后,表观热容达到零,这表明通过以下几种可能的过程:升华、蒸发、从表面以气溶胶的形式喷射和/或分解,传感器上没有留下样品。

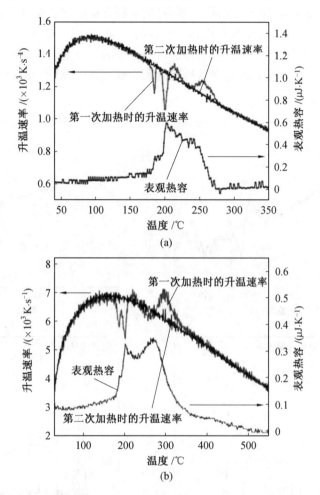

图 3.18　升温速率和表现热容作为温度的函数(升温速率分别约为 1 200 K/s 和 6 500 K/s)

从表观热容曲线来看,下降的曲线为吸热反应/转化,上升的曲线为放热反应/转化。RDX 的行为显示出双峰,将其归因于 α 和 β 相的存在。升温速率分别约为 1 200 K/s 和 6 500 K/s时,有明显的熔融吸热倾向和分解放热峰。但表观热容从熔融温度到分解温度有一个宽的吸热峰。这种现象可以归结为从熔化到分解过程中发生的复杂的多热事件:吸热升华、蒸发、熔化、放热分解,以及以气溶胶的形式从表面喷出,使传感器的热量(和热容)流失。在开式平底锅中,主要的质量损失发生在 170～260 ℃之间,与在封闭或部分密封平底锅中使用热重分析和传统差示扫描量热法观察到的竞争分解相比,RDX 的蒸发最为显著。此外,RDX 的液相热分解过程包括 3 个主要过程:汽化、液相分解和气相分解。这种复杂性也阻碍了对聚变焓的量化,而这有时有助于进一步验证样品质量。

　　将纳米热量计与质谱联用,通过比较不同升温速率下的热解吸产物,探讨热廓线对热解吸影响的可行性。本节以中挥发性炸药 TNT 为例,如图 3.19 所示。离子 TNT 分子 $[M]^-$ 和相应的碎片通过质谱检测,而 TNT 的热性质则通过纳米热法测量。观察到,在不同升温速率下,样品的分解温度和 $[M]^-$ / $[M—NO]^-$ 比值有所不同(图 3.19)。升温速率越高,分解温度越高,阻止了的热降解;可能获得更高的解吸温度和更高的解吸速度。然而,由于升温速率更快,在分解前热解吸的时间更少。目前,对于升温速率如何影响热解吸,还没有一个明确的结论。这项工作的目的是作为一个概念性的论证,纳米热法可以有效地与质谱结合,以评估升温速率对热解吸的影响,然后可以作为一个工具来研究加热剖面,以提高痕量检测。

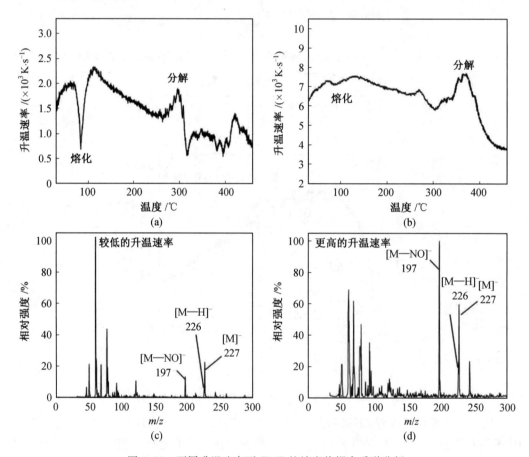

图 3.19　不同升温速率下 TNT 的纳米热耦合质谱分析

　　升温速率的背景噪声可能与质谱中携带的气体有关。选取 4 种中、低挥发性炸药,即 RDX、PETN、TNT 和 PC,进行纳米热测量。采用标定质量沉积速度和精确定位的喷墨打印技术进行样品沉积和质量定量。实验结果表明,纳米热法能够测量样品质量在 100 ng 范围内的各种炸药的热性能。在热数据中观察到 RDX 的两种异构体。可以通过沉积条件和纳米热计的表面调节来改变打印材料的晶体结构。更重要的是,观察到质谱仪光谱随升温速率的变化,表明纳米热法可以用于研究热解吸过程中的竞争过程,并评估热解吸的加热剖面效应。

　　微量爆炸物检测是一种快速发展的基于对爆炸物微量残留化学特征分析的筛查技术。这些残留物通常以微小的固体颗粒的形式存在,直径在几微米到几十微米之间。这些残留物是由大块爆炸性物质中的小颗粒转移到人或其物品上的结果。这种转移可能是由于携带爆炸物的人、操纵或制造爆炸物的人,或由于接近这种环境而受到污染。爆炸痕迹探测器(ETD)现在广泛应用于采样和筛选这些残留物。

　　爆炸物残留采集有两种方法:空气动力采样和基于滑动的采样。在空气动力采样系统中,一个物体被一系列脉冲喷气机、空气叶片和风扇所吹动,这些风扇试图将爆炸物颗粒从表面释放出来,然后通过空气动力将它们输送到一个收集装置中在滑动采样中,用棉签在物品表面上划动,收集 3 个颗粒。在每一种方法中,收集的粒子然后通过热解吸和分析微量化学探测器,典型的离子迁移谱仪(IMS)进行检测。

　　爆炸痕迹探测器是开发和应用微量化学标准/测试材料的采样效率测量和仪器校准和选择。也是开发微量爆炸颗粒测试材料,以支持当前部署的探测系统的优化,并加速下一代微量采样技术的发展。这些实验材料必须在尺寸、形状和化学成分方面具有良好的特征,并且应该以特征直径为 $5 \sim 30 \ \mu m$ 范围内的离散小颗粒的形式模拟痕量爆炸污染,在此之前,利用压电喷墨打印方法和精确的粒子制造技术,已经成功地将高炸药装入单分散聚合物微球中。然而,人们对制造纯爆炸粒子以促进下一代痕量探测技术的评估或校准的兴趣越来越大。

　　单分散液滴/颗粒的应用与生产它们的技术一样广泛。涉及化学工程、电子和太阳能电池、3D 打印和添加剂制造、食品和农业、粉末冶金、陶瓷等。提出了一种压电喷墨打印结合独特的干燥管生产单分散的微粒子的方法。相关文献详细地描述了该技术和技术现状,并显示了喷墨打印制造颗粒的新兴潜在应用。

　　商用喷墨打印头主要基于"气泡喷射"技术,已被证明可以有效地从极性溶剂和水溶性材料中生产微粒。压电喷墨打印机,其中基于压电换能器的机电变形喷射液滴,通过使不仅溶于水的化合物,而且可溶于有机溶剂的化合物产生微粒子,扩大了粒子域。例如,振动孔板颗粒发生器是一种连续压电喷墨分配器,可以从广泛的溶剂中产生大量的颗粒(颗粒产生频率为压电频率的量级)。另一方面,滴-按需式压电喷墨打印机可在单位时间内提供定义明确且更可控的粒子数这种滴-按需法提供了一种将皮升体积的溶液沉积到表面上的高度精确和可重复的方法,并已用于制备用于各种 ETD 性能验证的高度精确和可重复的标准测试材料。

　　滴-按需式压电喷墨打印的一个特别优点是可以通过改变打印溶液的初始浓度来精确控制颗粒的直径,从而制造出微米大小的颗粒。通过控制直径,可以定制这些标准测试颗粒,以模拟真实世界中存在的痕量爆炸污染的真正威胁。科研人员通过生产已知数量的测试颗粒,分析已知数量的化合物,特定的单分散颗粒大小分布,并能够将这些颗粒输送到不同的基底上,这些基底代表与安全检查点相关的表面。在美国陆军最初设计的一个系统的基础上,已经设计、制造和测试一种新的干燥管,以产生由爆炸性化合物组成的单分散颗粒。新型干燥管和喷墨打印机的优化控制提供了一种改进的粒子发生器,为我们的具体国土安全应用提供了一种选择。

　　颗粒喷射装置是一种使用微晶压电喷墨装置将已知数量的均匀液滴注入垂直加热干燥管的设备。所配制的溶液由溶解在水溶剂或有机溶剂中的爆炸性物质组成。当液滴通过干燥管时,溶剂蒸发,产生由纯炸药制成的固体球形颗粒,然后将颗粒收集在位于干燥管出口的基质上。

　　压电式喷墨喷嘴需要精确控制流体背压才能有效工作。由于压力的微小扰动会导致点胶不稳定和卫星的生产,因此开发了一种用于喷墨的动态压力控制系统,该系统可精确调节喷墨背压。

　　喷墨设备在生产运行之前进行调整,以确定稳定的液滴生产的适当条件。通过调整施加到压电元件上的电压波形,并通过频闪观察显示液滴的形成,直到稳定的滴产生。一旦打印头正常工作并产生一致的液滴,它被放置在干燥管上,然后可以开始颗粒生产。系统上部的图像如图3.20所示。

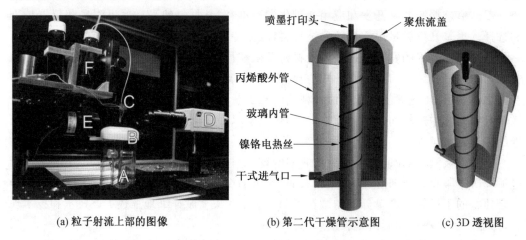

(a) 粒子射流上部的图像　　　　(b) 第二代干燥管示意图　　　　(c) 3D透视图

图 3.20　喷墨设备系统上部的图像

A—干燥管顶部;B—聚焦流盖;C—压电式电动喷墨喷嘴;D—水滴可视化数码相机;
E—照亮水滴的频闪灯;F—储墨器

　　干燥管是专为控制单或多粒子输送。干燥管长 760 mm,由外径 64 mm、壁厚 1.5 mm 的丙烯酸外管组成。外径为 22 mm,壁厚为 1 mm 的内玻璃管同心安装在外玻璃管上。图 3.20(b)所示为第二代干燥管示意图,由聚焦流盖、加热丝、内外管组成,一半的帽和外管已被移除,以可视化内部组件。聚焦流盖位于外壁组件的顶部,对干燥管的有效流动控制至关重要,因为它在这个领域内创造了一种流动模式,使水滴向下流过管道,而不需要底部的吸力(图 3.20)。这个盖子是在 Objet 30 Pro 3D 打印系统(Stratasys, Inc. Eden Prairie, MN)上制作的。喷墨打印头位于聚焦流盖的中心,但位于中心管内。镍铬加热丝提供热量到内部的玻璃管,以促进溶剂快速和完全蒸发时,液滴运输通过系统。颗粒必须完全干燥(无溶剂),使它们到达管的末端,并冲击到基材。

　　经过调节的干燥空气通过质量流量控制器(Omega Inc.,Stamford,CT)送入压克力管。当空气进入室内并向上移动时,它被包裹在内部玻璃管的镍铬丝加热元件加热。加热的空气最终到达上盖,然后径向向内聚焦到喷墨喷嘴。然后,气流向下通过内胎,最终通过出口孔在底部离开。该系统的流量可以从 0~0.5 L/min(LPM)进行调节。

采用计算流体力学(CFD)建模(CFD—ace 软件，ESI 组，San Diego，CA)对加热干燥管的内部流动动力学进行建模。这项技术在 ETD 的内部流体力学起作用，目前正被用来协助设计测试这些 ETD 的标准。模拟是在稳态、层流条件下进行的。图 3.21(a)显示了在进口流量为 0.5 L/min，温度为 100 ℃的条件下干燥管内部的速度流场的例子。温度场如图 3.21(b)所示。这个模型是二维的，因为它是轴对称的。

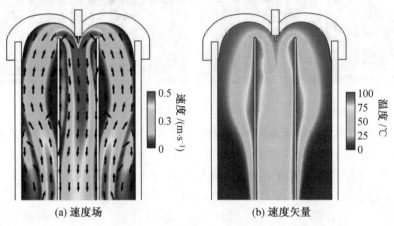

（a）速度场　　　　　　　　　　　　　　（b）速度矢量

图 3.21　计算流体力学的速度场和速度矢量图

结果表明，干燥管内的速度场沿外管方向向上，在玻璃管内方向向下。在没有聚焦流盖的情况下，来自加热壁面的浮力将推动内部玻璃管内向上的空气流动，并将液滴/颗粒垂直带离系统。这正是设计聚焦流盖的原因：为了抵消向上的浮力，并驱动水滴和颗粒向下通过内部的玻璃管，而不需要在管的底部的真空吸力。

这些计算流体动力学结果还表明，中心管附近的流体被加热到约 100 ℃与一些横向变化。靠近中心顶部的热场在 35～50 ℃的范围内。温度剖面内管的横截面成为约 50 ℃和相当均匀的约 5 或 6 管直径下游的喷墨打印头。通过流体流动可视化实验研究了液滴在干燥管中的流动行为。在这些实验中，激光光片从底部到顶部将管子的长轴一分为二。从喷墨喷嘴进入管中的水滴向下移动时被激光照亮。数码相机用来捕捉飞行中的飞沫。为了研究喷射频率对液滴行为和间距的影响，采集了不同喷射频率(1～10 Hz)下液滴的图像。图 3.22 给出了这些图像的拼贴图。通过管的流量为 0.5 L/min，喷射溶剂为纯水。

随着喷射频率的增加，液滴间距逐渐减小。在没有施加壁面热量的情况下，液滴沿着几乎垂直的轨迹运动。这表明，机械的 $x-y$ 平移阶段可以在干燥管的底部提供一个系统的或定制的粒子沉积模式。液滴间距大约是液滴直径的几十到几百倍。随着液滴间距越来越小，液滴—液滴之间的相互作用开始影响最终的粒子分布。液滴的凝聚和液滴周围溶剂蒸气压的增加会影响液滴在飞行中的蒸发特性。为此，当液滴喷射频率为 10 Hz 或更低时，该系统的颗粒产生达到最佳性能水平；超过 10 Hz 的频率会导致颗粒聚集、颗粒干燥不完全，以及飞行中的液滴凝聚。

一个优化的分析溶剂组合的确定可能是一个特别具有挑战性的过程，主要是因为溶剂与压电喷墨喷嘴的兼容性。溶剂必须具有一个可接受的流体黏度和蒸气压的窄窗口。

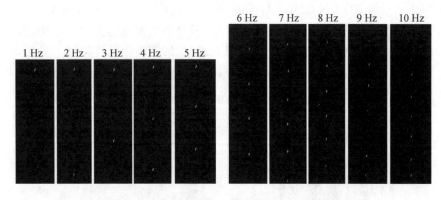

图 3.22　液滴间距随喷射频率变化的流动显示图

低黏度通常导致卫星形成和液滴间的剩余压力波相互作用。相反,高黏度引起能量耗散并阻碍液滴的形成溶剂的蒸发速度必须足够高以在干燥管出口处产生干燥颗粒。如果蒸发发生得太快,液滴的形成趋于不稳定,分析物可能在喷墨喷嘴内结晶,并成长为堵塞。为了制备相对较大的(>10 μm)RDX 颗粒,分析物必须在溶剂中具有高度的溶解性。二甲基甲酰胺(DMF)溶剂是打印 RDX 颗粒的合适溶剂,因为 RDX 在 DMF 中具有很高的可溶性。将 RDX 晶体溶解在 DMF(Sigma Aldrich)中,形成浓度约为 150 mg/mL、100 mg/mL、50 mg/mL、25 mg/mL 和 5 mg/mL 的溶液。这项工作的参数包括通过干燥管的流速设置为 0.5 L/min,干燥管的温度设置为 50 ℃。

　　从 150 mg/mL、100 mg/mL、50 mg/mL、25 mg/mL 和 5 mg/mL 的 RDX－DMF 溶液中产生 RDX 颗粒。每一种溶液浓度产生的球状微粒如图 3.23 所示。每个图像的比例是相同的;粒径大小与各溶液中 RDX 浓度有关。在每一批中,明显存在高度的单分散性,而在所示的几个例子中都不存在颗粒团聚。在 10 Hz 的抛射频率下,液滴完全消除了团聚现象,但在更高的抛射频率下,液滴在干燥管内表现出合并的倾向,形成双峰甚至三峰。

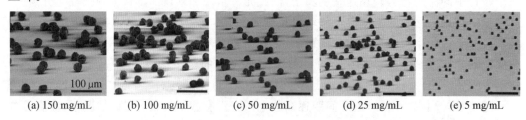

(a) 150 mg/mL　　(b) 100 mg/mL　　(c) 50 mg/mL　　(d) 25 mg/mL　　(e) 5 mg/mL

图 3.23　粒子喷射打印 RDX 粒子的扫描电镜图像

(颗粒直径为 9～30 μm,每幅图像的标尺为 100 μm,用不同浓度 RDX 的 DMF 溶液打印颗粒)

　　如图 3.24 所示,得到的颗粒大小是单个液滴中喷射的分析物总量的函数,它依赖于喷射溶液的初始浓度;$D_p \sim C(1/3)D_d$,其中 D_p 为颗粒直径,C 为溶剂中分析物的浓度,D_d 为初始喷墨液滴直径。在本例中,液滴的初始直径平均为 60 μm,符合曲线的特性。利用最终颗粒直径和初始溶液浓度之间的关系是这种颗粒生产系统的一个关键优势,因为它可以制造出已知数量的可量化的微粒,并严格控制最终颗粒直径。

　　硝酸铵的潮解特性使得生成完全无水的微粒变得特别困难。干燥管内升高的温度有

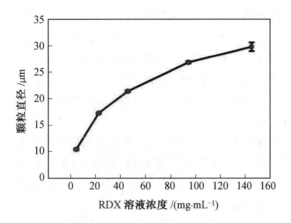

图 3.24 RDX 颗粒直径与 RDX 溶液浓度的函数图

助于加速每一滴水在干燥管内的蒸发,然而,产生的微颗粒从未完全脱水。如图 3.25 所示,硝酸铵颗粒的扫描电镜(SEM)图像集合显示,大多数颗粒呈球形,具有不同寻常的结构,并沿外表面生长。这些颗粒平均直径约为 40 μm,标准偏差为 1.2 μm。扫描电镜的高真空有助于从颗粒中脱除残留的水,并产生图像,表明它们是完全干燥的。然而,一旦将样本置于室温和常压的实验室环境中,只需对含有这些吸湿性粒子的硅衬底并将其中的一部分转化为液相。

图 3.25 粒子喷射产生的硝酸铵颗粒的扫描电镜图像(颗粒直径约为 40 μm)

对开发用于安全和取证应用的微量颗粒测试材料的兴趣,促使我们开发和测试一个系统,使用压电喷墨打印系统来定量生产微粒。生产可控制大小和化学性质的定制颗粒的能力是成功评估和优化痕量爆炸品采样技术的关键一步。本节介绍了一种粒子喷射打印装置的研制和测试。颗粒射流的一个重要组成部分是定制的加热干燥管,它促进溶剂在每个液滴中的半完全蒸发,最终在干燥管出口处产生固体微粒。将空气推过管道,而不是从出口拉出空气的能力,也是一个重要的设计特征,使已知数量的粒子可以输送到几乎任何表面。

CFD 还证实,位于干燥管顶部的流体聚焦帽能够将流体向下定向流动,并防止浮力在中心管中产生向上的垂直流动。利用激光散射技术对种子液滴进行流动显示,显示了喷射频率对种子液滴轨迹和间距的影响。我们成功地用粒子射流生产了纯 RDX 和 AN 粒子。这样的粒子对于与离子迁移光谱等微量化学检测技术结合的粒子去除和收集的空气动力学研究是有用的。所得到的颗粒大小直接与打印溶液的分析物浓度和初始滴径有关。影响打印的几个重要因素包括溶剂蒸发速度、分析物溶解度、干燥管温度,和溶剂的物理性质如黏度和表面张力。

未来的工作将集中在塑料黏结炸药配方,以准备制定炸药颗粒标准。重点将指向高爆炸性化合物 C_4,其中含有 RDX 作为高能材料,聚异丁烯作为黏合剂成分,以及其他塑料黏结炸药,如塞姆。通过在配方中加入结合聚合物,由于聚合物基质的封装特性,可延长挥发性更强的分析物的寿命。

未来的工作还将集中在集成的内联颗粒计数器,计数每一个颗粒。通过比较从打印头要求的液滴数量和从干燥管出口的颗粒数量,可以测量总颗粒传输效率。此外,能够对这些粒子在各种基材上的黏附性进行表征,将对微量爆炸物的研究领域大有裨益,并将成为未来的一个发展方向。

3.4.2　其他领域应用

喷墨打印已经应用于功能材料的沉积,如聚合物、无机粒子、导体,甚至活细胞。这是一种添加剂技术,非常适合于沉积少量材料,以制备亚毫米到微米分辨率的结构。喷墨打印是一种通用的技术,可以应用于任何材料,可以通过溶解或分散细小颗粒(通常直径为 5 mm 或更小),从而形成低黏度墨水;可以分散或溶解在适当的流体,利用流体作为载体具有内在的加工安全优势,可导致均匀沉积,并可通过表面相互作用(如润湿和毛细作用)来改善材料性能。喷墨打印最近被应用于含能材料的沉积。亚微米级的铝热剂是小型燃烧研究中的一种材料,已被证明能在小到 $100~\mu m$ 的微通道和小到 $150~\mu m$ 的微毛细管中自我传播。由于相对较小的燃料/氧化剂扩散长度和由此产生的高燃烧速率,点火和燃烧在较小的长度尺度是可能的。然而,随着长度尺度的进一步减小,热损失的限制增加,最终导致燃烧失败。可利用喷墨打印技术制备亚微米铝热剂样品,以研究燃烧传播几何极限附近的燃烧特性。利用扫描电子显微镜(SEM)和能谱仪(EDS)对沉积材料的混合和微观结构进行了表征,发现两种铝热剂配方都相对混合得很好。采用喷墨打印技术沉积了厚度达 $350~\mu m$ 的 $Al/MoO_3/$分散剂和 $Al/Bi_2O_3/$分散剂亚微米铝热剂样品。燃烧在铝热剂中被观察到以传导模式和对流模式传播,经常在两者之间过渡。这是由铝热剂内部或铝热剂/限制界面的空隙造成的。在系列实验中没有观察到燃烧速率的尺寸效应,但还需要进一步进行 $Al/MoO_3/$分散剂细线的实验。喷墨打印是制备小尺度燃烧行为的研究样品的一种很有价值的工具。

随着弹药信息化的发展,烟火技术向更小尺寸、更可靠的方向发展,弹药装填空间显著缩小。传统的压铸工艺已不能满足精密加载的要求。纳米炸药的出现进一步威胁了传统的装药技术。纳米炸药是指炸药相颗粒直径在纳米级的含能材料。它具有灵敏度低、燃速充分、爆轰波更快、更稳定等特点,在智能引信、高能制样、火箭推进剂等领域受到高度重视。在目前的纳米含能材料加载过程中,采用喷雾干燥工艺制备了纳米爆炸微球;然后按照需要的尺寸加载,或者将微球磨成纳米粉体,再用微笔直写法加载。上述工艺不仅烦琐,而且浪费材料,严重制约了纳米炸药的发展及其在智能引信中的应用。作为一种低成本的材料增材制造方法,滴-按需喷墨技术近年来在含能材料领域得到了广泛的应用。史蒂文斯理工学院(SIT)率先将滴-按需喷墨打印机与含能材料相结合,通过将旋流土(RDX)和醋酸丁酸纤维素(CAB)溶解在二甲基甲酰胺(DMF)中,制备出稳定的溶液。然后打印具有特定形态的含能材料。此外,SIT 研究人员还研究了打印时间和衬底温度对晶体形貌的影响。结果表明,均匀微滴喷射方法能够制备形貌可控的高能材料。虽然高能材料的喷墨打印的可行性已经得到了验证,但该研究仍处于早期阶段,需要在理论上或实验上进一步扩展。研究采用自主研制的均匀含能微滴打印设备,通过实验探讨了温度和频率对含能材料粒度的影响。打印出来一条均匀的线,这些线的颗粒大小分布在纳米和微米之间。作为一种简单可行的加载方法,滴-按需喷墨方法可以将含能液滴的沉积和纳米结晶一步完成。与其他方法相比,滴点式喷墨方法不需要球磨或筛分。

均匀高能滴印设备如图 3.26 所示。就其工作原理而言,信号驱动器在压电器上产生方波驱动器在压电陶瓷上产生方波,方波的频率、脉宽和振幅都是可调的。这样的脉冲信号被放大并应用于压电喷嘴。然后,它被传输到压电喷嘴空腔内的液体中,均匀的液滴从喷嘴中喷射出来。三维运动平台能够根据运动的指令在水平和垂直方向上精确移动。运动平台随压电喷嘴进行相应的运动,实现液滴的精确沉积,然后沉积的液滴被蒸发,形成具有特定形貌的高能结构。为了获得飞沫的图像,实验需要强光照,曝光时间短(几十微秒),这可以通过高速 CCD 来实现。整个打印系统安装在洁净室内,环境温度控制在(25±2)℃以内,相对湿度控制在 45%±5% 以内。在目前的储存条件下(室温下避光),墨水可以稳定存放一个月。

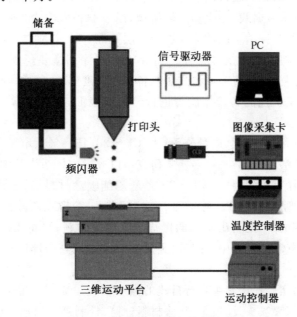

图 3.26 均匀高能滴印设备示意图

硝酸铵(AN)在农业和工业中具有实际用途,军队对其作为一种分析物或简单的爆炸物,因为它通常用于简易爆炸装置。在实验中,高能材料是 1.6 g NH_4NO_3,密度为 1.72 g/cm^3,溶剂是 20 g 二甲基甲酰胺(DMF)。可以添加到所有液体中的 AN 的最大数量是由 AN 在 DMF 中的溶解度极限决定的。在打印之前,将墨水通过一个 0.2 μm 的尼龙过滤器,以去除任何大的、不溶解的材料或其他可能的污染物。

微机电系统(MEMS)具有体积小、质量轻、精度高、集成度高、功耗低和批量生产成本低等特点,在火工技术领域具有较好的应用前景。微尺度传爆药在 MEMS 起爆序列中起到承上启下的作用,其传爆性能不仅与装药配方组成关系密切,也与微装药质量息息相关。鉴于微型传爆药尺寸小(截面尺寸亚毫米)的特点,传统的装药方法(压装、浇铸等)已经无法满足装药要求。因此,设计出小临界尺寸传爆药配方,并且开发出与 MEMS 工艺兼容的装药工艺是 MEMS 微起爆序列研究领域的研究热点。经过多年的发展,国内外学者已经开发出两种适用于 MEMS 火工器件的装药工艺:一种是直写装药工艺;另一种是喷墨打印工艺。喷墨打印在微装药方面得到了广泛关注。2011 年和 2012 年,美国 Ihnen 等利用喷墨打印技术分别使 RDX 基爆炸墨水和以乙酸乙酯为溶剂的 PETN/氯化蜡基和 PETN/PVAc 基爆炸墨水在基板上打印成型,并且对打印成型机理进行了深入研究。2016 年至今,对喷墨打印微装药技术进行了系统研究,相继设计出多种爆炸墨水配方,初步获得了优化打印工艺,打印成品最小传爆厚度可达十微米量级。然而,在研究中发现,由于 CL—20 在结晶过程中会首先生成亚稳态的 β—CL—20,在喷墨打印过程中由于乙酸乙酯的挥发极为迅速,黏合剂迅速结成网络,在时间和空间上不利于热力学稳定的 ε—CL—20 的形成,限制了打印样品的使用。

近年来,一种新的技术——微喷涂逐渐兴起,该技术在微纳结构功能材料制造领域应用广泛。在新能源领域,如薄膜太阳能电池、燃料电池等,该技术可提供均匀、致密和高效率生产的纳米级和微米级薄膜;在生物医药领域,用于制备微喷涂生物传感器;在功能材料制造方面,可以制备多种纳米级功能性玻璃涂层等等,但是该项技术在含能材料领域尚未见报道。本研究拟将微喷涂技术应用于 MEMS 传爆序列微装药领域,设计出 CL—20 基含能喷涂材料,采用微双喷直写成型方法制备出微尺度 CL—20 基含能薄膜,并且对含能薄膜的成型效果、安全性能和传爆能力进行测试和表征,旨在探索一种微装药成型新方法。

一种微装药配方,组分配比(质量分数)为:CL—20(15.5%)、EC(0.33%)、聚叠氮类黏合剂(0.83%)和乙酸乙酯(83.34%)。本研究中以此配方体系为基础,将炸药与黏合剂分开,设计出两种喷涂材料:一种为 CL—20/乙酸乙酯喷涂材料;另一种为 EC/聚叠氮缩水甘油醚(GAP)/丙酮喷涂材料。先将 CL—20(17.2%)溶解在乙酸乙酯(82.8%)中,用玻璃棒搅拌使其全部溶解,配制出均匀的爆炸墨水喷涂材料;再将 EC(0.55%)和 GAP (1.38%)溶解在丙酮(98.07%)中,搅拌后利用超声震动使其全部溶解,配制出均匀的黏合剂喷涂材料。

微双喷直写成型实验在课题组自行搭建的微双喷直写成型装置上进行,该装置主要由三维运动平台、微双喷喷头、注射泵、喷涂材料针筒、控制器等组成,具体组成如图 3.27 所示。

首先将配制好的两种喷涂材料分别添加到其对应的针筒中,并且将针筒加载到注射

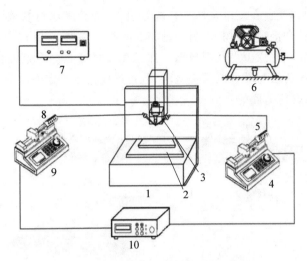

图 3.27 微双喷直写成型装置组成示意图

1—三维运动平台;2—加热板;3—喷头;4、9—注射泵;5、8—针筒;
6—空气压缩机;7—平台控制器;10—注射泵控制器

泵指定位置。设置喷涂模式为两种喷涂材料交替逐层喷涂。工艺参数设置如下:进气压
0.05 MPa、基板温度 50 ℃、喷头高度 40 mm、平台运动速度 20 mm/s,CL—20 喷涂材料
进料速度为 0.6 mL/min、黏合剂喷涂材料进料速度为 0.4 mL/min。最后开启微双喷直
写装置,炸药喷涂材料和黏合剂喷涂材料逐层喷涂沉积,形成 CL—20 基含能薄膜。

经微喷涂成型,对所得样品进行测试与表征。采用泰思肯(TESCAN)Mira 3 扫描电
镜(捷克)测试样品(块状)中炸药颗粒与黏合剂的分布情况,测试样品为块状的 CL—20
基含能薄膜。采用 MZ—220SD 电子密度计(深圳市力达信仪器有限公司)测试样品(块
状)的密度,测试样品为块状的 CL—20 基含能薄膜,测试 3 次,取平均值。采用 DX—
2700X 射线衍射仪(丹东浩元仪器有限公司)测试成型样品的晶型,测试样品为粉末状的
CL—20 基含能薄膜,测试条件为:铜靶,步进测量,步进角度 0.03°,测试范围 5°~50°,采
样时间 0.5 s,管电压和管电流分别为 40 kV 和 30 mA。采用 Setaram 131 差示扫描量热
仪(法国)测试样品(粉末)的热分解性能,测试样品为粉末状的 CL—20 基含能薄膜,测试
条件为:升温速率 5、10、20(℃/min),样品质量 0.5 mg,N_2 气氛 20 mL/min。采用 ERL—12
型落锤仪(自制)测试样品的撞击感度,测试样品为粉末状的 CL—20 基含能薄膜,测试条
件为:落锤质量(2.500±0.003)kg,药量(35±1)mg,测试温度 10~35 ℃,相对湿度≤
80%。采用楔形装药法测试样品的爆轰临界尺寸,将 CL—20 基含能薄膜逐层堆积到长
100 mm、宽 1.0 mm、最深处为 3.0 mm 的楔形凹槽中,从楔形装药厚端处起爆,并且对炸
痕进行测量。

在微双喷直写成型过程中,炸药与黏合剂分别溶解到各自的溶剂中,形成炸药喷涂材
料和黏合剂喷涂材料,这两种喷涂材料通过各自的注射泵精确控制喷涂速度。本研究采
用两种喷涂材料交替出料的模式,逐层喷涂形成含能薄膜,其成型过程示意图如图 3.28
所示。炸药喷涂材料从喷口处喷出后形成微细液滴,微细液滴历经"飞行—抵达—润湿—
铺展"4 个阶段,在基板温度作用下,溶剂快速挥发,炸药溶质逐渐析出,完成炸药喷涂材

料由液态向固态的转变。在三维运动平台的导引下,炸药喷涂材料液滴完成由点及面成型,形成炸药层。黏合剂喷涂材料由另一针筒和喷头控制喷出,其成型过程与炸药喷涂材料一致,在炸药层表面完成由点及面成型。炸药喷涂材料与黏合剂喷涂材料按照设定好的模式交替喷涂,炸药层与黏合剂层交替堆积后,形成具有一定厚度的炸药颗粒和黏合剂相间排布的多层状含能薄膜。

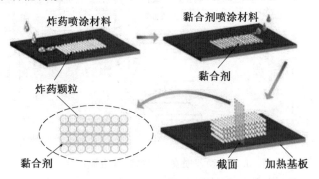

图 3.28　微双喷直写成型含能薄膜工艺原理示意图

原料 CL—20 及微双喷直写含能薄膜成型样品的表面和横截面观察结果如图 3.29所示。图 3.29(a)显示,原料 CL—20 颗粒呈梭形,颗粒粒径为 $150\sim200~\mu m$。图3.29(b)显示,含能薄膜的表面光滑,薄膜致密,在 10 000 倍的放大倍率下也看不出明显孔洞。图3.29(c)为薄膜横截面的 SEM 照片,可以看出,CL—20 颗粒较小,每个颗粒表面有明显的高分子包覆层,表明 GAP/EC 对炸药颗粒形成了有效包覆。由上述分析可知,GAP/EC 组成的黏结体系一方面能够有效黏结 CL—20 颗粒,另一方面显示出良好的高分子成膜性,确保了含能薄膜的成型效果。

根据配方中的各个组分的密度及占比计算含能薄膜的理论密度,其实测密度结果和理论密度的计算结果对比可得,含能薄膜成型样品的实测密度为 $1.547~g/cm^3$,其理论密度为 $1.954~g/cm^3$,成型实测密度可达理论密度的 79.2%。从本质上讲,含能薄膜的成型也是溶剂挥发过程,虽然成型速度很快,也会有溶剂残留于薄膜内部,溶剂挥发时会在薄膜内部形成空隙。

原料 ε—CL—20 和 CL—20 基含能薄膜直写成型样品的 XRD 测试结果如图3.30所示。图 3.30 显示,含能薄膜直写成型样品的主要衍射峰与原料 ε—CL—20 的基本一致,均在 $12.55°$、$13.77°$、$30.30°$ 出现了较强的特征衍射峰,这表明含能薄膜成型样品中 CL—20 的晶型仍为 ε 型。CL—20 在溶剂中结晶一般先形成亚稳态的 β 型,然后再转化成稳定的 ε 型。相关文献利用喷墨打印技术所得样品中 CL—20 的晶型为 β 型,其原因为喷墨打印的墨滴体积在皮升量级,溶剂瞬间挥发,黏合剂迅速包覆在 CL—20 颗粒表面,限制了 CL—20 晶体生长,形成 β—CL—20 后无 β→ε 晶型转化时间。本研究中微喷过程中墨滴体积较大,炸药喷涂材料中无黏合剂,致使结晶时间略长,为 β→ε 晶型转化提供了时间。此外,本研究采用炸药层和黏合剂层交替堆积,在炸药层形成后,黏合剂喷涂材料墨滴接触到炸药层表面后,溶剂丙酮会对 CL—20 有个溶解/析出过程,也为 CL—20 炸药的晶型转化提供了条件。图 3.30 同时显示,在相同的衍射角度,含能薄膜所对应的衍射峰

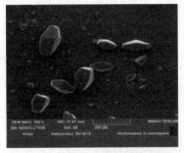
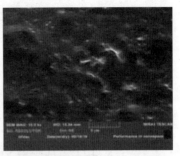

(a) 原料 CL-20(300×)　　　　(b) CL-20 基含能膜表面 (10 000×)

(c) CL-20 基含能薄膜截面 (1 000×)

图 3.29　原料 CL-20 及含能薄膜的 SEM 照片

强度变弱,这是因为 CL-20 经微喷直写成型后颗粒粒度大大减小,而 X 射线衍射峰会随着颗粒粒度减小而逐渐弱化。

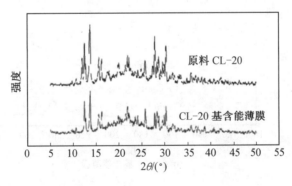

图 3.30　原料 ε-CL-20 和 CL-20 基含能薄膜的 XRD 谱图

原料 CL-20 和 CL-20 含能薄膜成型样品的 DSC 测试结果如图 3.31 所示。由图 3.31 可知,原料 CL-20(图 3.31(a))在分解峰温之前的 DSC 曲线均较为平滑,而含能薄膜(图 3.31(b))的 DSC 曲线在分解峰温之前均出现一个较小的放热峰,放热峰的位置均位于 220~250 ℃,原因为含能薄膜样品中的黏合剂(GAP 和 EC)的热分解温度约为 240 ℃,由于受热提前发生了热分解过程。同时,含能薄膜在 5、10 和 20(℃/min)的升温速率下的分解放热峰均较原料 CL-20 发生了前移,由于样品中的黏合剂受热提前开始分解,因此含能薄膜在各个升温速率下的热分解峰值温度均有所降低。利用下式计算表观活化能 E_a:

$$\ln \frac{\beta}{T_{\mathrm{p}}^{2}} = \ln\left(\frac{AR}{E_{\mathrm{a}}}\right) - \frac{E_{\mathrm{a}}}{RT_{\mathrm{p}}}$$

式中　β——升温速率，℃/min；

　　　T_{p}——升温速率 β 时的分解峰温，K；

　　　A——指前因子；

　　　E_{a}——表观活化能，kJ/mol；

　　　R——气体常数，8.314 J/(mol·K)。

对 $\ln(\beta/T_{\mathrm{p}}^{2})$ 与 $1/T_{\mathrm{p}}$ 进行线性拟合，计算得出原料 CL−20 的表观活化能 E_{a} 为 230.53 kJ/mol，含能薄膜样品的表观活化能 E_{a} 为 241.21 kJ/mol，表明 CL−20 基含能薄膜成型样品的热稳定性较原料 CL−20 有所提高。

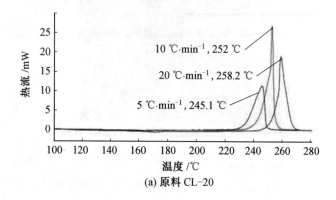

(a) 原料 CL−20

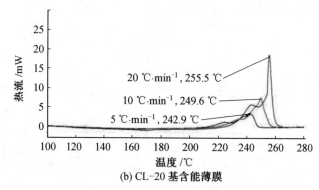

(b) CL−20 基含能薄膜

图 3.31　原料 CL−20 和 CL−20 基含能薄膜的 DSC 测试图谱

撞击感度测试，测得的原料 CL−20 的撞击感度特性落高为 17 cm，微喷涂含能薄膜成型样品的撞击感度特性落高为 65.7 cm，与原料 CL−20 相比，其降低感度的效果明显。这是由于含能薄膜中颗粒的粒径远小于原料 CL−20 的粒径，比表面积增大，且分布比较均匀，在撞击能量一定的前提下，单个颗粒的数目增大，所造成单个颗粒所承担的冲击能量减小，造成感度下降；复合物样品形成热点的概率降低，进而也使得复合物的感度降低；同时，黏合剂的加入也能起到一定的钝化作用从而使得感度降低。因此，制备的 CL−20 基含能薄膜成型样品具有良好的撞击安全性。

爆轰临界厚度：CL−20 基含能薄膜的爆轰临界厚度的测试前后实物照片如图 3.32

所示。从图 3.32(b)可以看出,爆炸后铝板扩开,存在明显爆炸痕迹,测量出爆炸后的传爆痕迹长 98.5 mm,计算方法如下式所示:

$$d_c = \frac{C}{A} \times (A - B)$$

式中　A——楔形槽装药长度,mm;

　　　B——楔形槽传爆长度,mm;

　　　C——楔形槽最大深度,mm;

　　　d_c——爆轰临界厚度,mm。

已知 A 为 100 mm,C 为 3 mm,经计算得到 CL－20 基含能薄膜样品的临界厚度为 0.045 mm(1.0 mm 装药宽度),展示出良好的微尺寸传爆能力,原因为 CL－20 基含能薄膜中的 CL－20 颗粒直径小,反应活性更强,进而使得复合物具有较小的爆轰临界直径。

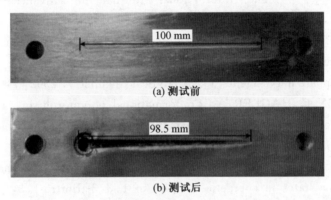

(a) 测试前

(b) 测试后

图 3.32　CL－20 基含能薄膜的临界直径测试前后对比图

研究采用微双喷直写工艺以层层交替堆积模式制备了 CL－20 基含能薄膜,样品表面光滑,内部含有一定孔隙,CL－20 颗粒与孔隙较小,含能薄膜样品的实测密度为 1.547 g/cm³(79.2% TMD),成型样品中 CL－20 的晶型为 ε 型。含能薄膜的表观活化能 E_a 为 241.21 kJ/mol,较原料 CL－20 提高了约 10 kJ/mol;撞击感度特性落高为 65.7 cm,约为原料 CL－20 的 4 倍,展现了良好的安全性能。含能薄膜的爆轰临界传爆尺寸为 1.0 mm×0.045 mm,展现出良好的微尺寸传爆能力。此外,微双喷直写装药工艺与 MEMS 工艺兼容,在 MEMS 火工器件微装药中有较好的应用前景。

本章参考文献

[1] SEGARAN N, SAINI G, MAYER J L, et al. Application of 3D printing in preoperative planning[J]. J. Clin. Med. , 2021, 10(5): 917.

[2] IHNEN A C, PETROCK A M, CHOU T, et al. Crystal morphology variation in inkjet-printed organic materials [J]. Applied Surface Science, 2011, 258 (2): 827-833.

[3] XU C, AN C, LONG Y, et al. Inkjet printing of energetic composites with high density[J]. RSC Adv. , 2018, 8(63): 35863-35869.

［4］ XU C，AN C，HE Y，et al. Direct ink writing of DNTF based composite with high performance［J］. Propellants Explos. Pyrotech. , 2018，43(8)：754-758.

［5］ MURRAY A K，ISIK T，ORTALAN V，et al. Two-component additive manufacturing of nanothermite structures via reactive inkjet printing［J］. Journal of Applied Physics，2017，122(18)：184901.

［6］ MURAVYEV N V，MONOGAROV K A，SCHALLER U，et al. Progress in additive manufacturing of energetic materials：creating the reactive microstructures with high potential of applications［J］. Propellants Explos. Pyrotech. , 2019，44 (8)：941-969.

［7］ VAEZI M，SEITZ H，YANG S. A review on 3D micro-additive manufacturing technologies ［J］. The International Journal of Advanced Manufacturing Technology，2012，67(5-8)：1721-1754.

［8］ WANG J，PUMERA M，CHATRATHI M P，et al. Single-channel microchip for fast screening and detailed identification of nitroaromatic explosives or organophosphate nerve agents［J］. Analytical Chemistry，2002，74(5)：1187-1191.

［9］ BERNSTEIN J，HAGLER A. Conformational polymorphism. The influence of crystal structure on molecular conformation［J］. Journal of the American Chemical Society，1978，100(3)：673-681.

［10］ EMMONS E D，FARRELL M E，HOLTHOFF E L，et al. Characterization of polymorphic states in energetic samples of 1,3,5-trinitro-1,3,5-triazine(RDX) fabricated using drop-on-demand inkjet technology［J］. Appl. Spectrosc. , 2012，66(6)：628-635.

［11］ MURRAY A K，NOVOTNY W A，FLECK T J，et al. Selectively-deposited energetic materials：a feasibility study of the piezoelectric inkjet printing of nano-thermites［J］. Addit. Manuf. , 2018，22：69-74.

［12］ WANG J，XU C，AN C，et al. Preparation and properties of CL-20 based composite by direct ink writing［J］. Propellants，Explosives，Pyrotechnics，2017，42(10)：1139-1142.

［13］ VERKOUTEREN R M，VERKOUTEREN J R. Inkjet metrology：high-accuracy mass measurements of microdroplets produced by a drop-on-demand dispenser［J］. Analytical Chemistry，2009，81(20)：8577-8584.

［14］ WINDSOR E，NAJARRO M，BLOOM A，et al. Application of inkjet printing technology to produce test materials of 1,3,5-trinitro-1,3,5 triazcyclohexane for trace explosive analysis［J］. Analytical Chemistry，2010，82(20)：8519-8524.

［15］ SWAMINATHAN P，BURKE B G，HOLNESS A E，et al. Optical calibration for nanocalorimeter measurements［J］. Thermochimica Acta，2011，522(1-2)：60-65.

［16］ YI F，GILLEN G，LAWRENCE J，et al. Nanocalorimetry of explosives prepared by inkjet printing［J］. Thermochimica Acta，2020，685：178510.

[17] STAYMATES M E, FLETCHER R, VERKOUTEREN M, et al. The production of monodisperse explosive particles with piezo-electric inkjet printing technology[J]. Rev Sci Instrum, 2015, 86(12): 125114.

[18] TAPPAN A S, BALL J P, COLOVOS J W. Inkjet printing of energetic materials: sub-micron Al/MoO_3 and Al/Bi_2O_3 thermite[C]. Denver: National Nuclear Security Adminstration, 2012.

[19] ZHANG R, LUO J, LIAN H, et al. In control of particle size in energetic drop-on-demand inkjet method, 2017 IEEE International Conference on Manipulation [C]. Shanghai: Manufacturing and Measurement on the Nanoscale(3M-NANO), IEEE, 2017, 335-338.

[20] 孔胜, 安崇伟, 徐传豪, 等. CL—20 基含能薄膜的微双喷直写成型与性能[J]. 含能材料, 2020, 28(11): 1048-1053.

第4章 墨水直写技术

墨水直写(DIW)是一种基于挤出的 3D 打印方法,已经广泛应用于制造陶瓷材料、微元件、压电材料等领域。所制备的墨水主要有两种形式:一种是全液体式墨水,类似于喷墨打印中采用的墨水,通常以微滴的形式沉积;另一种是悬浮式墨水(或糊状墨水),通过直接机械混合所需材料、黏合剂和其他添加剂,挤出成丝,沉积到程序控制的阶段,逐层构建三维结构。在打印过程中,挤出的长丝在基板上硬化,由于其黏度高,最终会得到自支撑的结构。与喷墨打印相比,DIW 喷嘴的直径更大,能够以更快的打印速度打印高黏材料。这些特性使 DIW 打印技术成为一种高效、简便的打印技术,既可用于微观材料的打印,也可用于宏观材料的打印。

根据目前的研究,DIW 由于其宝贵的特性,是目前主要应用于爆炸序列和微机电系统(MEMS)微装药的 3D 打印技术,也是目前研究最多的含能材料打印技术。然而,含能材料的不稳定性和黏度问题意味着制造过程的严峻性。研究表明,含能墨水的配方、固体尺寸的控制和打印方法的更新是影响打印性能的关键因素。

4.1 含能墨水的配方

4.1.1 全液体式墨水

目前,采用全液体墨水打印含能材料的研究相对较少。虽然全液体墨水可以有效避免喷嘴堵塞的问题,但打印过程涉及重结晶和晶体转化等问题。更重要的是,全液体墨水很难获得高固含量的打印材料。

在沉积导电、铁磁、压电和高能材料等领域,许多打印方法已被用于生成微图案。这些方法可以直接从电子文件进行设计和打印,而不需要掩模或模具。然而,利用全液体墨水打印含能材料微图案通常很困难,因为墨水中使用的典型溶剂和固体晶体分别会导致打印头故障和喷嘴堵塞,此外墨水中使用的溶剂造成墨水的表面张力低,限制了可打印性。

在智能武器及相关设备的开发中,含能材料有望以较小的规模集成到系统中。炸药微复合材料的应用被认为为能量装置的小型化和烟火、推进剂和炸药的开发提供了一种更便宜、更安全的方法。此外,可以在平面基板上沉积微观图案的高能材料对于开发安全的硅基引发剂芯片至关重要,该芯片可用于 SAF(Safe Arm and Fire)装置的定时引爆。Albertus Ivan Brilian 等人使用全液体墨水采用 DIW 技术一步打印了 RDX 基的微图案。该工作的目的是研究使用 DIW 和全液体墨水制造的 RDX 基复合材料的晶体形态和图案精度。

将 RDX 晶体粉末和乙酸丁酸纤维素(CAB)溶解在 γ-丁内酯(RDX-CAB-GBL)

中制备墨水。同时,将不含 CAB 的 RDX 晶体粉末溶解在 GBL 中制备另一份墨水(RDX－GBL)。RDX－CAB－GBL 和 RDX－GBL 墨水的浓度均为 0.55 mol/L。实验中使用的衬底为单面抛光的硅片。墨水分配器由连接到压电元件的中空锥形玻璃针组成,在表面上产生细至 5 μm 线宽的流体图案,如图 4.1 所示。通过该方法沉积的墨水在室温下自发结晶。

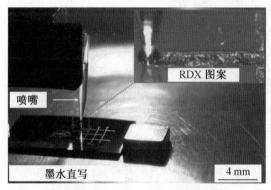

图 4.1　墨水直写系统(插图显示正在分配的 RDX 墨水)

将配制的 RDX－GBL 墨水和 RDX－CAB－GBL 墨水打印在硅片上。溶解过滤后使用流变仪测量墨水的黏度,RDX－GBL 墨水的黏度为 2.16 cP,RDX－CAB－GBL 墨水的黏度为 16.75 cP。后者黏度的增加是因为添加了聚合物黏合剂(CAB),使用该黏合剂可改善打印性,打印的图案如图 4.2(a)所示。尽管图案是用相同的墨水和打印装置打印的,但由于表面的低润湿性,它们的宽度显示出很大的变化。由于黏合剂的存在,晶体在 RDX－CAB－GBL 墨水中聚集,而没有黏合剂的 RDX－GBL 墨水显示出较差的打印性能。在配方中加入聚合物黏合剂可以提高墨水的打印性,因为它可以使爆炸晶体在基体中结合在一起。在打印 RDX 图案的过程中,溶剂不断地蒸发,形成结晶图案。因此后续打印 RDX 墨水选用 RDX－CAB－GBL 墨水,RDX 浓度为 0.55 mol/L。为了研究 DIW 法对打印出的 RDX 晶体结晶度的影响,研究人员进行了 X 射线衍射。将使用复合墨水打印在硅晶表面的 RDX 晶体与原 RDX 粉末的 XRD 数据进行了比较,在 20°～30°之间的衍射角发现类似的衍射峰。与原 RDX 粉末相比,DIW 法打印的图案中 RDX 晶体的峰值强度较弱,这归因于 DIW 墨水中 RDX 含量的减少。XRD 峰形的差异表明(图 4.2(b)),两份样品的晶相和晶型不同。

实验中使用的衬底为单面抛光的硅片。在表面清洁处理之前,硅晶被切割成大约 2 cm×2 cm 的小块。然后对其进行紫外照射－臭氧处理(UVO),以增加其亲水性。UVO 表面处理的目的是改善 Si 基板的润湿性,从而改善墨水的打印适性。衬底的润湿性由液体－衬底接触角表示,反映了墨水滴在衬底上的扩散程度。经过 UVO 处理后,水－硅片的接触角从原始硅晶片的 63°变为 28°。

如图 4.3(a)所示,当以 0.5 mm/s 的打印速度在未经处理 Si 晶片上进行打印时,观察到微图案大多具有单晶结构,由几个单独或组装的晶体组成,尺寸范围为 3～40 μm 沿图案线分布,这是因为未处理的 Si 晶片的表面能较低不利于扩散。此外,在原始 Si 晶片的表面上打印图案时,很难获得具有良好分辨率的图案,如图 4.2(a)和图 4.3(a)、(b)所示。此外,单晶的分布是不均匀的,因此,某些图案的外观并不连续。

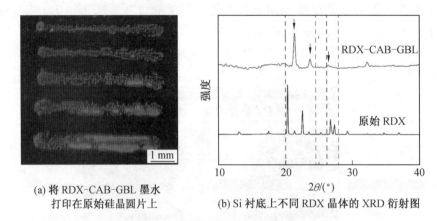

(a) 将 RDX-CAB-GBL 墨水
打印在原始硅晶圆片上

(b) Si 衬底上不同 RDX 晶体的 XRD 衍射图

图 4.2　RDX-CAB-GBL 墨水打印在原始硅晶圆片上的图片和 XRD 衍射图

CAB—乙酸丁酸纤维素;GBL—γ-丁内酯

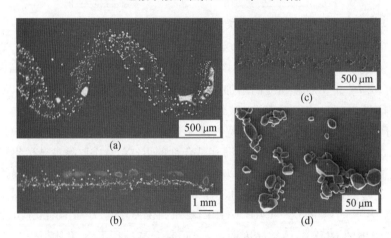

图 4.3　打印在原始硅晶圆表面上的 RDX 微图案及 SEM 图

在经 UVO 处理 Si 晶片的表面上打印 RDX 图案,观察到 RDX 颗粒的晶体形态是呈树枝状的,如图 4.4 所示。从 RDX 图案的外围向中间方向生长了长度为 $70\sim122~\mu m$ 且光滑的长分支,而短分支主要在外围形成;能量色散谱(EDS)证实了打印的 RDX 图案中存在元素氮。基于这些结果,研究人员推断在经处理的表面上形成的树枝状晶体结构应该是受到该表面较高表面能的影响。此外,较慢的打印速度可以分配更多的墨水,从而允许更大尺寸的晶体生长。可见,在经处理的硅晶片表面上打印 RDX 墨水打印效果更好,并能够打印长且连续的结晶微图案。

研究人员使用 RDX 墨水在 UVO 处理的 Si 晶片表面上打印出长且枝晶状结晶的 RDX 微图案,并发现书写线宽取决于打印速度和喷嘴尺寸,如图 4.5(a)、(b)所示。以直线形式打印时,当打印速度快于 $0.5~mm/s$,图案的线宽变化较小。此外转折处的打印会导致图案的线宽变化很大,这是因为在转折点的打印速度相对于初始速度较慢,使得墨水可以大量沉积。图 4.5(c)～(f)为研究人员使用 $60~\mu m$ 的喷嘴,以 $0.5~mm/s$ 的打印速

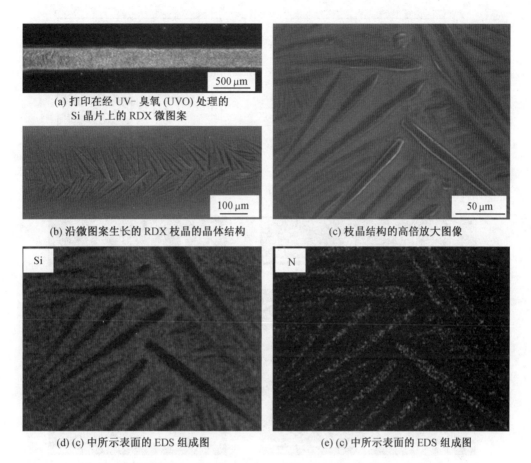

(a) 打印在经 UV- 臭氧 (UVO) 处理的
Si 晶片上的 RDX 微图案

(b) 沿微图案生长的 RDX 枝晶的晶体结构

(c) 枝晶结构的高倍放大图像

(d) (c) 中所示表面的 EDS 组成图

(e) (c) 中所示表面的 EDS 组成图

图 4.4　打印在经 UV-臭氧(UVO)处理的 Si 晶片表面上的 RDX 微图案

度,在经 UVO 处理的表面上设计并打印出的图案。尽管能够打印出含有 RDX 晶体的长微型图案,但由于安全规定,无法对这些晶体的爆炸行为进行测试。

　　Baoyun Ye 等人利用 DIW 技术打印了低爆轰临界尺寸的 3D 蜂窝状结构。研究人员开发了一种 CL-20 基高能复合墨水,其中水性氨酯(WPU)作为黏合剂,乙基纤维素(EC)作为控制墨水黏度的分散剂和增稠剂。调节 WPU 和 EC 的比例可以精确控制墨水的流变性能,使用无水乙醇溶解聚合物以控制墨水的黏度。墨水可以打印成传统方法无法实现的各种 3D 结构。

　　将细化 CL-20 炸药在无水乙醇中超声 30 min 以防止团聚,如图 4.6 所示。同时缓慢加入 WPU 和 EC 乙醇溶液,搅拌 2 h 后,获得了稳定性优异的淡黄色高能墨水。将高能墨水转移到分配注射器,从直径为 0.5 mm 的注射器针头以 0.1 MPa 的压力挤出。为了测试爆炸性能,将高能墨水写入铝板通道。爆炸性墨水逐层沉积写入凹槽中,测试原理如图 4.7 所示。

　　研究 EC 含量对墨水流变性能的影响。在不改变其他组成变量的情况下,分别制备了 EC 质量分数为 2%、4%、6% 的 CL-20 基爆炸墨水。如图 4.8(a)所示,所有的墨水都表现出利于挤出的剪切变稀行为。这种行为可以用 Ostwald-de Wale 方程来解释:

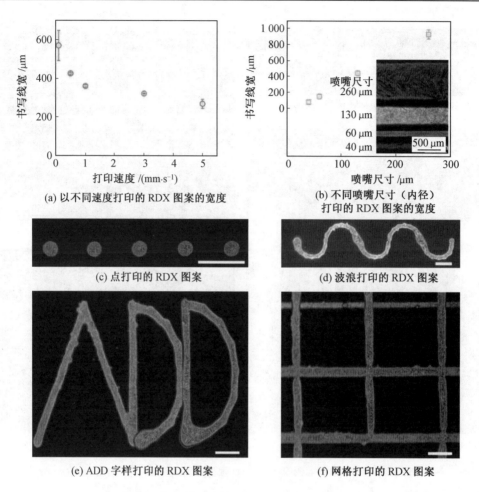

(a) 以不同速度打印的 RDX 图案的宽度

(b) 不同喷嘴尺寸（内径）打印的 RDX 图案的宽度

(c) 点打印的 RDX 图案

(d) 波浪打印的 RDX 图案

(e) ADD 字样打印的 RDX 图案

(f) 网格打印的 RDX 图案

图 4.5　在 UVO 处理的 Si 晶片的表面打印的 RDX 图

((b)中插图显示了使用 40～260 μm 的各种喷中级尺寸打印的代表性 RDX 图案。比例尺为 500 μm)

$$\tau = K\gamma^n \tag{4.1}$$

$$\eta = \frac{\tau}{\gamma} = K\gamma^{n-1} \tag{4.2}$$

式中　τ——剪切应力；

　　　K——稠度系数；

　　　n——流量指数；

　　　γ——剪切速率；

　　　η——表观黏度。

　　通过线性拟合得到不同 EC 含量的墨水流变性能参数，如表 4.1 所示。从图 4.8 和表 4.1 可以看出，所有的墨水都符合假塑性流体的典型特征。EC 含量增加，墨水黏度随之增加，流动指数逐渐下降，这表明墨水的剪切变稀性能逐渐增强。该特性能够保证挤出的墨水具有较高的黏度和优异的流变性能，防止针头堵塞。

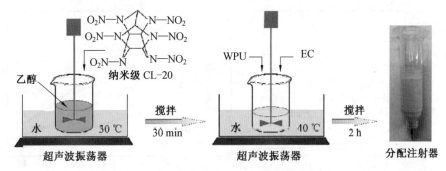

(a) 细化 CL-20 炸药在无水乙醇中的均匀分散　　(b) 制备 CL-20/WPU/EC 墨水的示意图

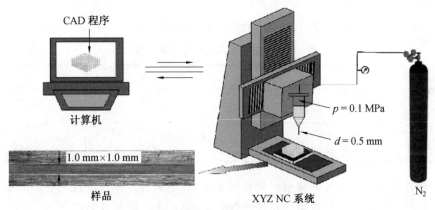

(c) 使用 DIW 进行墨水图案化的装置的简要图示

图 4.6　DIW 装置的简要图

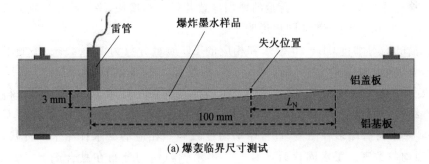

(a) 爆轰临界尺寸测试

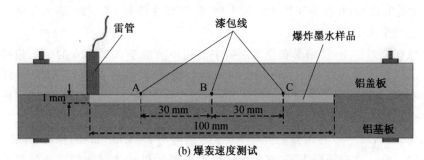

(b) 爆轰速度测试

图 4.7　测试 CL-20/WPU/EC 样品的引爆性能的装置

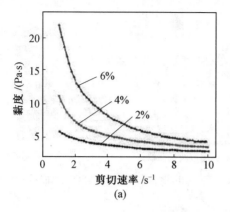
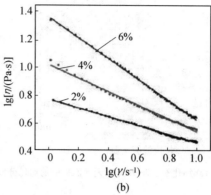

图 4.8　黏度与剪切速率的函数关系

表 4.1　所制备墨水的流变性能参数

EC 含量（质量分数）/%	K	n	R^2
2	5.858	0.688	0.997
4	10.39	0.52	0.993
6	22.834	0.26	0.999

　　为了获得爆轰临界尺寸非常低的爆炸性墨水，作者研究了墨水样品的孔隙结构分布。在不影响其他组成变量的情况下，通过改变墨水样品的 EC 质量分数（3%、4%、5%）来改变墨水样品固化后的孔隙结构分布。从图 4.9 中可以看出，所有固化后的墨水样品都具有不均匀的孔径分布范围。EC 含量的增加导致孔径分布增加，平均孔径分别为 304 nm、546 nm 和 672 nm，以下 SEM 图也说明了这种现象。

　　用扫描电镜对细化 CL—20 墨水和相应的 EC 质量分数为 3%、4%、5% 的墨水样品进行了形貌表征，如图 4.10 所示。CL—20 的原始形状为纺锤形，机械球磨后的细化 CL—20 墨水表面光滑且接近球形。图 4.10（c）为在基板上打印 10 层爆炸墨水得到的三维周期性结构。固化后，书写线宽为 780 mm，书写间距为 2.9 mm。结果表明，CL—20/WPU/EC 墨水可打印多种图案，且打印均匀度较高。相应的墨水样品呈蜂窝状，分散效果好，截面均匀致密。墨水固化后，CL—20 墨水颗粒均匀分布在黏合剂上。如上所述，随着 EC 含量的增加，孔径分布增大。如下所述，该特性将对 CL—20 墨水在极小通道中的爆轰性能产生重大影响。

　　在机械球磨过程中，特别是在墨水制备中的超声分散下，CL—20 的结晶相可能会变化。为了研究整个实验中 CL—20 墨水的多晶型稳定性，对样品进行 XRD 表征。从图 4.11 可以看出，细化 CL—20 和 CL—20 基墨水的主衍射峰与原始 CL—20 的主衍射峰基本一致，在 12.59°、13.82° 和 30.29° 处都有 3 个强烈的特征峰，分别对应于 ε—CL—20 的 (11—1)、(200)、(20—3) 的晶面。所有 XRD 图案均与 ε—CL—20 的标准 PDF 卡（00—050—2045）一致。这些证据表明，在实验过程中采用的机械球磨和超声分散都不会引起原始 CL—20 的晶相改变。

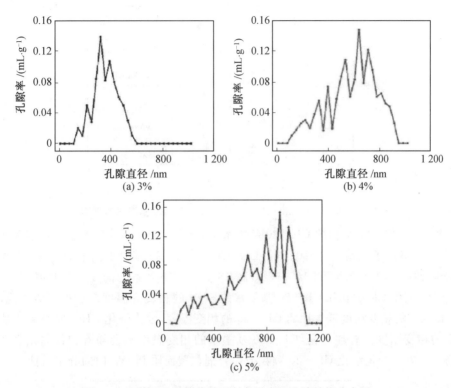

图 4.9　不同 EC 质量分数所制备墨水的孔隙结构分布图

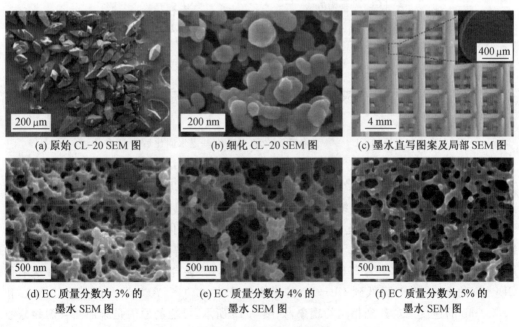

图 4.10　墨水直写样品图

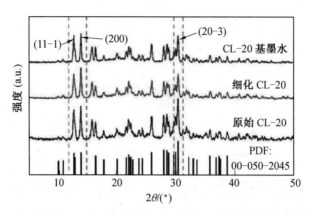

图 4.11　原始 CL−20、细化 CL−20 和 CL−20 基墨水的 XRD 图

对于具有 3D 蜂窝结构的 CL−20 基墨水,热分解性能直接决定其安全性能和爆轰性能。图 4.12 显示了原始 CL−20、细化 CL−20 和 CL−20 基墨水在 10 ℃/min 升温速率下的 DSC 曲线。在 175.1 ℃、165.93 ℃和 181.18 ℃下观察到的 3 个吸热峰,分别为原始 CL−20、细化 CL−20 和 CL−20 基墨水的 ε→γ 的相转变温度。这里应该注意的是,细化 CL−20 的相变温度低于原始 CL−20 的相变温度,因为细化 CL−20 颗粒本质上具有较低的相变温度。有趣的是,CL−20 基墨水的相变温度不会随着粒径的减小而进一步下降。原因可能是细化 CL−20 颗粒被黏合剂包覆而限制了它们的分子活性。

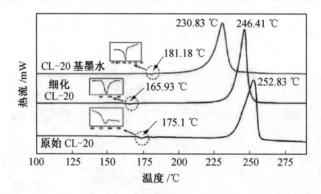

图 4.12　原始 CL−20、细化 CL−20、CL−20 基墨水固化后的 DSC 曲线
（升温速率为 10 ℃/min）

放热反应被认为是炸药最重要的特性之一。在 238~250 ℃温度范围内,10 ℃/min 升温速率下的放热分解过程,细化 CL−20 的 T_{max} 为 246.41 ℃。相应地,原始 CL−20 的 T_{max} 位于 252.83 ℃,因此细化 CL−20 向较低温度发生变化,这可能是由于表面原子与内部原子的比例高于原始 CL−20,因此表面能更高和分解峰降低。然而,CL−20 基墨水的分解温度范围为 222~236 ℃（T_{max} = 230.83 ℃）。黏合剂的添加导致放热峰从细化 CL−20 的 246.41 ℃降低到 CL−20 基墨水的 230.83 ℃。在 5 ℃/min、15 ℃/min 和 20 ℃/min 的速度下观察到相同的现象,如图 4.13 所示,可能的原因是添加黏合剂和分散剂会导致爆炸颗粒分布更均匀。松散的结构使复合材料在较低温度下开始反应,如图 4.10 中相应的 SEM 图像所示。

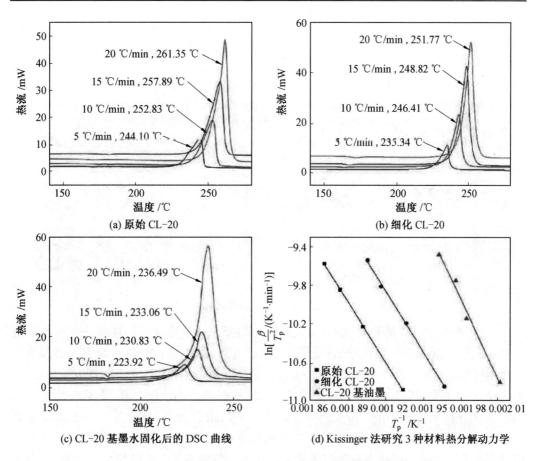

图 4.13　复合墨水固化后的 DSC 曲线及热分解动力图

采用 Kissinger 公式(式(4.3))计算得到的热分解反应动力学参数如表 4.2 所示。

$$\ln\left(\frac{\beta}{T_p^2}\right)=\ln\left(\frac{AR}{E_a}\right)-\frac{E_a}{RT_p} \tag{4.3}$$

式中　β——升温速率；

　　　T_p——峰值分解温度；

　　　A——指前因子；

　　　R——气体常数。

表 4.2　DSC 热分解动力学参数

样品	$E_a/(\text{kJ} \cdot \text{mol}^{-1})$	$\ln(A/\text{min}^{-1})$	R^2
原始 CL－20	175.4	39.85	0.999
细化 CL－20	176.06	40.73	0.998
CL－20 基墨水	228.5	54.69	0.981

在机械球磨过程中,细化 CL－20 与原始 CL－20 具有的活化能值几乎相等。由于存在非能量但稳定的 WPU,CL－20 基墨水的活化能要高于细化 CL－20。

研究人员改变 WPU 和 EC 的比例对爆炸性能进行了研究。如前所述,制备了不同孔隙度固化后的爆炸性墨水,不同含量 EC 的爆炸墨水的相应临界尺寸和爆轰速度如图 4.14 所示。理论密度(ρ_{TMD})、爆轰速度(D_{max})、装药密度(ρ_0)、实际速度(V)和临界尺寸(D_H)列于表 4.3 中。所有测试重复 3 次并取平均值。

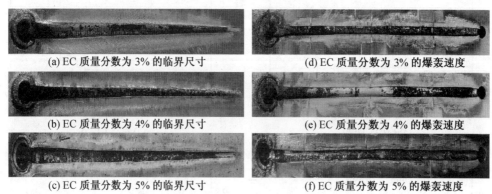

(a) EC 质量分数为 3% 的临界尺寸　　　　(d) EC 质量分数为 3% 的爆轰速度

(b) EC 质量分数为 4% 的临界尺寸　　　　(e) EC 质量分数为 4% 的爆轰速度

(c) EC 质量分数为 5% 的临界尺寸　　　　(f) EC 质量分数为 5% 的爆轰速度

图 4.14　爆炸性能及测试照片

由于 WPU 和 EC 的密度相近,黏合剂配比的变化对理论密度和爆轰速度几乎没有影响。但是,随着 EC 含量的增加,装药密度显著下降,因为 EC 在 CL－20 基复合墨水中起到增稠剂的作用。众所周知,爆轰速度与装药密度密切相关。配方 2 较配方 3 相比,爆轰速度急剧下降 564 m/s。虽然配方 2 的爆轰速度低于配方 1,但爆轰临界尺寸从 282 μm 明显减小到 69 μm。这可能源于配方 2 较高的孔隙度,促进形成一个激活中心(热点)从而导致更快的体积燃烧速率、更窄的化学反应区和较小的横向能量损失,从而降低爆轰临界尺寸的大小和增强爆轰波传播的能力。但随着 EC 比例的进一步增大,爆轰临界尺寸再次增大,原因是过低的装药密度会导致爆轰能量降低。因此,不建议无限制地增加孔隙度。

表 4.3　CL－20 基墨水的爆破性能

配方	EC 的质量分数/%	ρ_{TMD} /(g·cm^{-3})	D_{max} /(m·s^{-1})	ρ_0 /(g·cm^{-3})	V/(m·s^{-1})	D_H/μm
1	3	1.948	912 8	1.62	7 439	282
2	4	1.948	912 5	1.55	7 284	69
3	5	1.947	912 2	1.41	6 720	126

为了避免全液体打印过程中的晶体转化问题,Xu Chuanhao 等人以 3,4－二硝基呋喃呋咱(DNTF)炸药作为能量核,因其再结晶过程中没有晶体类型问题,并且具有优异的燃烧性能。以硝化棉(NC)和 Viton 为黏合剂,采用 DIW 法制备了 DNTF 基复合材料。结果表明,DNTF 在全液体爆炸墨水中是一种很有前途的候选材料,可用于微尺度的含能材料。

将 DNTF、NC 和 Viton 按一定比例加入到丙酮中,在 25 ℃条件下制备出全液体爆炸墨水。超声振荡过滤 5 min 后,将墨水注入压电喷嘴注射器。通过重复打印,将墨滴分层沉积到玻璃中,制备出了 DNTF 基复合材料。

用电子密度计对密度进行 5 次表征,得到了复合材料的平均密度,值为 1.785 g/cm³,标准差为 0.002 5,理论最大密度(TMD)为 1.916 g/cm³,因此,打印的 DNTF 基复合材料达到了 TMD 的 93.16%。用数字显微镜测量了 200 层的平均厚度为 0.5 mm,标准差为 0.019。然后,采用间接法可以得到单层的厚度,数值为 2.5 μm。

如图 4.15 所示,在 DNTF 基复合材料表面可以看到两个直径在 300 μm 左右的大咖啡环。一种可能的解释是,复合材料的导热性差导致溶剂蒸发缓慢,形成特征宏观咖啡环,这种现象在喷墨打印材料中很常见。图 4.15 中所示的颗粒是球形的,大小在 1～2 μm 之间,紧密地连接在黏合剂的基体中,并且在截面上没有空洞和孔洞。

(a) 200 层 DNTF 基复合材料的表面   (b) DNTF 基复合材料截面 SEM 图

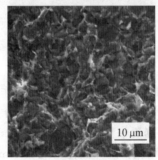

(c) DNTF 基复合材料截面 SEM 图   (d) DNTF 基复合材料截面 SEM 图

图 4.15 原始 DNTF 和 SEM 图

从图 4.16 可以看出,DNTF 基复合材料的衍射角度与原始 DNTF 相似,说明 DIW 并没有改变 DNTF 的晶体类型。但复合材料的峰值比原始 DNTF 要弱得多,这可能是由于晶粒尺寸的减小从而减弱了 X 射线峰。

图 4.17 所示为原始 DNTF 和 DNTF 基复合材料在不同升温速率下的 DSC 曲线。与原始的 DNTF 相比,DNTF 基复合材料的峰值温度波动较小,说明该体系中各组分具有良好的相容性。基于 Kissinger 方程,计算了原始 DNTF 和 DNTF 基复合材料的热分解动力学参数。如图 4.17 所示,复合材料的活化能为 154.69 kJ/mol,比原始 DNTF 高出 6.98 kJ/mol,说明 DNTF 基复合材料具有较低的热敏性,同时也高于作者先前研究过的 CL—20 基材料(152.95 kJ/mol),表明 DNTF 基复合材料具有较好的热稳定性。

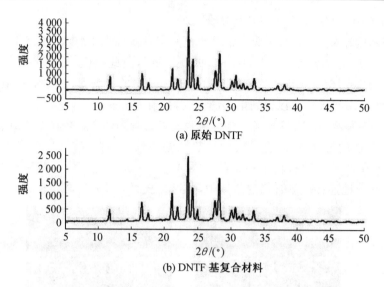

图 4.16　原始 DNTF 和 DNTF 基复合材料的 X 射线光谱对照图

爆轰临界尺寸可由式(4.4)计算：

$$d_{\mathrm{c}} = \frac{C}{A} \times (A-B) \tag{4.4}$$

式中　A——装药长度；

　　　B——爆炸轨迹；

　　　C——底部深度；

　　　d_{c}——爆轰临界尺寸。

从图 4.18 可以看出，DNTF 基复合材料的 B 值为 99.73 mm，而作者之前研究过的 CL-20 基复合材料的 B 值为 99.68 mm。炸药的长度和底部深度分别为 100 mm 和 3 mm。由此可以计算出 DNTF 基复合材料的爆轰临界尺寸为 0.008 1 mm，CL-20 基复合材料的爆轰临界尺寸为 0.009 6 mm。结果表明，两种试样均能在 1 mm×0.01 mm 以上稳定爆轰，且 DNTF 基复合材料在微尺度下爆轰传递具有一定的优势。

如图 4.19 所示，由于从 A 到 B 的爆轰轨迹不稳定，且呈爆轰增长趋势，因此从 B 到 D 的范围来计算爆轰速度。爆轰波在 B 和 C 之间的传递时间为 3 534 ns，C 到 D 的传递时间为 3 460 ns。由此可以计算出爆速，其值分别为 8 489 m/s 和 8 681 m/s。根据理论计算，爆速为 8 557 m/s，数值接近于平均爆速 8 580 m/s，装药密度为 1.785 g/cm^3。这一结果不仅体现了 DIW 的可重复性，也体现了 DNTF 基复合材料的高性能。

4.1.2　糊状墨水

与全液体墨水形式相比，采用糊状墨水可有效避免结晶转化问题，无须再结晶过程。Li Qianbing 等人制备了一种乳液墨水体系，解决了打印 CL-20 的晶体转变问题。在他们的工作中，作者严格区分了全液体墨水和乳化墨水。

乳化剂属于一类表面活性物质。由于它们的两亲分子结构，表面活性剂吸附在两相之间的界面上，因此它可以稳定乳液中的分散相液滴。该工作以 Viton A 和 PVA 为黏

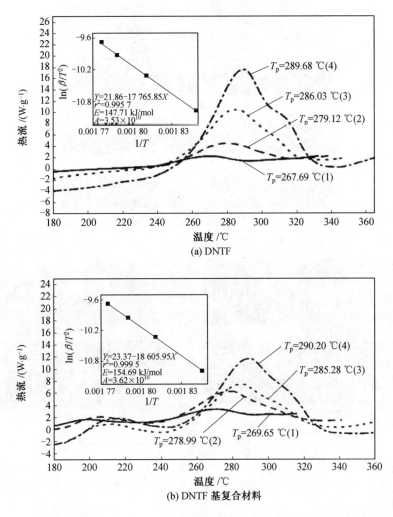

图 4.17　2 MPa 的氮气气氛下，DNTF 和 DNTF 基复合材料在不同升温速率下的 DSC 曲线

（插图分别是原始 DNTF 和 DNTF 基复合材料的 Kissinger 图）

(1)—5 K/min；(2)—10 K/min；(3)—15 K/min；(4)—20 K/min

合剂体系，研制微米级细化 CL－20 基爆炸墨水。Viton A 乙酸乙酯溶液（分散相）以液滴形式分散在 PVA 水溶液中（连续相），为了使新形成的液滴足够稳定以防止团聚，选择 Tween－80 与 SDS 作为乳化剂，SDS 作为主要乳化剂，Tween－80 提供二次稳定作用。结果表明，制备的乳液体系具有较好的稳定性。将乳液、微米级细化 CL－20 和添加剂经超声搅拌得到爆炸墨水，并对其内部结构、晶体类型、爆轰临界尺寸、爆轰速度、撞击感度和形貌特性进行了表征和分析。

　　考虑到油相黏合剂的溶剂是乙酸乙酯，CL－20 在乙酸乙酯中具有更大的溶解度，因此研究人员制备的乳液是 O/W 体系。此外，由于水相和油相都有较大的黏度，当制备乳液时，将较大黏度相作为连续相、较小黏度相作为分散相，有利于防止分散液滴的结合并保持乳液的稳定性。随后，将微米级细化 ε－CL－20 加入乳液中，利用乙醇稀释调整黏

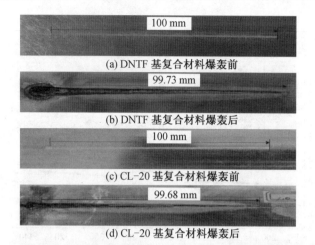

图 4.18　爆轰临界尺寸实验中 DNTF 基复合材料和 CL—20 基复合材料爆轰对比

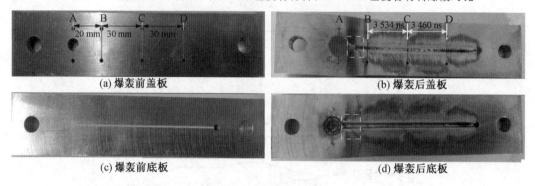

图 4.19　基于 DNTF 复合材料的爆轰速度测试图

度,并加入少量水性墨水消泡剂、流平剂,室温超声搅拌 30 min 充分混合均匀分散,然后将 CL—20 基爆炸性墨水装入气动微型直接写入装置的注射器中,沉积在铝板上,过程如图 4.20 所示。

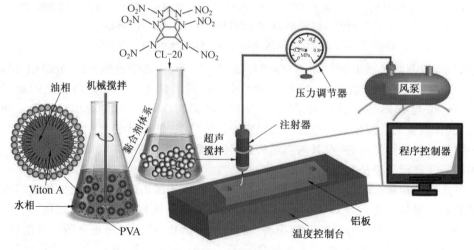

图 4.20　乳液黏合剂体系与 CL—20 基复合材料制备示意图

通过 SEM 观察原始 CL－20 和细化 CL－20 的尺寸、样品表面和内部结构,如图 4.21 所示。原始 CL－20 的粒径尺寸约为 $400~\mu m$,球磨提纯后的细化 CL－20 粉末粒径均在 $1~\mu m$ 以下,颗粒呈球形且无明显边缘,满足爆炸墨水的制备条件。

(a) 原始 CL-20   (b) 细化 CL-20

图 4.21　原始 CL－20 和细化 CL－20 的扫描电镜照片

如图 4.22 所示,CL－20 基复合材料固化后表面光滑平整。然而,在较高的放大倍数下,复合材料表面仍存在一些微小孔洞。微小孔洞的形成可能是直写平台加热复合墨水使溶剂蒸发所致。但是 CL－20 基复合材料的内部结构致密化良好,没有明显的孔隙。这一结果表明,墨水溶剂蒸发形成的孔洞只存在于表面。复合材料的密度保持在 $1.71~g/cm^3$,而理论最大密度(TMD)为 $1.93~g/cm^3$,这说明所制备的 CL－20 基复合墨水配方具有良好的可成型性,可用于研究微装药下的爆轰性能。

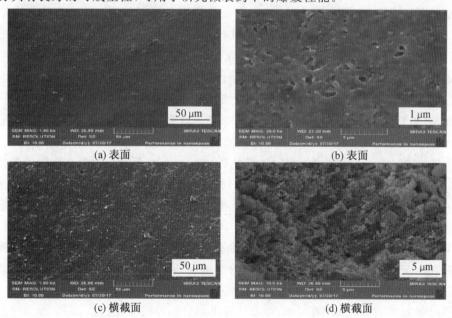

(a) 表面   (b) 表面

(c) 横截面   (d) 横截面

图 4.22　固化后 CL－20 基复合材料表面和横截面 SEM 图

从图 4.23 可以看出,原始 CL－20、细化 CL－20 和 CL－20 基复合材料的 3 个强特征峰的位置基本相同,与 ε－CL－20 的标准 PDF 卡一致。这说明在制备 CL－20 基爆炸墨水的过程中,以溶剂乙酸乙酯溶液为分散相介质的乳液黏合剂体系不会发生溶解 CL－20 晶体的现象。但还有可能是有少量 CL－20 溶解和沉淀,但未被 X 射线检测到。在图

4.23 中还可以清楚地看到,衍射峰强度在相同的衍射角下是不同的。CL－20 基复合材料的衍射峰强度基本上与细化 CL－20 的衍射峰强度相同,原始 CL－20 的衍射峰强度远大于两者,但峰较两者窄。这是由于随着粒径的减小,衍射峰变宽,峰逐渐减弱甚至消失。

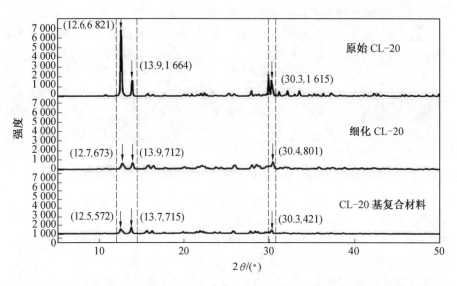

图 4.23　原始 CL－20、细化 CL－20 和 CL－20 基复合材料的 X 射线衍射光谱

　　根据爆轰理论,炸药横截面的大小决定了爆轰能否稳定传播。因此存在一个临界尺寸 S_0,可以维持爆轰的传播。假设炸药的横截面积为 S,当 $S > S_0$ 时,爆轰波能稳定传播;当 $S < S_0$ 时,爆轰波不能稳定传播。研究人员在实验中采用 DIW 技术将爆炸墨水装入固定宽度为 1.0 mm、最大深度为 3 mm 的楔形槽中。固化后,用 8♯雷管在槽内装药深端起爆,测量 CL－20 基复合材料的爆轰临界尺寸。采用电信号探针法测试了复合材料的爆速,并用同样的装药方法将 CL－20 基爆炸墨水装入宽度为 1.2 mm、深度为 1.0 mm 的铝通道中。

　　如图 4.24 所示,固含量为 88％(质量分数)的 CL－20 基复合材料在槽内爆轰相当完整,盖板上有明显的爆炸痕迹,说明该复合材料在装药量小的情况下仍然能够引爆。爆轰理论可以用来解释这个结果,在雷管起爆时,炸药的爆轰点首先受到冲击波绝热压缩的影响。紧接着在楔形槽内进行了两个过程:一个是高温高压爆轰波的产生并沿中心轴传播;另一个是沿药道的径向传播。当膨胀波传播速度快于爆轰反应区时,膨胀波的传播总是影响爆轰反应区体积,导致用于传播爆轰的能量逐渐减少。随着能量的降低,反应区压力、温度和反应速度降低,反应区宽度变宽,爆轰容易熄灭。

　　利用图 4.24 中 A 和 B 的尺寸,可以计算出爆轰临界尺寸,值为 0.17 mm。这意味着CL－20 基复合材料可以在 1 mm×0.17 mm 以上稳定起爆,表明该配方在智能武器系统中具有良好的应用前景。为了进一步研究该配方的爆轰性能,对爆轰速度进行了测试。该方法采用雷管起爆装药,爆轰波依次通过 A、B、C、D 点向前传播,如图 4.25(b)所示,每对探头彼此绝缘,依次通电,使电容器相继放电。产生的脉冲信号被连续地传输到用于摄影记录的示波仪,从而获得信号之间的时间 t。最后,通过两对探针之间的装药长度获得

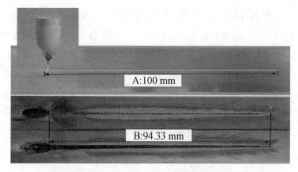

图 4.24　CL−20 基复合材料爆轰前后比较图

爆速,结果如表 4.4 所示。为了减少实验误差,在相同的工艺条件下,采用 DIW 技术将 CL−20 基爆炸墨水加载到两块相同的铝板上。根据爆炸痕迹,对微装药中爆炸墨水的强度进行测试,结果如图 4.25 所示,样品不仅能成功传播爆轰,而且有足够的能量引爆下一个爆炸序列。

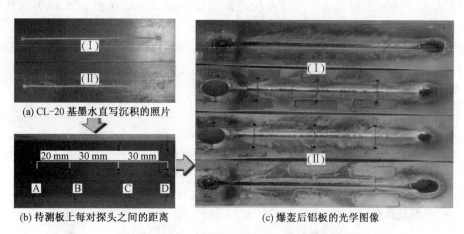

(a) CL−20 基墨水直写沉积的照片

(b) 待测板上每对探头之间的距离

(c) 爆轰后铝板的光学图像

图 4.25　CL−20 基爆炸性墨水测板爆轰前后图

由表 4.4 可知,A−B 为爆轰生长期,是不稳定爆轰过程,当爆速增加到某一固定值后便不再增加。此后,爆炸过程稳定,即 B−C 和 C−D 过程。从表中还可以清楚地看到样品 I 的 A−B 段的爆炸速度明显低于样品 II,这可能是由于样品中底板和盖板之间的间隙,部分能量损失和爆炸周期延长,因此在 A−B 阶段的爆炸速度慢。CL−20 基复合材料的平均爆轰速度为 8 079 m/s,说明该复合材料具有较高的成型密度效应和较少的内部缺陷,这也与 SEM 扫描图一致(图 4.22(c)、(d))。

表 4.4　爆轰在每对探针之间的传播时间和速度

样品		A−B	B−C	C−D	平均爆轰速度/(m·s⁻¹)
I	传播时间/ns	2 810	3 714	3 682	8 113
	爆轰速度/(m·s⁻¹)	5 872	8 078	8 148	
II	传播时间/ns	2 326	3 753	3 705	8 045
	爆轰速度/(m·s⁻¹)	7 094	7 993	8 079	

撞击感度的实验结果用爆炸概率为 50% 的临界落差(H_{50})和标准差(S)表示。从表 4.5 中可以看出,细化 CL-20 的撞击高度要高于原始 ε-CL-20,这表明细化 CL-20 在撞击刺激下更难爆炸。CL-20 基复合材料的 H_{50} 值从 34.2 cm 增加到 40.1 cm,这可能是黏合剂减少了 CL-20 颗粒之间的摩擦,并降低了"热点"形成的可能性。

表 4.5　原始 CL-20、细化 CL-20 和 CL-20 基复合材料的撞击感度

样品	撞击感度[$H_{50}(\pm S)$]/cm		
	实验 1	实验 2	均值
原始 CL-20	13.2(±1.0)	12.8(±0.9)	13.0
细化 CL-20	33.2(±0.8)	35.2(±0.9)	34.2
CL-20 基复合材料	39.0(±1.2)	41.2(±1.0)	40.1

Xie Zhanxiong 等人开发了一个活性黏合剂体系,PVA/GAP 设计为水包油(O/W)乳液,PVA 水溶液为水相,GAP 乙酸乙酯溶液为油相,Tween 80 和 SDS 作为乳化剂,BPS 作为 GAP 的固化剂。将优化后的乳液用于制备不同细化 CL-20 含量的爆炸墨水,通过对墨水流变性能的测试,确定了适合直接书写的理想爆炸墨水配方。乳液及墨水的制备过程如图 4.26 所示,对打印样品的性能进行了表征和分析,包括墨水的凝胶性、形貌、力学性能和微通道爆轰性能。

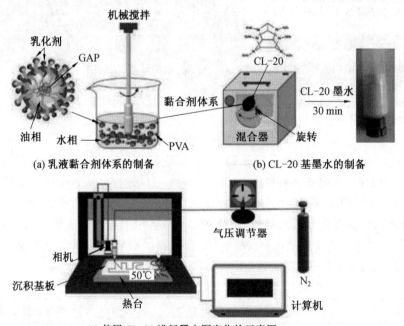

(a) 乳液黏合剂体系的制备　　　(b) CL-20 基墨水的制备

(c) 使用 CL-20 进行墨水图案化的示意图

图 4.26　乳液及墨水制备过程图

利用数字显微镜观察油滴在乳液中的分散情况,从图 4.27(a)可以看出,油滴粒径主要在 20～120 mm 之间,分布均匀,无明显絮凝作用。乳液可以稳定储存一段时间且不会分层或沉淀,因为乳化剂(SDS/Tween 80)吸附在两相之间的界面上,降低了界面张力并

在油滴表面形成了能垒,以防止油滴聚集在一起。DIW 中浆料的黏度直接影响到打印适性,因此具有均匀的颗粒分布和适宜的流变性能至关重要。为了得到理想的直接书写爆炸墨水配方,制备了 4 种不同固含量的爆炸墨水,并测试了墨水的流变性能。如图 4.27(b)所示,所有墨水的剪切速率都在 $0.1 \sim 100 \text{ s}^{-1}$ 之间,符合假塑性流体的典型特征,可以用 Ostwald-de Wale 方程(式(4.2))来描述。通过线性拟合计算 n,结果如图 4.27(c)所示。当 R^2 大于 0.95 时,表示 Ostwald-de Wale 方程能够描述爆炸墨水的流变特性。n 的值越接近 1,外界环境对流体的影响就越小。同时,随着炸药质量分数的增加,黏度也随之增加。过高的黏度会降低流动性,在直写时容易造成针头堵塞。因此,以下实验选择质量分数为 90% 的细化 CL-20 墨水进行微尺度装药。

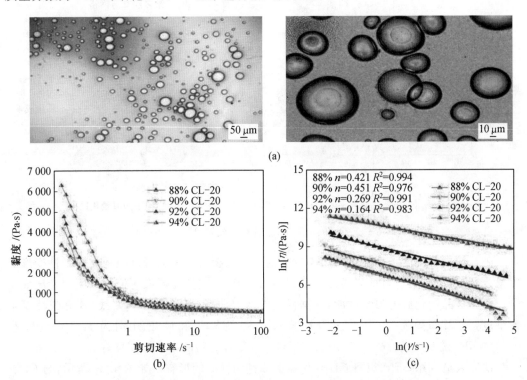

图 4.27　乳液光学显微照片和黏度与剪切速率的函数关系曲线

　　研究人员打印了两种图案评估墨水的打印效果,并研究了图案形成的重要因素,如图 4.28 所示。墨水通过 19G 针(内径 0.7 mm)挤出,将预先设计的图案直接写入预热(约 50 ℃)的玻璃板上。所获得的 3D 结构是自支撑的,没有明显的塌陷,书写线宽约 0.75 mm,即使在一定的弯曲条件下打印图案也不会断裂。实施该热处理以诱导墨水中乳液体系的凝胶化,并尽可能蒸发溶剂(乙酸乙酯和水)以在沉积第二层之前形成干燥层。在 50 ℃ 时,观察到 G' 超过 G'',墨水开始表现出更像固体的特性,可以定义为凝胶点。凝胶化是固化反应初期与形成交联网络相对应的一种物理状态,对推进剂和炸药配方加工的应用期限和固化温度具有重要意义。爆炸墨水固化过程中形成了双固化网络结构。一种是通过"点击化学"反应形成化学交联网络,即叠氮基与 BPS 通过 1,3-偶极环加成反应固化 GAP,形成 1,2,3-三唑网络。含有大量—OH 的 PVA 很容易形成分子间和分子内的氢键,PVA 链之间的物理缠结也有助于在热处理过程中形成物理交联网络。此外,PVA 中的部分—OH 也可以通过氢键与—OH 封端的 GAP 形成交联。该墨水能够打印无变形、自支撑的 3D 结构,这归功于双固化网络复合材料优异的力学性能。

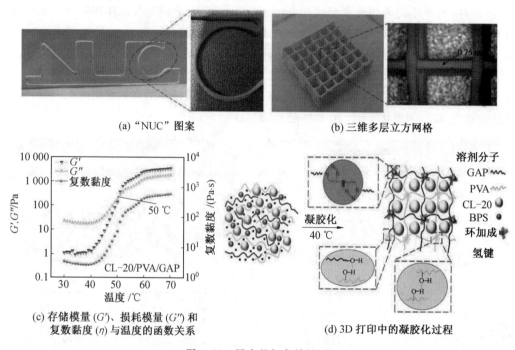

(a) "NUC" 图案　　　　　　　(b) 三维多层立方网格

(c) 存储模量 (G')、损耗模量 (G'') 和
复数黏度 (η) 与温度的函数关系　　　(d) 3D 打印中的凝胶化过程

图 4.28　墨水的打印效果图

弹性模量和硬度是表征材料力学性能的两个重要参数。前者反映了材料弹性变形的难易程度,后者是指材料抵抗局部变形的能力,特别是塑性变形或压痕。利用纳米压痕仪测试打印样品固化后的力学性能,根据得到的压痕曲线(载荷—位移曲线)计算弹性模量和硬度,结果如图 4.29 所示。打印样品的弹性模量和硬度分别为 6.776 GPa 和 0.143 GPa,说明质量分数为 90% 的 CL—20 基复合材料的力学性能良好。

研究人员利用 SEM 观察 CL—20 墨水和打印样品的形态。如图 4.30 所示,与 CL—20 相比,通过机械球磨获得的细化 CL—20 在形态和粒度方面具有很大变化。形状从纺锤形变为近球形,尺寸从约 50 μm 减小到 300 nm。样品整体成型效果良好,表面光滑平整,无裂纹。在高倍镜下观察到的孔洞可能是溶剂挥发造成的。打印样品的横截面均匀致密,爆炸墨水的叠层致密,无裂纹和空隙。固体含量为质量分数 90% 的 CL—20 基爆炸墨水的密度为 1.627 g/cm³,TMD 约为 1.881 g/cm³。爆炸墨水固化过程中形成的双固化网状结构使 CL—20 颗粒与乳液黏合剂连接在一起,形成蜂窝状结构。

采用楔形狭缝装药炸痕法测试爆轰临界尺寸,通过式(4.4)计算得到爆轰临界尺寸,实验组件如图 4.31 所示。计算出临界爆轰尺寸为 0.045 mm,这意味着 CL—20 基墨水复合材料在 1 mm×0.045 mm 可以可靠地爆炸。从图 4.31(c)爆轰后的照片可以看出,CL—20 基复合材料可以在微尺度凹槽内实现稳定可靠的爆轰传输,并在铝板上留下明显的爆轰痕迹,使凹槽明显变宽。

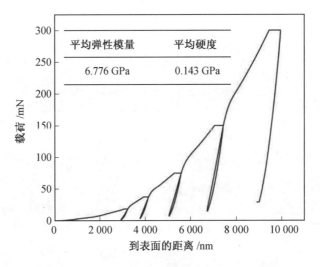

图 4.29　基于 CL－20 样品的载荷－位移曲线

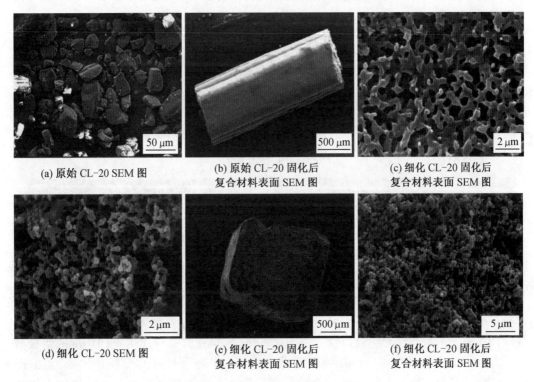

(a) 原始 CL-20 SEM 图

(b) 原始 CL-20 固化后
复合材料表面 SEM 图

(c) 细化 CL-20 固化后
复合材料表面 SEM 图

(d) 细化 CL-20 SEM 图

(e) 细化 CL-20 固化后
复合材料表面 SEM 图

(f) 细化 CL-20 固化后
复合材料表面 SEM 图

图 4.30　CL－20 墨水样品 SEM 图

用同样的方法将爆炸墨水沉积到矩形截面槽中(长、宽、深:1 mm×1 mm×1 mm),通过电信号探针法测试爆轰速度。用探针记录爆轰波从 A 到 B、B 到 C 的传播时间,即 t_1 和 t_2。起爆端爆轰波到 A 的距离属于不稳定爆轰区,该距离受雷管爆轰能量的影响。因此,为了数据的准确性,通常取后两段距离爆轰速度的平均值作为最终爆轰速度。由图 4.32 可以看出,CL－20 基复合材料在微尺度通道中完全引爆,t_1 和 t_2 分别为 4 213 ns 和

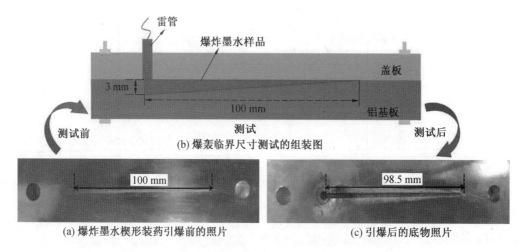

图 4.31　爆炸墨水临界爆炸厚度的测量照片

4 203 ns。计算得到 CL－20 基复合材料的爆速为 7 129 m/s,高速爆轰波的破坏能力使装药槽明显变宽。

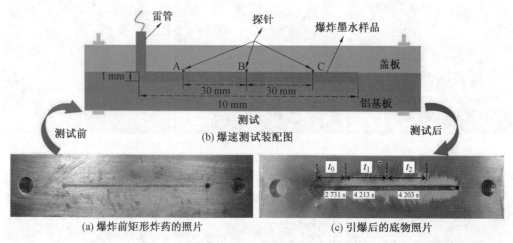

图 4.32　爆炸墨水的爆速测量照片

　　鉴于 MEMS 器件在未来应用中可能面临的复杂结构,含能材料在复杂线路中仍能可靠稳定引爆的研究不容忽视。相关研究人员提出了炸药的转角调谐效应,这与 MEMS 器件应用中复杂的装药线路不谋而合。基于这一概念,研究人员设计了不同角度的铝板槽(长、宽、深:1 mm×1 mm×1 mm)以测试 CL－20 基复合材料的爆炸传递能力,如图4.33 所示。可以看出,CL－20 基复合材料在微槽中的传爆能力随着角度的增加而逐渐减弱。当达到一定角度时,爆轰能量衰减至不足以让爆轰波继续传播。转角高达 150°时,爆轰波仍能传递,铝板上留下的爆轰痕迹清晰可见。当爆轰波达到 160°时,传播失败,如图 4.33(b)的圆圈标记所示。该实验意味着爆炸墨水配方在智能武器系统中将具有广阔的应用前景。

　　这项研究突破了传统悬浮爆炸墨水设计方法的局限性,通过将黏合剂体系设计为油水乳状液,成功地将含能黏合剂 GAP 引入到 CL－20 基混合料体系中,并采用了一种新的反应路线作为 GAP 的固化方法。为开发爆炸墨水配方中的黏合剂体系开辟新的途径,并将为爆炸墨水在微尺度序列中的应用提供技术参考。

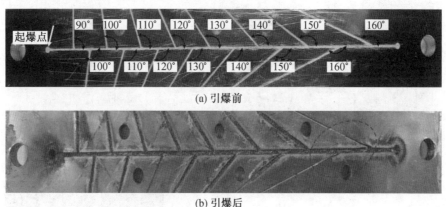

图 4.33　引爆前后的装药底物照片

4.1.3　剪切变稀性能

与喷墨打印不同的是,DIW 技术能够打印高固含量的含能材料。然而,高固含量引起的高黏度是打印工艺面临的主要问题。因此,剪切变稀是制备含能墨水的关键要求。

CL-20/HTPB 复合推进剂作为一种成熟的推进剂,具有黏度低、力学性能好、含量高等优点。到目前为止,已被广泛研究和应用于炸药配方中。同时,在固体推进剂中加入 CL-20 可以显著提高其燃烧性能。3D 打印的 CL-20/HTPB 复合材料具有优异的燃烧和爆轰性能。Wang Dunju 等人设计了具有均匀分散性和适当流变特性的 CL-20 基墨水,以二甲苯和氯仿的混合物为溶剂,以羟基二烯(HTPB)与 N100 反应形成的聚氨酯网络为黏合剂,并在室温下通过溶剂溶解的微挤压打印制备 CL-20 基墨水。该方法操作简单、效率高,可以打印出任意的二维图形和三维形貌。

首先,如图 4.34 所示,制备 CL-20/HTPB 爆炸墨水,并将液体装入注射器进行墨水图案绘制,室温条件下在玻璃基板上打印 3D 结构。墨水配方中的 HTPB 和 N100 分别提供了羟基和异氰酸酯基团,相互反应形成聚氨酯网络。在 35 ℃的条件下,通过 FTIR 中—N≡C≡O 基团(2 271 cm^{-1})的消失来评估反应性以研究固化时间。红外光谱分析表明,40 ℃下,异氰酸酯基团的强度吸收在 144 h 后趋于平缓。

为了证明 HTPB/CL-20 复合材料的稳定性,3D 打印了几种结构,如图 4.35 所示。采用含质量分数 85% CL-20 墨水的 CL-20/HTPB 墨水设计并打印了 HTPB/CL-20 复合材料。墨水流过精细喷嘴进行沉积,而后溶剂在长丝表面快速蒸发是在微观尺度上图案化这些结构的先决条件。当墨水从喷嘴流出时,形成连续的棒状细丝。3D 结构在 35 ℃下处理 5 天后仍保持其形状,总体积收缩率约为 5%。

研究人员测试了 CL-20/HTPB 墨水的流变性能,从图 4.36 可以看出,墨水黏度表现出良好的剪切性能。在典型的溶胶—凝胶工艺中,凝胶化是指黏度急剧增加的临界点。存储模量(G')和损耗模量(G'')分别代表弹性和黏性贡献。相对于损耗模量来说,存储模量越大,更呈现固体性质。该结果表明,剪切黏度随剪切速率的增加而降低,这对高分子

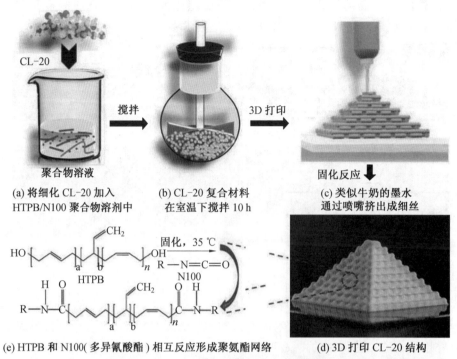

(a) 将细化 CL-20 加入　　　(b) CL-20 复合材料　　　(c) 类似牛奶的墨水
　　HTPB/N100 聚合物溶剂中　　在室温下搅拌 10 h　　　　通过喷嘴挤出成细丝

(e) HTPB 和 N100(多异氰酸酯) 相互反应形成聚氨酯网络　　　(d) 3D 打印 CL-20 结构

图 4.34　3D 打印工艺及固化机理示意图

(a) 固化后的斗拱照片　　　　　　(b) 固化后的金字塔照片

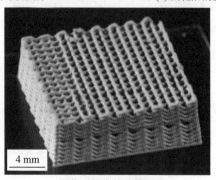

(c) 固化后的木堆结构照片

图 4.35　3D 打印的周期性结构支架

材料的加工和制造具有重要的现实意义。图 4.36(b)为剪切存储模量(G')和损耗模量(G'')与所施加剪切应力的函数关系曲线。在低剪切应力区域内,墨水相可能处于弹性形变与黏性形变的平衡状态,储存模量与损耗模量基本相同(存储模量略高于损耗模量);随着剪切应力的增加,该墨水的损耗模量(G'')高于其存储模量(G')。墨水含有 CL-20,由于其在高剪切应力下的液体状行为而可分离,而在低剪切应力下又会变成固体状材料。因此,CL-20/HTPB 墨水的这种流变行为对于 3D 打印结构来说是非常理想的,因为在打印完成之前,它对于呈现尺寸稳定性和形状保真度至关重要。

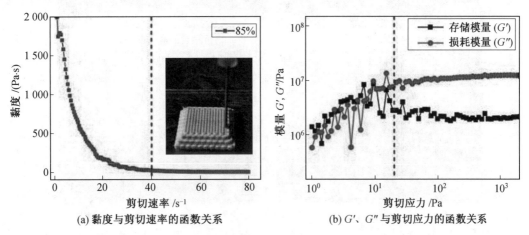

(a) 黏度与剪切速率的函数关系　　(b) G'、G'' 与剪切应力的函数关系

图 4.36　CL-20 墨水(质量分数 85%)的流变性能

((a)中插图显示了以 CL-20/HTPB 墨水 3D 打印的金字塔结构,(b)中频率为 1 Hz)

图 4.37 显示了使用直写技术打印的 CL-20 结构的低倍率和高倍率 SEM 图像。低倍率的 SEM 图像说明挤出的细丝具有稳定的 3D 结构,颗粒之间存在强烈的吸引力。高倍 SEM 图像显示了纤维直径约为 200 μm 的结构的均匀方形通道截面。结构的截面均匀致密,进一步说明纤维体内部结构均匀,不存在裂纹和空洞缺陷现象。长丝表面放大图(图 4.37(d))清晰地展示了爆炸性颗粒的堆积状态,颗粒之间团聚紧密。这些图像表明,3D 打印的 CL-20 在微米尺度上也保持了极佳的高度均匀性。总体来说,从 SEM 图像中可以观察到 CL-20/HTPB 配方墨水具有制造大尺寸架构的潜力。

热稳定性是含能材料实际应用中最重要的组合性能之一,它可以定性和定量地描述分解放热和动力学,为热稳定性和相容性提供可靠的信息。因此,进一步研究了 3D 打印结构的热性能。图 4.38 所示为 CL-20/HTPB 复合材料在不同升温速率下的 DSC 曲线。

用 Kissinger 公式计算了 CL-20 复合材料的活化能(E_a=182 kJ/mol)和指前因子(A=4.19×10^{19}),并与纯 ε-CL-20(E_a=180 kJ/mol)和 CL-20/GAP 复合物(E_a=152 kJ/mol)相比较。结果表明,CL-20/HTPB 复合物比其他高能复合物具有更高的活化能和更高的热稳定性,主要原因是 CL-20 与黏合剂分子在固态下可能存在相互作用。CL-20 和 CL-20 基复合材料的晶型受温度的影响较大。因此,分别对样品在 150 ℃ 和 170 ℃ 下进行了 XRD 表征。结果表明,样品的 3 个强特征峰基本一致,与 ε-CL-20 的标准 PDF 卡(00-050-2045)一致。

(a) 木桩的 SEM 图　　　　　　　　(b) 细丝的高倍率 SEM 图

(c) 细丝沉积横截面的 SEM 图　　　(d) 细丝表面进一步细节的 SEM 图

图 4.37　3D 结构的 SEM 图

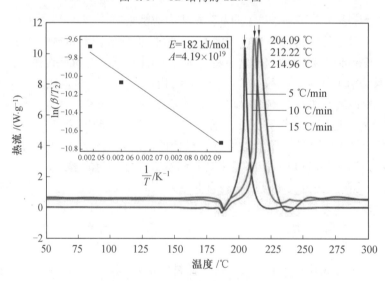

图 4.38　不同升温速率下 CL－20/HTPB 基复合材料的 DSC 扫描曲线
（插图显示了基于 Kissinger 公式的拟合曲线）

　　CL－20 不仅被作为装载炸药，还用于固体火箭推进剂的潜在能量成分。CL－20 的燃烧特性和燃烧机理也得到了全面的研究。对于含能材料，不同参数会同时影响燃烧速率。这些参数包括但不限于粒径、形貌、密度、界面接触、绝热火焰温度、熔化温度。许多变量的存在使得分离任何一个变量对反应性的影响进行研究变得具有挑战性。由于这些原因,研究人员还研究了单个因素(直径大小)对燃烧速率的影响。

研究人员还测量了 3D 打印样品的燃烧速率,如图 4.39 所示。可以合理地假设,常压下直径较大的细丝会发出更多的热量,反应释放的热量传递到爆炸冷凝相,爆炸的温度升高,反应速度增加。然而,燃烧数据显示,随着细丝直径的减小,燃烧速率逐渐增加,平均速度范围为 66.5～164.6 mm/s(表 4.6)。从各图的火焰连接来看,爆炸灯丝的燃烧速率具有良好的线性关系。

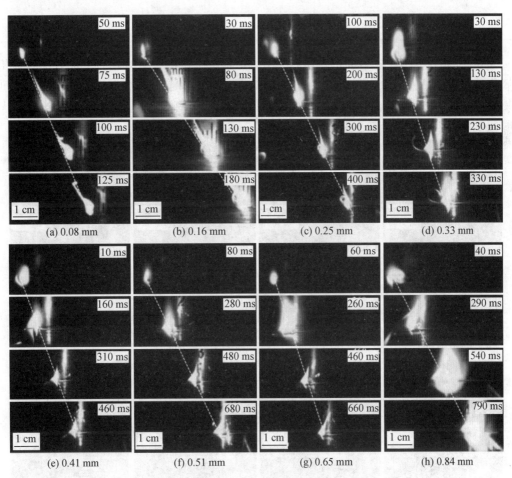

图 4.39　不同直径的复合材料的燃烧快照(帧速度为每秒 2 000 帧)

表 4.6　不同直径的 CL－20 复合材料的燃烧性能

样品	直径/mm	达到最大火焰的时间/ms	最大火焰面积/mm²	平均燃烧速率/(mm·s⁻¹)
1	0.08	20	3	164.6
2	0.16	22	9	134.3
3	0.25	34	17	99.5

续表4.6

样品	直径/mm	达到最大火焰的时间/ms	最大火焰面积/mm²	平均燃烧速率/(mm·s⁻¹)
4	0.33	44	18	81.1
5	0.41	62	25	76.7
6	0.51	64	30	64.9
7	0.65	88	35	70.3
8	0.84	120	48	66.5

在相同的实验条件下，沉积直径对 CL—20 混合物燃烧速率的影响被认为是凝聚相燃烧的关键因素。从点火到稳定燃烧，丝越细所需的时间越短，这意味着点燃所需的能量越少。直径为 0.08 mm 的细丝的点火时间仅需 20 ms，直径为 0.84 mm 的细丝的点火时间增加到 120 ms，如图 4.40 所示。

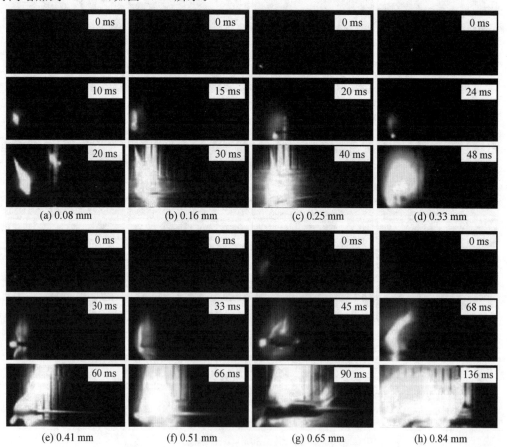

图 4.40　直写不同直径的细丝从点火到稳定燃烧的燃烧快照

（帧速度为每秒 2 000 帧）

另外，研究了 3 种固含量（CL—20，质量分数 65%、75% 和 85%）样品的燃烧速率，如

图 4.41 所示。质量分数 85% 配方的燃烧速率约为 65% 配方的 2 倍(直径 0.08 mm)。同时可以看出,随着直径的减小,燃烧速率有加速增大的趋势。表 4.7 为不同 CL−20 固含量下 CL−20/HTPB 复合材料的固化密度性能。与其他两种含量相比,质量分数为 85% 的样品具有较高的相对密度(采用排水法)。

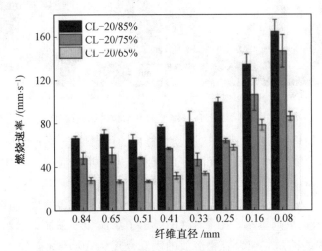

图 4.41　不同固含量 CL−20(质量分数分别为 85%、75%、65%)的燃烧速率

表 4.7　不同 CL−20 质量固体载荷下 CL−20/HTPB 复合材料的固化密度

CL−20 固含量 (质量分数)/%	平均测试密度 /(g·cm⁻³)	理论密度 /(g·cm⁻³)	相对密度/%
65	1.302	1.699	76.63
75	1.347	1.796	75.00
85	1.493	1.894	78.82

作为对 CL−20 几乎惰性的黏合剂,固化后的 HTPB 黏合剂从冷凝相中吸收一些热量进行预热以及相变。大气压下 CL−20 气体的分解产物主要是氧化产物。然而,由于高辐射或平均热颗粒流动的影响,表面区域的温度升高将减小气体火焰的阻挡距离。因此,对于小直径的灯丝,在短时间内达到表面温度更快;但对于直径较大的细丝,凝聚相的热损失需要更多的热补偿。图 4.42 显示了大气压环境下 3D 结构的燃烧快照。结果表明,CL−20直写 3D 体系结构具有更剧烈的燃烧现象。

Wang Haiyang 和 Shen Jinpeng 在两项工作中都成功地打印了固含量达到质量分数为 90% 的纳米铝热剂材料。在他们的第一项工作中,Wang Haiyang 等人采用聚偏氟乙烯(PVDF)和羟丙基甲基纤维素(HPMC)作为黏合剂。其中前者作为高能引发剂和黏合剂,后者是增稠剂和另一种黏合剂,可以形成凝胶。墨水的剪切变稀特性是配方在高负载下仍可打印的关键。通过燃料−氧化剂比的调整,可以很容易地调整火焰温度、线性燃烧速率和能量释放速度测量的反应性。

HPMC 与 PVDF 均溶于二甲基甲酰胺(DMF),且混合物非常稳定,没有分离迹象。PVDF 用作聚合物黏合剂,因为它兼作氧化剂并且通过促进 Al 相对于其他可溶性含氟聚

(a) 某特定时刻三维结构的图像   (b) 图 (a) 的 30 ms 后的燃烧图像

图 4.42 大气压环境下三维结构的燃烧快照

合物（如 Viton 和 THV）的预点火来改善复合材料的可燃性。选择 HPMC 是因为在热处理时可通过聚合物链的疏水链段之间发生的疏水相互作用凝胶化。形成了一个连续的三维网络，如图 4.43(a) 所示。

将 CuO NPs(≈40 nm) 和 Al NPs(≈80 nm) 分别分散到溶液中，超声搅拌，得到质量分数为 90% 的纳米铝热剂墨水。图 4.43(b) 显示了添加和不添加纳米铝热剂的两种墨水的黏度与剪切速率的关系。纯聚合物溶液的表观黏度为 10 Pa·s，加入 Al/CuO 后表观黏度显著增加 2~3 个数量级。然而，墨水黏度高度依赖于剪切速率。这些墨水分别在低剪切速率(<0.011 s^{-1}) 和高剪切速率(>0.051 s^{-1}) 下表现出剪切增稠和剪切变稀行为。最初随着剪切速率增加，所有墨水的黏度都会增加，但随后会出现几个数量级的急剧下降。在低剪切速率下，PVDF 在 DMF 溶液中表现出牛顿流体的性质，而 HPMC 在 DMF 溶液中表现出剪切变稀效应。PVDF 和 HPMC 链间的相互作用在低剪切速率下增加，但

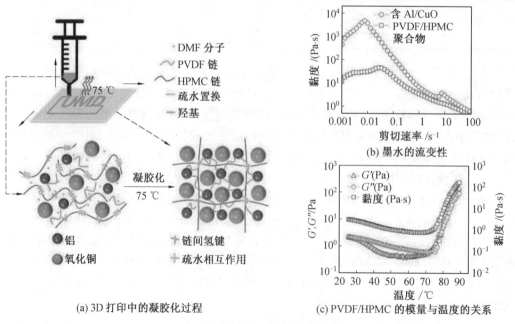

(a) 3D 打印中的凝胶化过程   (b) 墨水的流变性

(c) PVDF/HPMC 的模量与温度的关系

图 4.43 凝胶 3D 打印示意图

在高剪切速率下,PVDF 和 HPMC 链间的界面滑移容易破坏聚合物的相互作用。墨水通过针头以约 15 s^{-1}(≈5.3 mL/h)的剪切速率挤出,将预先设计的图案直写在预热的玻璃板上(≈75 ℃)。该热处理是为了诱导 HPMC 凝胶化,并在写入第二层之前使溶剂(DMF)蒸发以完全干燥。如图 4.43(c)所示,在 75 ℃ 处观察到临界点。从室温到 70 ℃,复合黏度(考虑存储模量和损耗模量)略有降低;当温度≥75 ℃时,复合黏度急剧增加超过 2 个数量级,可定义为胶凝点。纯 HPMC 溶液的流变结果显示出相似的凝胶化温度(≈75 ℃),而 PVDF 溶液的度随温度(85 ℃之前)保持大致恒定,表明 HMPC 在研究中的凝胶化中起关键作用。

打印两种图案以评估打印效果,如图 4.44 所示。打印的矩形机械性能很强,并且能够从基板上剥离并切割成约 3 cm 长的棒用于燃烧速率测量,如图 4.44(a)所示。棒的宽度很大程度上取决于针头的直径(≈1 mm)。含 Al/CuO 棒的力学性能如图 4.44(c)所示(纳米铝热剂负载量为质量分数 90%)。峰值屈服应力约 3.5 MPa,最大应变($\Delta L/L$)为 0.013,弹性模量约 0.3 GPa,接近纯聚四氟乙烯(PTFE),这意味着含有质量分数 90%的纳米铝热剂复合材料的机械性能较为可靠。

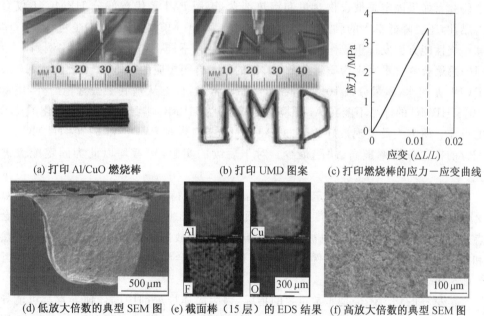

(a) 打印 Al/CuO 燃烧棒　　(b) 打印 UMD 图案　　(c) 打印燃烧棒的应力－应变曲线

(d) 低放大倍数的典型 SEM 图　(e) 截面棒（15 层）的 EDS 结果　(f) 高放大倍数的典型 SEM 图

图 4.44　两种打印图案以评估效果图

利用扫描电子显微镜(SEM)对打印的燃烧棒进行截面测量,以评价其密度和观察其微观结构。结合燃烧棒的面积、长度和质量数据,可以估算出燃烧棒的密度和孔隙率。对于燃料稀的 Al/CuO 和当量比(Φ)为 1 的 Al/CuO,其密度分别约为 2.1 g/cm^3 和 1.8 g/cm^3,约为理论密度的 1/3。随着 Al 含量的增加,由于 Al 的密度比 CuO 低,理论密度和实际密度逐渐下降,但孔隙率保持在 66%。虽然这看起来很低,但实际上纳米粒子聚集体的理论最大堆积密度就是这个数字,这意味着复合材料不能变得更致密(表 4.8)。如果对纳米颗粒进行预处理以破坏聚集体,则可以获得更高的堆积密度。棒横截面的低倍率和高倍率 SEM 图像也证实了这些纳米颗粒在打印的燃烧棒中的紧密堆积。

表 4.8　纳米铝热剂量为质量分数 90％时，燃烧棒的测量密度、理论密度和孔隙率

Al/CuO 中 Al 的质量分数/%	密度/(g·cm^{-3})	体积密度/(g·cm^{-3})	孔隙率/%
10(Φ=0.3)	2.1	5.50	63
22(Φ=1)	1.8	5.12	65
30(Φ=1.5)	1.7	4.85	65
40(Φ=2.3)	1.4	4.53	70
50(Φ=3.5)	1.4	4.20	67
60(Φ=5.3)	1.3	3.88	67
70(Φ=8.2)	1.0	3.55	72
80(Φ=14.1)	1.1	3.22	66

　　如前所述，作者对两种聚合物黏合剂（PVDF、HPMC）掺入高负载 Al/CuO 墨水中进行了研究。如果固定总聚合物含量和铝热剂含量，用 PVDF 代替部分 HPMC 不仅会提高可燃性，还会降低墨水的黏度。考虑到 PVDF 和 HPMC 之间的比例也可能在打印质量和燃烧性能方面发挥重要作用，研究人员利用 5 种不同 PVDF/HPMC 比例（10∶0～0∶10；总聚合物含量固定为质量分数 10％）的墨水打印相应的"UMD"和燃烧棒（15 层）。由 PVDF 基墨水（质量分数 10％）制备的样品非常脆，很难从基底上去除。另外，质量分数 10％ HPMC 的样品不能在 Ar 环境中传播，因为 HPMC 本身没有能量，钝化了粒子之间的反应。研究人员发现最好的配方是将质量分数 4％的 PVDF 和 6％的 HPMC 混合，该配方的打印分辨率最高、缺陷最少。对于后续的实验，作者均以此为固定配方进行研究。

　　如图 4.45 所示，燃烧棒稳定燃烧，火焰温度稳定保持在 2 500～3 000 K，大多数点位于 2 800 K 左右。测量火焰温度接近理论预期（≈2 843 K），这说明添加聚合物并不会妨碍燃烧过程。打印的"UMD"也被点燃，由于燃烧中释放的快速移动的热气/颗粒的热对流和对流，当火焰接近角落（例如"M"的顶部）时，会跳到附近的未燃烧部分（当距离＜0.5 cm）。

　　高能材料的均匀燃烧是非常重要的指标，因为固体推进剂中的任何异常都可能导致失败。为了评估厚度对物理性质（形态和密度）和反应性的影响，打印了 5、10 和 15 层的 Al/CuO/PVDF/HPMC（Φ=1）燃烧棒并进行了表征，如图 4.46 所示。燃烧棒的密度约为 1.8 g/cm^3，燃烧性能实际上是恒定的（图 4.47(b)）。

　　通常，对于铝热剂，最高反应程度达到或接近理论当量比。如表 4.8 所示，改变了一系列 Al/CuO 的当量比，以研究理论当量比对反应性的影响。图 4.48 显示了在质量分数 90％的固含量下，Al/CuO 比例与燃烧速率和火焰温度的函数关系。火焰温度峰值出现在 Al 质量分数为 22％时，即理论当量比情况（Φ=1）；而线性燃烧速率在富燃料时达到峰值，这可能是由于使用更多反应性燃料增强气体生产和热对流。图 4.48 中的能量释放速度（归一化热通量，为火焰温度和质量燃烧速率的乘积）在最大火焰温度和燃烧速率之间

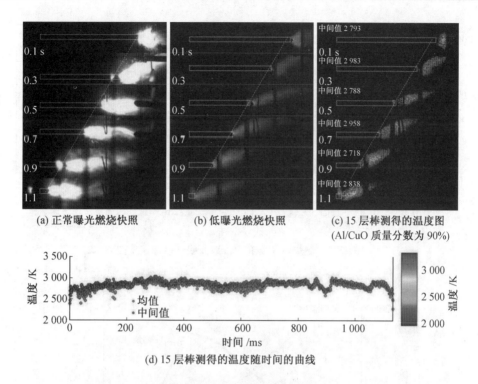

(a) 正常曝光燃烧快照　　(b) 低曝光燃烧快照　　(c) 15 层棒测得的温度图
　　　　　　　　　　　　　　　　　　　　　　　　　　（Al/CuO 质量分数为 90%）

(d) 15 层棒测得的温度随时间的曲线

图 4.45　燃烧棒稳定燃烧图

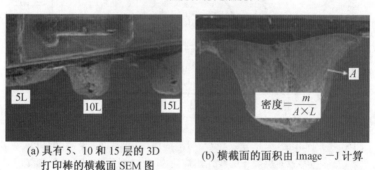

(a) 具有 5、10 和 15 层的 3D　　(b) 横截面的面积由 Image－J 计算
　　打印棒的横截面 SEM 图

图 4.46　3D 打印棒的 SEM 图

达到峰值，这意味着如果需要优化能量释放，则富燃料的配方（$\Phi = 1.5 \sim 3.5$）是必要的，尽管它的燃烧速率较低。通过 XRD 检查燃烧产物（表 4.9），发现理论当量比下 Al/CuO 的主要产物是 Cu 和 Al_2O_3，表明其完全燃烧。在贫燃料条件下，观察到 Cu_2O，而在略微富集的条件下，存在 Cu_9Al_4，这意味着过量的铝具有足够的时间与铜合金化。当当量比进一步增加到 5.3 时，还存在合金 $CuAl_2$。

　　总之，该实验墨水中的关键添加剂是 PVDF 和 HPMC 的杂化聚合物。最佳聚合物比例为质量分数 4% PVDF 和 6% HPMC（颗粒负载量高达质量分数 90%）。墨水的剪切变稀特性是使配方在如此高的负荷下仍可打印的关键。线性燃烧速率、质量燃烧速率和火焰温度都可以通过改变燃料/氧化剂的比例进行调节。平均火焰温度高达 2 800 K，燃烧后的产物检测表明燃烧接近完全。

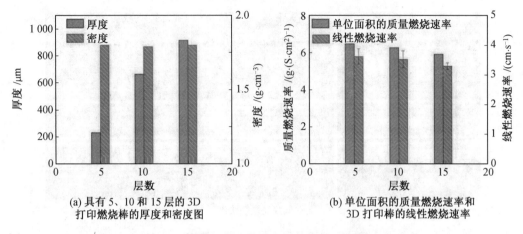

(a) 具有 5、10 和 15 层的 3D
打印燃烧棒的厚度和密度图

(b) 单位面积的质量燃烧速率和
3D 打印棒的线性燃烧速率

图 4.47　燃烧棒厚度和密度以及线性燃烧速率图

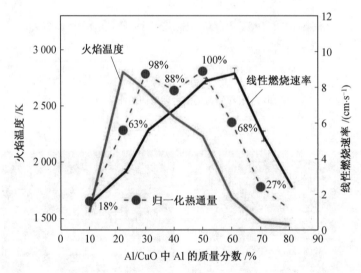

图 4.48　固含量(质量分数)90％纳米铝热剂(Al/CuO 中 Al 的质量分
数 10％～90％)的燃烧棒的线性燃烧速率、火焰温度和归一化热通量

在下一步工作中,Shen Jinpeng 等人在保持质量分数 90％固含量的情况下,加入羟丙基甲基纤维素(HPMC)、硝化纤维素(NC)和聚苯乙烯(PS)作为黏合剂制备纳米铝热剂基含能墨水。在这项工作中,测得样品的弹性模量大于 1 GPa,燃烧速率高达 25 cm/s,作者认为机械性能增强归因于纳米铝热剂从球形转变为片状的结构。此外,含能墨水的剪切变稀是打印具有高固体负载量的纳米铝热剂材料的关键。

表 4.9　不同 Al 含量情况下燃烧残余物的种类分析

Al/CuO 中 Al 的质量分数/%	固体物质的 XRD 分析
$10(\Phi=0.3)$	Cu, Cu_2O 和 Al_2O_3
$22(\Phi=1)$	Cu,$(Al_2O_3)_{5.3}$ 和 Al_2O_3
$30(\Phi=1.5)$	Cu, Cu_9Al_4, $AlAl_{1.67}O_4(\approx Al_2O_3)$
$60(\Phi=5.3)$	$CuAl_2$, Cu_9Al_4, Al_2O_3

将 HPMC、NC 和 PS 混合在一起,在 DMF 中磁力搅拌形成混合溶液。随后将纳米 Al 和 CuO 加入到胶体溶液中,机械搅拌以形成可用于 3D 打印的胶体墨水。NC 的引入 可提高 Al－CuO 纳米铝热剂的可燃性,PS 的加入则有助于增强打印棒的机械性能,因为 HPMC 和 NC 的弹性模量相对较低,分别为 0.62 GPa 和 0.45 MPa,而 PS 高达 3.7 GPa, 分别比 HPMC 和 NC 高出 6 倍和 8 000 倍。

如图 4.49 所示,打印不含纳米颗粒的胶体墨水显示出完全不同的形态,其中具体形 态取决于成分。除了 HPMC－NC 外,所有混合聚合物都是粗糙的,在横截面中有附聚 物。粗糙表面上的球形团聚体通过 EDS 点元素分析确认是 PS。值得注意的是,在图4.49(d) 中,一些 PS 球体转化成了 PS 薄片,这可能是墨水在通过针头时剪切引起的形态变化。

图 4.49 不同混合聚合物的横截面 SEM 图像

作者还研究了墨水的流变性和不同聚合物之间可能的相互作用。图 4.50(a)显示了 含有和不含 Al－CuO 纳米铝热剂的 HPMC－PS－NC 墨水的剪切黏度。纯聚合物溶液 和复合墨水都显示出剪切变稀性能。添加铝热剂可将墨水黏度提高约 1 000 倍,但由于 这些墨水极度剪切稀化,因此它们在高剪切速率下接近聚合物的黏度。这种特性非常适 合直接书写墨水,可以使高黏度的材料能够通过狭窄的喷嘴。由图 4.50(b)所示,HPMC－ NC－PS复合材料中—NO₂ 不对称拉伸带的明显偏移(从 1 632 cm⁻¹ 到 1 644 cm⁻¹)表明 NC 和其他聚合物之间可能存在氢键。图 4.50(c)为打印的 30 层 Al－CuO 纳米铝热剂 复合棒的照片,插图 SEM 图像显示了复合材料的横截面形态。高倍率 SEM 图像(图 4.50(d))所示,在 Al－CuO 纳米铝热剂中观察到 20 nm 的混化聚合物颗粒。高倍率 SEM 图像和 EDS 结果也显示 Al 和 CuO 纳米颗粒之间的紧密组装。

含能材料的结构对材料的力学性能和反应活性起着重要的作用。由图 4.50(e)、(f) 可知,在不同的层间观察到厚度为微米级、长度为毫米级、间距为 100～300 μm 的聚合物 薄片,确定为 PS。如上所述,聚苯乙烯(PS)由于其玻璃化转变温度较低(100 ℃),加热后

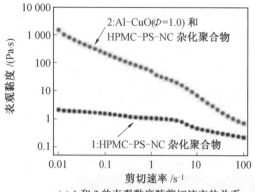

(a) 1 和 2 的表观黏度随剪切速率的关系

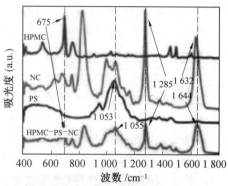

(b) NC、HPMC、PS 和 HPMC-PS-NC
杂化聚合物的红外光谱

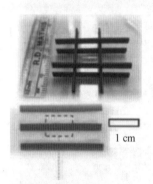

(c) 打印和堆叠复合材料棒（30 层）的照片

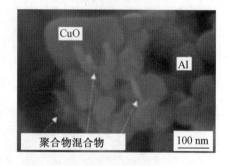

(d) 复合材料棒的高倍扫描电镜图像

(e) PS 薄片复合棒的高放大 SEM 图像
（插图是 PS 薄片的高倍扫描电镜图）

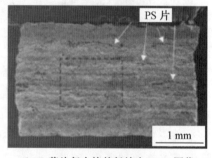

(f) PS 薄片复合棒的低放大 SEM 图像

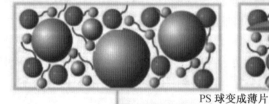

(g) PS 球从注射器中挤出前墨水示意图

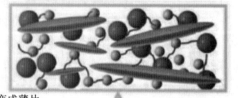

(h) PS 球从注射器中挤出后，转变成 PS 薄片示意图

图 4.50　墨水的流变性和不同聚合物之间可能的相互作用图

容易发生转变。当含有 PS 球的墨水从细注射器针头挤压到预热(约 75 ℃)的衬底时,PS 球(图 4.50(g)、(h))通过剪切转化为 PS 薄片。如下所述,PS 薄片可能是观察到的机械性能显著改善的原因。

　　力学性能与当量比(从 1.0 到 3.4)无关,因此与颗粒类型无关,复合材料的拉伸强度和弹性模量在 5 MPa 和 1 GPa 时大致保持恒定,如图 4.51 所示。与无颗粒杂化聚合物相比,含颗粒复合材料的拉伸强度下降了 10 倍,但弹性模量略有下降。

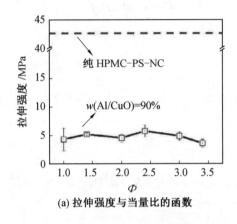

(a) 拉伸强度与当量比的函数

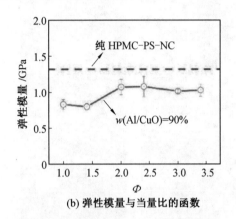

(b) 弹性模量与当量比的函数

图 4.51　复合材料性能图

　　当量比为 1.0 和 2.4 的复合材料的典型燃烧快照如图 4.52 所示。很明显,两种情况下的传播都是稳定的,与理论当量比情况(厌氧条件)相比,富燃料($\Phi=2.4$)情况下的火焰更大更亮,燃烧速率也在富燃料侧($\Phi=2.4$)以 25 cm/s 的速度达到峰值。火焰温度从 2 600 K 逐渐下降到 2 100 K,作者将其归因于燃烧产物从 Cu 和 Al_2O_3 转变为 Al_2O_3、Al_4Cu_9 和 Al_2Cu 的混合物。当量比从 1.0 增加到 2.4,燃烧速率增加了 10 倍,而火焰温度仅降低了约 400 K,导致归一化热通量也在当量比为 2.4 时达到峰值,并且是理论当量比的 8 倍,如图 4.52(d)所示。为了证实该方法适用于其他氧化剂,还打印了当量比为 2.4 的 $Al-CuO$、$Al-Fe_3O_4$、$Al-Co_3O_4$ 和 $Al-WO_3$ 复合材料,燃烧速率如图 4.52(e)所示。使用不同氧化剂的燃烧速率与在燃烧池中物理混合并点燃的原料粉末样品的结果一致,因为打印的复合棒基本上是纯铁矿混合物(即只含有质量分数 10％黏合剂)。

　　Deng Yucheng 等人选择了在含能材料领域中得到了广泛的研究和应用的 Al/AP/HTPB 复合含能材料。采用一种基于溶剂挥发的热固性配方,通过控制墨水中的溶剂含量来提高安全性。采用直写技术制备了大量复杂结构的样品,固含量高达 91％。

　　研究人员配制了几种墨水,固含量及 HTPB、TDI 的具体用量如表 4.10 所示,样品制备流程如图 4.53 所示。尽管研究人员也制备了 95％固含量的样品,但一方面浆料的黏度很大并且难以挤出;另一方面,浆料中的溶剂更易挥发并且在打印过程中更容易打印。固含量过高使得喷嘴堵塞,因此 95％固体含量样品之后未进行打印和表征测试。调整 HTPB 与 TDI 的比例,HTPB 中的羟基与 TDI 中的异氰酸酯基团相互反应形成聚氨酯网络。这个反应将在 50 ℃下持续 4~5 天,所以整个系统可以牢固地结合在一起。

　　直写打印浆料需要适当的流变性能,不同剪切速率下的黏度对浆料的顺利挤出至关

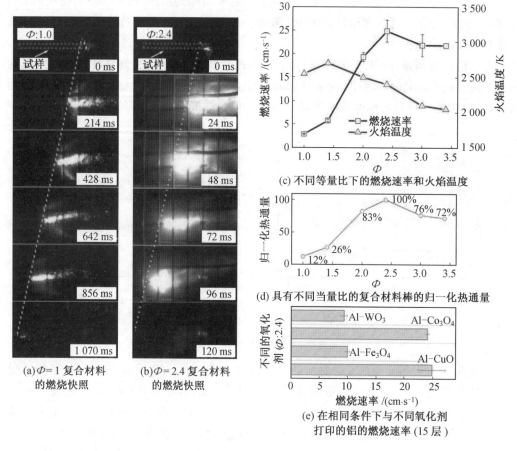

(a)Φ=1 复合材料
的燃烧快照

(b)Φ=2.4 复合材料
的燃烧快照

(c) 不同等量比下的燃烧速率和火焰温度

(d) 具有不同当量比的复合材料棒的归一化热通量

(e) 在相同条件下与不同氧化剂
打印的铝的燃烧速率 (15 层)

图 4.52　复合材料的典型燃烧快照图

重要。在低剪切速率下,浆料需要具有较高的黏度,这样它才不会在重力的影响下从针口掉落;相反,在高剪切速率下,浆料黏度较低才能顺利挤出。4 种固含量的墨水流变特性如图 4.54 所示,4 种样品墨水均表现出剪切变稀特性。从图中可以看出,随着剪切速率的增加,剪切黏度都有所降低。在低剪切速率区域,随着固含量的增加,黏合剂和溶剂减少,黏度增加;相反,在高剪切速率区域下,固含量越高,黏度越低。

如图 4.55 所示,当固含量为 80% 时,弹性模量总是小于黏性模量,浆料表现出更多的流体特性,这也体现在后续打印样品的塌陷上,刚从喷嘴挤出后,浆料不能保持喷嘴的形状和外观。除了 80% 的固含量外,其余样品的数据表明,制备的印浆不是纯流体或固体,而是在不同应变和剪切速率下具有不同性能的半固体。浆料在低剪切率区域表现出固体弹性,然后在高剪切速率区域表现出流体黏性。这使得高黏度浆料具有足够的流动性,通过一个小喷嘴挤出,然后回到之前的高黏度状态。因此,浆料在打印过程中保持了适当的流动性和加工性,对最终形状没有显著影响,这一特性非常适合 3D 打印。

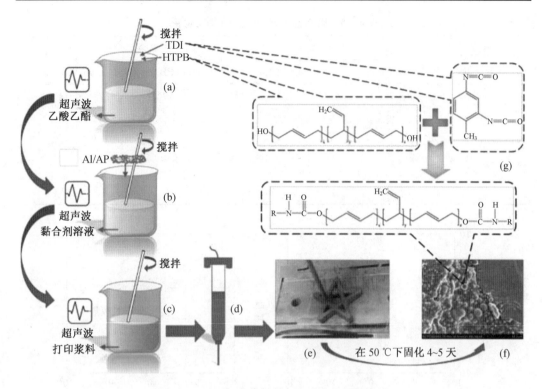

图 4.53 3D 打印浆料制备和固化机理示意图

((a)将 TDI 和 HTPB 加入乙酸乙酯中;(b)将 Al/AP 加入黏合剂溶液中;(c)搅拌所有组分 4 h;(d)将搅拌的浆液转移到注射器中;(e)将注射器安装在 3D 打印机上并开始打印;(f)固化后,内部部件紧密连接;(g)TDI 与 HTPB 的反应机理)

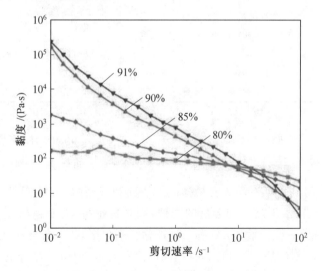

图 4.54 不同固含量的浆料流变性能

表 4.10　固含量和 HTPB、TDI 的比用量

固含量(质量分数)/%	固含量/%		黏合剂含量/%	
	$m(\mathrm{Al})/\mathrm{g}$	$m(\mathrm{AP})/\mathrm{g}$	$m(\mathrm{HTPB})/\mathrm{g}$	$m(\mathrm{TDI})/\mathrm{g}$
80	7.5	2.5	2.36	0.14
85	7.5	2.5	1.66	0.10
90	7.5	2.5	1.05	0.06
91	7.5	2.5	0.93	0.05
95	7.5	2.5	0.50	0.03

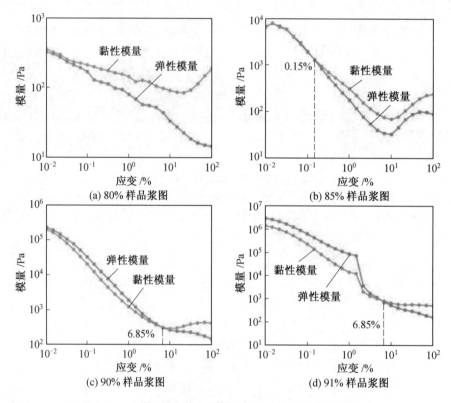

图 4.55　4 种不同固体含量样品的弹性模量和黏性模量图

用 DIW 技术得到 4 个不同固含量样品的表面和截面的 SEM 图像,如图 4.56 所示。从图 4.56 可以看出,由于黏合剂含量的降低,固含量越高,表面越粗糙。从 EDS 中可以看出,Al、AP 和黏合剂结合紧密,Al 和 AP 被黏合剂包围,各组分分布比较均匀。尽管具有不同固含量的 4 种样品在打印时具有相同的溶剂含量,但由于黏合剂含量不同,黏合剂会填充溶剂挥发后留下的孔隙。固含量为 80% 和 85% 的样品表面和内部没有明显的气孔,而固含量为 90% 和 91% 的样品表面和内部有一些分布不均匀的气孔。溶剂挥发后,黏合剂含量不足以至不能完全填满孔隙。当固含量从 80% 上升到 91% 时,样品与基体的接触角由 144° 和 143° 降到 48° 和 50°,样品高度从 0.55 mm 增加到 0.9 mm。随着固含量

的增加,样品的坍塌不太明显,当它从针中挤出时,成型效果更好且更接近预期形状。同时,结合表面 SEM 图像和元素分析图像,可以看出样品中的组分均匀分布;球形颗粒为 Al 颗粒,块状材料为 AP,黏合剂组分 HTPB 和 TDI 在颗粒之间。

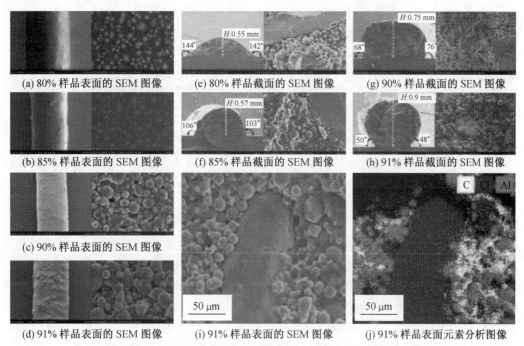

图 4.56　4 种不同固体含量样品的 SEM 图像和元素分析图像

研究人员 3D 打印了几种复杂形状的三维图形,如图 4.57 所示。在打印过程中,墨水可以通过喷嘴稳定地打印,且能够在没有任何辅助装置的情况下保持打印形状,这说明在打印复杂结构方面,3D 打印是可行且有前景的。

图 4.57　通过 3D 打印出的复杂构架

4.2　固体填料的尺寸

精确调整反应性微结构(Reactive Microstructures,RMS)以提高性能是增材制造的优势之一。与传统基于粉末的方法相比,3D打印可以在微尺度上产生各种几何形状,从而改变系统响应(燃烧速率或爆轰速度)。含能填料的粒径不仅影响材料的性能,而且影响墨水的黏度,因此应特别注意。F. D. Ruz Nuglo 和 L. J. Groven 研究了固体铝粒径(纳米级和微米级颗粒)对纳米铝热剂含能墨水度的影响。研究结果表明,在适当的体系结构下,通过改变粒径能够实现可调节的燃烧速率和能量输送。

铝—氟聚合物体系是一种众所周知的反应体系,但通常是由铝和聚四氟乙烯粉末按特定比例混合而成,为了使用该体系进行直接书写制备,作者替代了一种溶剂可溶性氟聚合物,即四氟乙烯、六氟丙烯和偏氟乙烯的三元共聚物(THV 220AZ)。制备的微米级和纳米级铝的墨水配方均含有质量分数67%的活性燃料和33%的氧化剂(聚合物黏合剂)。应该注意的是,在纳米级 Al—THV 配方的情况下,高剪切可能导致反应物着火。因此,出于安全原因,应避免高剪切的混合和加工条件。

在增溶聚合物墨水的情况下,最佳表观黏度通常通过调节固含量和溶剂含量来控制。初始溶解的聚合物溶液的平均表观黏度约为 $2.8×10^4$ cP,如图 4.58 所示。然而,在添加燃料(纳米或微米尺寸的铝粉)后,黏度急剧上升。微米级和纳米级铝的配方的平均最佳表观黏度分别为 $6.12×10^4$ cP 和 $3.8×10^5$ cP,提高了两倍和 13 倍。配方之间黏度的 6 倍差异是由纳米级铝的高比表面积所引起的。所用纳米级和微米级铝粉末的代表性扫描电子显微镜图像显示在图 4.58 中。

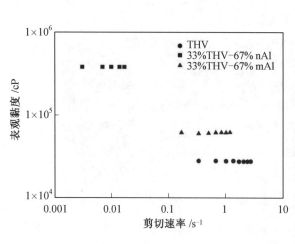

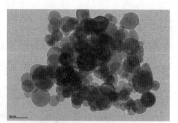

(a) 平均粒径为 80 nm 的纳米铝 TEM 图像

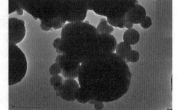

(b) 平均粒径为 5 μm 的 H-2 铝粉 TEM 图像

图 4.58　前驱体增溶聚合物溶液、高能墨水(含微米级和纳米级铝)的表观黏度与剪切速率的函数关系
(纳米级铝墨水、微米级铝墨水和前驱体聚合物溶液分别对应于方形点、三角形点和圆形点)

作者在涂有 Krylon1 黏合剂的不锈钢基板上进行打印。用有机黏合剂对基板进行预处理有助于减轻结构的各向异性收缩,防止固化过程中第一层的断裂。由于所用溶剂的挥发性,这种墨水在离开喷嘴后很容易变干并保持其形状,从而轻松构建 3D 结构。图 4.59 中定义的印迹表观直径是通过墨水的连续沉积来改变的,这种方法可以实现多种表观直径(多道印迹)的打印或形成如图 4.60 所示的网格状结构。对于本研究中使用的打印参数,通过光学显微镜测量发现,单次通过(单道)的表观直径约为 400 μm。

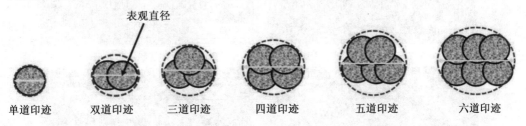

图 4.59　为火焰传播分析实现不同表观直径的打印方法示意图

一个具有代表性的三维网格结构如图 4.60 所示。后续的轨迹通过径向和横向接触与下面的层黏结。经过仔细检查,图 4.60(e)、(f)显示的条带和层间黏合得很牢固。

3D 打印制备活性材料结构的一个潜在问题是,被困住的空气和溶剂的蒸发会引入空隙,这种空隙可能会导致过早点火和长期稳定性较差。为了更好地了解打印结构中残余孔隙度的水平和最终密度,进行显微 CT 分析。图 4.61(a)为微米级铝配方的三道印迹的光学图像,显微 CT 静止图像如图 4.61(b)~(h)所示。图 4.61(b)显示了图 4.61(a)中所示的放大部分,线条表示打印通道的交叉点。图 4.61(c)~(e)分别是 x、z 和 y 方向的显微 CT 扫描图像的静止图像,在每个方向上都能观察到残余孔隙和颗粒分布情况。例如,在图 4.61(b)中,没有观察到高对比度区域,这表明存在 1 mm 或更大尺寸的空隙;图 4.61(d)中观察到的 3 条线显示了界面,其中沉积的迹线相互接触或重叠以构建结构;从图 4.61(g)~(h)中可以看出,迹线内没有明显的空洞或其他变形。研究人员还用 SEM 分析了相同的样品;然而,制备样品的过程会导致样品变形。颗粒被聚合物很好地包覆,当切割时,含氟弹性体以纤维状从颗粒表面伸展开,如图 4.62 所示。因此,打印的活性材料的显微 CT 扫描显示聚合物基质中铝粉的一致和均匀分布,没有明显的空隙或截留的气穴。但是,需要对一系列打印参数和体系结构进行额外分析,才能准确确定孔隙率百分比。研究人员预计表观度(溶剂含量)与孔隙率有很大的关系。

活性墨水直写在微纳米级组装的一个优点是能够从根本上详细研究其反应性。线性火焰传播速度是表征材料反应活性的最常用的测量方法之一,大多数研究都集中在通过开发新的配方或使用不同的制造方法控制能量传输来提高这个动力学参数。在这项研究中,线性火焰传播速度作为表观直径的函数是通过高速摄影确定的。轨迹的最小表观直径和最大表观直径分别为 400 μm 和 2 000 μm,并通过顺序打印重叠和相邻的痕迹来实现,如图 4.59 所示。

对于微米尺寸铝的配方,图 4.63 显示了单道和六道燃烧轨迹的静态图像。对于纳米级铝基配方,400 μm(单次)直径的燃烧速率约为 30 mm/s,将表观直径增加到 2 000 μm,燃烧速率增加了 5 倍。对于有效表观直径低于 500 μm 的样品,微米级和纳米级铝配方

(a) 微米级铝基墨水的单次印迹

(b) 微米级铝基墨水的五道印迹

(c) 打印的 3 mm×5 mm 的
网格 3D 结构的光学图像

(d) 打印的 3 mm×5 mm 的
网格 3D 结构的光学图像

(e) (c) 的放大特写

(f) (d) 的放大特写

图 4.60　典型的三维网格结构图

的燃烧速率大致相同:分别为(30±3)mm/s 和(32±2)mm/s,如图 4.63(c)所示。当打印轨迹的表观直径接近 2 000 μm 时,火焰传播速度趋于平稳。随着聚合物氧化剂与金属燃料的界面接触面积的增大,扩散距离显著减小,反应性增强,因此随着表观直径的进一步增大,纳米级铝配方的墨水的传播速度急剧增加(161 mm/s),约为微米级铝配方墨水的 4 倍(41 mm/s),这是由于纳米铝颗粒更加紧密的接触和更大的表面积。

在这项工作中,作者在微米和毫米尺度水平上创建平面和三维几何结构,以探索它们在燃烧速率方面的性能。结果表明,燃烧速率随着印迹的表观直径而增加,直到临界表观直径时变得稳定。然而,燃烧速率与微米级的表观直径无关。这证明了增材制造方式可以研究反应材料的性能特征,调整几何形状来调整它们的反应性,否则这些反应性将不容

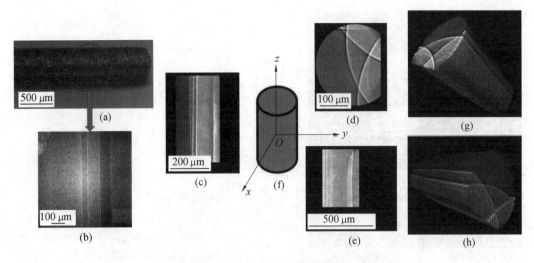

图 4.61　3D 打印制备活性材料结构图

((a)打印条/迹线的光学显微镜图像;(b)用于显微 X 射线计算机断层扫描(Micro－CT)的已安装样品的放大部分;(c)从 x 方向看到的平面扫描静止图;(d)从 z 方向看到的平面扫描静止图;(e)从 y 方向看到的平面扫描静止图;(f)从图像方向看的平面扫描静止图像;(g)、(h)来自扫描样本的 3D 重建结构)

(a) 含氟聚合物拉伸的切面　　(b) 打印轨迹(传递)之间的界面　　(c) 含氟聚合物中微米级铝粉的分布

图 4.62　Micro CT 评估的迹线的 SEM 图像

易实现。

　　朱自强等人利用球磨的方法细化 CL－20,以降低爆炸墨水的爆轰临界尺寸。为保持合适的直写线宽、防止晶型转变,选择了聚乙烯醇(PVA)/H_2O/乙基纤维素(EC)/异丙醇(IPA)的复合黏合剂体系。将细化 CL－20 颗粒与复合黏合剂体系混合以配制爆炸墨水,直写在铝板或硅片上。采用 SEM 观察单一黏合剂体系和复合黏合剂体系对微观形貌和直写线宽的影响。采用红外光谱仪(FTIR)测试了复合黏合剂体系时爆炸墨水中细化 CL－20 的晶型,并利用楔形狭缝装药炸痕法测试了爆炸墨水的爆轰临界尺寸。

　　将粗颗粒 ε－CL－20(平均粒径为 60 μm)球磨、超声、离心和冷冻干燥后得到细化 CL－20。以细化 CL－20 为炸药成分,制备 3 种细化 CL－20 基爆炸墨水,组成如表 4.11 所示。作为对比,以粗颗粒 ε－CL－20(记为 D－CL－20)为炸药成分,采用和墨水Ⅲ同样的组成和配比配成爆炸墨水Ⅲ－2。利用直写装置将爆炸墨水直写在硅片和铝板上,自然干燥。

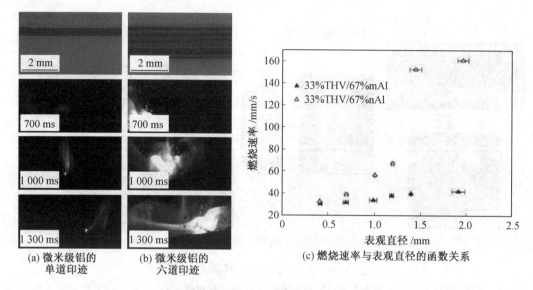

(a) 微米级铝的　　　(b) 微米级铝的　　　(c) 燃烧速率与表观直径的函数关系
　　单道印迹　　　　　　六道印迹

图 4.63　单道和六道燃烧轨迹的静态图像

表 4.11　4 种爆炸墨水的组成

爆炸墨水	组成
Ⅰ	CL−20/EC/IPA
Ⅱ	CL−20/PVA/H₂O
Ⅲ	CL−20/PVA/H₂O/EC/IPA
Ⅲ−2	D−CL−20/PVA/H₂O/EC/IPA

　　细化 CL−20 的 SEM 照片如图 4.64 所示。可以看出细化 CL−20 的粒径在 1 μm 左右,粒径均匀,无明显的棱角,无明显的团聚现象。因此,可用于爆炸墨水的制备。

图 4.64　球磨细化后的 CL−20 的 SEM 图

　　采用扫描电镜观察爆炸墨水 Ⅰ~Ⅲ 的表面形貌和直写线宽情况,结果如图 4.65 所示。可以看出,爆炸墨水 Ⅰ 中 CL−20 颗粒分布均匀,无空隙,直写线条致密整齐,但由于异丙醇的挥发性,直写过程中干燥时间较短,会使笔头堵塞,不利于书写。爆炸墨水 Ⅱ 的 CL−20 颗粒呈片状,疏松多孔,但在直写过程中干燥时间较长,直写线宽大,不利于

MEMS 器件的封装和集成工艺。爆炸墨水Ⅲ表面的 CL－20 颗粒紧密堆积,且线条宽度更小,最小线宽达 80.2 μm,直写过程中可以通过调整黏合剂和溶剂的配比来控制干燥时间的长短。进一步观察爆炸墨水Ⅲ的内部分散情况以及和硅基板的接触情况,发现爆炸墨水Ⅲ内部和表面都保持均匀分散,且爆炸墨水Ⅲ和基板接触良好。由于爆炸墨水Ⅲ的溶剂和黏合剂体系具有更加良好的书写性能,本研究的后续测试都选用此体系进行。

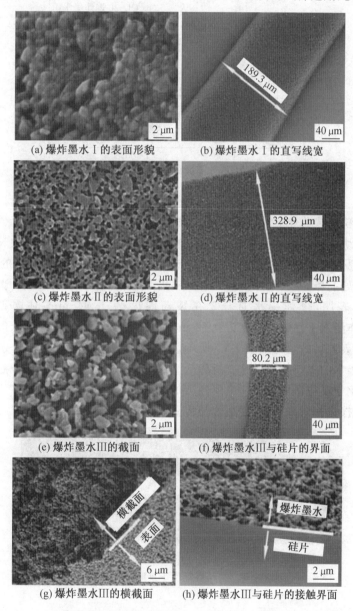

(a) 爆炸墨水Ⅰ的表面形貌　　(b) 爆炸墨水Ⅰ的直写线宽

(c) 爆炸墨水Ⅱ的表面形貌　　(d) 爆炸墨水Ⅱ的直写线宽

(e) 爆炸墨水Ⅲ的截面　　(f) 爆炸墨水Ⅲ与硅片的界面

(g) 爆炸墨水Ⅲ的横截面　　(h) 爆炸墨水Ⅲ与硅片的接触界面

图 4.65　3 种爆炸墨水直写在硅片上的 SEM 图

用红外光谱仪对细化 CL－20 和爆炸墨水Ⅲ进行了晶型分析,如图 4.66 所示。从 1 800～500 cm^{-1} 指纹识别区可以看出,两种样品均出现了 ε－CL－20 的特征峰,表明在爆炸墨水Ⅲ中 CL－20 保持 ε 晶型不变。这主要是因为,在作者选择的 PVA /H$_2$O/EC/

IPA 复合黏合剂体系中,ε－CL－20 以固体颗粒形式存在于爆炸墨水中,不存在溶解后重结晶的问题。常温常压下,爆炸墨水中的黏合剂和溶剂分子的极性作用也不足以使 CL－20 发生晶型改变。

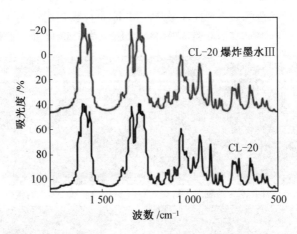

图 4.66　细化 CL－20 和爆炸墨水Ⅲ的 FTIR 图谱

　　采用楔形狭缝装药炸痕法测试爆炸墨水Ⅲ和Ⅲ－2 的爆轰临界尺寸。楔形狭缝装药炸痕法是用两块相同规格的钢片在铝板上将爆炸墨水围成一定厚度的狭长的楔形,从大端面起爆,以熄爆时该处钢片之间的距离来表示爆炸墨水爆轰临界尺寸的方法。用 8♯ 雷管在大端面处起爆,观察爆炸传播在何处停止,停止处钢片间的距离为爆轰临界尺寸。

　　测试结果表明,爆炸墨水Ⅲ－2 在装药厚度为 1.94 mm 时爆轰临界尺寸为 1.27 mm,爆炸墨水Ⅰ在装药厚度为 0.54 mm 时爆轰临界尺寸则达到了 0.36 mm,其中爆炸墨水Ⅲ爆轰前后的对比如图 4.67 所示。上述结果说明,随着炸药成分 CL－20 的尺寸减小,爆炸墨水的爆轰临界尺寸有所降低。这可以解释为,炸药的颗粒越细,爆轰反应进行得越快,化学反应区内完成反应所经历的时间越短,导致反应区宽度变窄,径向膨胀所引起的能量损失相对减小,爆轰更容易传播,从而爆轰临界尺寸减小。

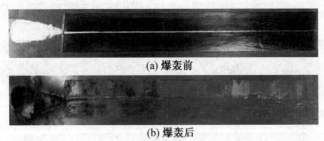

图 4.67　细化 CL－20 基爆炸墨水Ⅲ的爆轰临界尺寸测试结果

4.3　打印方法的更新

　　铝热剂是一类由金属还原剂(即"燃料",如 Al、Ti 或 Zr)和氧化剂(如 CuO、WO_3 或 MoO_3)结合而成的活性材料。被点燃时,铝热剂进行氧化－还原反应,以热和/或压力的形式释放化学能。铝热剂的直接打印会引起安全问题,因为混合后的材料会在意外点火的情况下导致快速反应,因此 M. M. Durban 等人针对纳米铝热剂含能材料的不稳定性,开发了与喷墨打印相同设计思想的新型 DIW 装置。

将微米颗粒分散到水凝胶基质中,分别配制 Al 和 CuO 前驱体墨水,并在打印过程中使用定制 Aerotech 3D 打印机将两种墨水混合。图 4.68 显示了打印装置的原理图。该装置的基本组件已经被标注出来,包括两个注射器支架、线性挤出电机和一个精确的 XYZ 定位台。墨水经喷嘴挤出后,在空气中干燥,沉积的打印细丝保留了原料所拥有的性能。

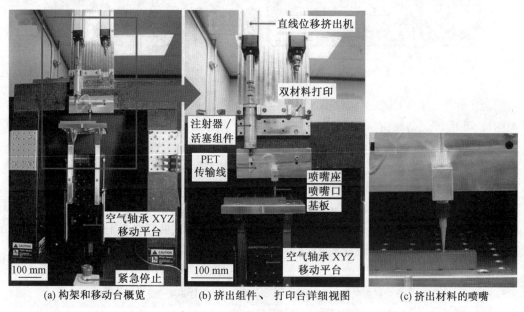

图 4.68　定制的 Aerotech 3D 打印机

水性墨水基质由甲基纤维素水凝胶组成,通过聚丙烯酸的羧基和聚醚酰亚胺(PEI)组分的胺基之间形成离子桥接网络来增强甲基纤维素水凝胶。该体系的一个关键特征在于其流变稳定性和避免形成固体沉淀。然而,聚丙烯酸(Darvan 821A)和聚醚酰亚胺的添加会产生氨和氢氧化铵,形成一种强碱性墨水基质,能剥离钝化氧化铝层并开始降解活性填料,从而导致氢气的持续产生。由于多孔细丝的挤出和注射器墨水容器内的电容积累,气体的产生导致了较差的 3D 打印性能和行为,如图 4.69 所示。为了克服这些问题,研究人员将聚丙烯酸和聚醚酰亚胺组分混合并用浓 HCl 中和,然后再添加到水凝胶基质中。pH 中和有助于稳定注射器内的墨水,并弥补与强碱性墨水基质相关的气体生成和3D 打印性能;由于形成了无味的氯化铵,墨水本身释放的强烈氨味也被消除。

为了确定 Al 和 CuO 活性金属填料粉末的加载速度,通过不断改变各自的加载速度,反复制备墨水配方,直至同时达到挤出和打印不太困难且墨水不会太快干燥的平衡状态。最大固含量是高能材料中的一个重要参数,因为它与体积能量密度有关。结果表明,Al墨水的最佳配方中 Al 质量分数为 74%(体积分数 52%),CuO 墨水的 CuO 质量分数为85%(体积分数 47%)。由于表面积相关的颗粒—基质润湿效应,Al 和 CuO 的颗粒尺寸通常决定了实验的填料加载速度。

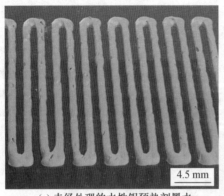
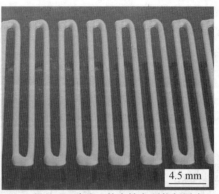

(a) 未经处理的水性铝预热剂墨水　　　　(b) 经处理（中和）的水性名预热剂墨水

图 4.69　3D打印水性铝预热剂蛇形图案

为了评估 Al 和 CuO 预铝热剂墨水的打印性，通过振荡流变学进行了屈服应力测量，如图 4.70 所示。模量比（G'/G''）与振荡应力的关系图显示，Al 墨水的屈服应力值约为 65 Pa，CuO 墨水的屈服应力值约为 20 Pa。根据描述非牛顿流体的 Ostwald−de Waele 方程，异速生长模型拟合了剪切速率与剪切应力曲线，揭示了 Al 和 CuO 预热墨水均表现出假塑性行为（$n<1$）。将 Al 和 CuO 墨水打印到含 V 形切口的 120 mm×40 mm 矩形基

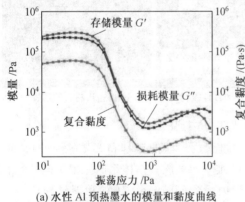
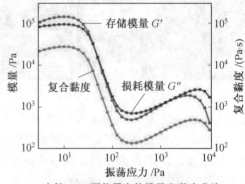

(a) 水性 Al 预热墨水的模量和黏度曲线　　　(b) 水性 CuO 预热墨水的模量和黏度曲线

(c) 水性 Al 预热剂墨水跨越 10 mm 间隙桥接蛇形图　　(d) 水性 CuO 预热剂墨水跨越 10 mm 间隙桥接蛇形图

图 4.70　3D打印预热墨水的性能评估

板上,验证了墨水的跨越性能。V 形切口的长度为 85 mm,夹角 7.2°,切口末端最大的跨越距离为 10 mm。以这样的方式打印蛇形图案(细丝间距为 1 mm),挤出的细丝垂直跨越 V 形切口,逐渐跨越基板间隙,直到达到 10 mm 的峰值间隙距离。在零件中打印大型、无支撑的跨越结构并不常见,这种能力只是用来证明材料的特殊打印性能。如图 4.70(c)、(d)所示,Al 和 CuO 墨水能够在最小下垂的情况下跨越 10 mm 长的工程间隙。

3D 打印活性材料(Reactive Materials,RMs)应该考虑的另一个方面是用于打印的基板材料。为确保打印 RM 的安全性和材料性能,所选打印基板应对打印墨水中的成分呈完全惰性。例如,虽然特定的金属基板(例如铝和钢)可能在铝热剂燃烧过程很稳定,但这些基板对水性预热剂墨水并不完全惰性。基板表面的不良相互作用或降解会抑制墨水细丝干燥后的附着。因此,应采用化学惰性基板材料,例如陶瓷(氧化铝、氧化锆等),在图 4.71 中可以看到 Al 和 CuO 墨水在不同基板上打印的示例图像。

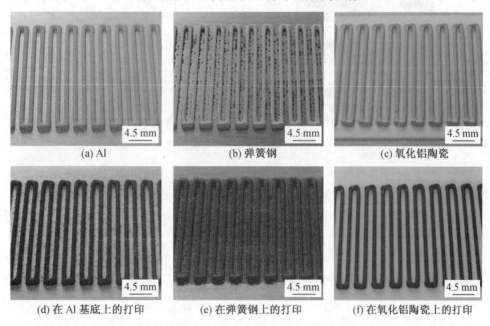

图 4.71　各种基板上 3D 打印水性 Al 预热墨水的蛇形图案

为了证明配制的 3D 打印水性预铝热剂墨水的反应性,将 Al 和 CuO 墨水以 1.0 的当量比通过静态混合喷嘴并通过 0.58 mm(20 号)针头打印出约 10 cm 长的条。考虑到基板效应,使用陶瓷基板。打印后,让测试件在环境条件下干燥一夜。虽然铝热剂墨水在水性基质中由质量分数约 80% 的活性金属/金属氧化物粉末组成,但蒸发后,打印的铝热剂细丝的活性组成含量约 97%。剩余的 3% 为干燥的甲基纤维素、聚丙烯酸和聚醚酰亚胺。干燥细丝内部的甲基纤维素网络能够有效地将原本包含铝热剂的材料结合在一起,使干燥变得非常坚固,并且能够抑制由于失水引起的收缩而开裂。

打印样品和火焰传播的照片如图 4.72 所示。利用高速胶片记录火焰前沿位置随时间的变化,可以看出火焰的传播速度约为 12 cm/s。虽然火焰报告速度在文献中很常见,但除了与其他配方进行粗略比较外,其绝对值本身并没有多大意义。众所周知,配方和结构都会影响该值,在进行此类比较时必须考虑这一点。

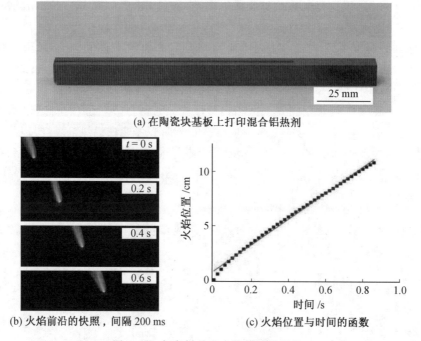

(a) 在陶瓷块基板上打印混合铝热剂

(b) 火焰前沿的快照,间隔 200 ms

(c) 火焰位置与时间的函数

图 4.72　打印样品和火焰传播的照片

A. M. Golobic 等人利用一种主动混合打印头,在打印过程中通过主动混合燃料和氧化剂能够在更大的架构内改变成分以调整能量释放速度,从而扩大反应性材料的设计空间。已知铝热剂的反应性与混合程度成比例,能量释放与燃料和氧化剂的长度尺度和均匀性相关。

影响铝热剂反应性的一个参数是当量比(Φ),定义为燃料-氧化剂比(摩尔比)除以理论当量比混合物中的燃料-氧化剂比。铝(Al)和氧化铜(CuO)铝热剂体系的理论当量比反应为

$$2Al + 3CuO \longrightarrow Al_2O_3 + 3Cu, \quad T_{reaction} = 2\ 837\ K$$

研究人员设计了一个混合系统,电机驱动的混合叶轮插入到带有两种墨水入口的混合系统中。安装混合叶轮,使叶轮与混合装置外筒之间保持适当的间隙($\approx 140\ \mu m$),形成图 4.73 中所示的混合区域。适当间隙的设计考虑是使其足够小以充分混合所需的剪切能,但又足够大以防止填充颗粒的墨水堵塞。大部分混合是由于混合叶轮施加的剪切力而发生的,因为墨水通过混合区域向下流到喷嘴出口。将混合的铝热剂材料在硅酸氧化铝基板上进行沉积(100 mm×1.68 mm×0.75 mm)。每种墨水的分配器通过调整进料速度,控制打印样品的燃料-氧化剂比例。

研究人员首先保持 $\Phi = 1.5$ 的当量比改变叶轮转速(0~3 000 r/min)来研究混合程度。其次,使用恒定的叶轮转速(2 000 r/min)打印相同的测试几何图形,从贫燃料($\Phi < 1$)到富燃料($\Phi > 1$)改变当量比,以量化使用该铝热剂系统可以实现的传播速度范围。图 4.74 所示为火焰传播速度与当量比的函数图,以及 $\Phi = 1.5$ 和 $\Phi = 3$ 情况下的火焰传播图

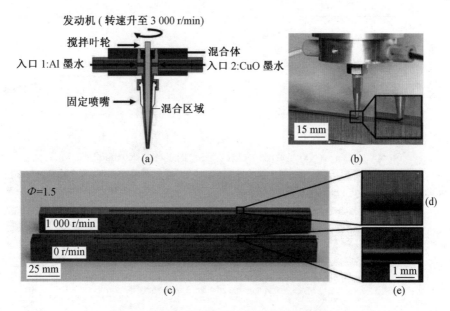

图 4.73　一种主动混合打印头示意图和照片

((a)内部几何形状的混合喷头截面示意图;(b)使用混合打印头在陶瓷基板上进行打印,Al 墨水(灰色)从左侧入口进入,CuO 墨水(黑色)从右侧入口进入(插图显示了细丝离开喷嘴时的情况,由于混合墨水颜色均匀,因此所得到的混合物被认为是均匀的);(c)在 1 000 r/min 和 0 r/min 点火之前测试条的光学图像;(d)1 000 r/min 局部放大图;(e)0 r/min 局部放大图)

像。当 $\Phi<0.5$ 时,火焰不能进行传播;接下来反应性随着当量比的增加而增加,并在 $\Phi=1.5$ 处达到峰值;随着体系富燃料程度继续增加($\Phi>1.5$),反应性降低,并且达到饱和点后($\Phi=4.0$),反应不再传播。图像显示反应质量随着燃料的增加而降低,表明反应在 $\Phi=3$ 时不太稳定。

　　研究人员通过改变打印过程中的组成和空间以制造具有可控火焰前沿的测试制品。打印的图案和火焰前沿的快照如图 4.75 所示。通过交替打印反应较强的部分($\Phi=1.5$)和反应较弱的部分($\Phi=3$),操纵火焰前端,使燃烧快速的材料移动到燃烧较慢的材料前面,形成传播前端。在这种情况下,中间部分落后于更快的外部。但中间部分的火焰传播速度要高于单一材料打印时的火焰速度,说明不同部分的界面耦合会导致传播速度的提高。在作者以往的研究中观察到结构内部的耦合,铝热剂的传播速度可以通过改变打印间距来控制,而未来对界面效应的研究将确定具有工程结构的含能材料的组成和结构之间的关系。

　　墨水的高负载量导致了基于喷嘴的增材制造方法的黏度问题(例如注射器打印(SP)或热塑性挤出),因为喷嘴中的内壁摩擦可以达到材料的剪切强度。使用高压来克服在这些黏度下的流动阻力是有问题的,这是由于:

　　(1)增塑剂与复合材料中的固体颗粒分离(脱水)会增加固体含量并最终堵塞了喷嘴;

　　(2)流动滞后,即使压力降低也会导致持续流动,进而导致与设计零件几何形状的偏差;

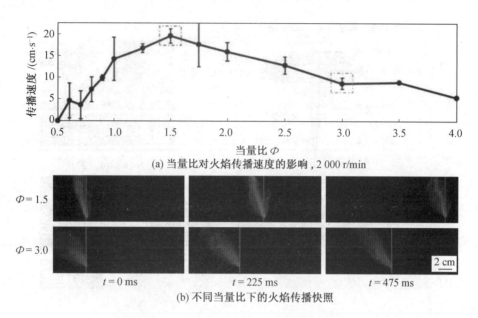

(a) 当量比对火焰传播速度的影响, 2 000 r/min

(b) 不同当量比下的火焰传播快照

图 4.74 火焰传播速度与当量比的函数图

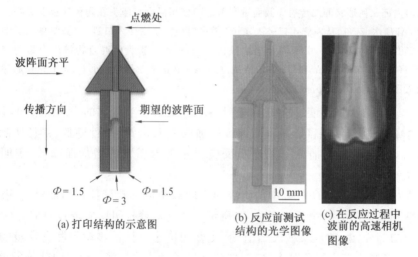

(a) 打印结构的示意图

(b) 反应前测试结构的光学图像

(c) 在反应过程中波前的高速相机图像

图 4.75 用于塑造铝热剂波阵面的打印结构

(3)较大的拉伸应力,喷嘴内的挤出物破裂;

(4)耗散损失引起的加热;

(5)喷嘴侵蚀;

(6)高压设备的安全和设计问题。

解决这些问题最常用的方法是添加溶剂,通过稀释或利用剪切变稀行为降低屈服强度和黏度以实现流动。然而,这可能会导致打印物体无法保持其形状,由于液体蒸发而产生不希望的孔隙。但 I. E. Gunduz 等人在喷嘴内诱导高振幅超声振动(High－Amplitude Ultrasonic Vibrations, HAUV),给以往无法打印的材料提供足够的惯性力,以显著降低壁面摩擦和流动应力,从而在适度压力(<1 MPa)下能够以高速度和精确的

流量控制进行 3D 打印。

　　研究人员修改了一台商用 3D 打印机(Monoprice Mini),用气动操作的低密度聚丙烯注射器取代了打印头,如图 4.76 所示。

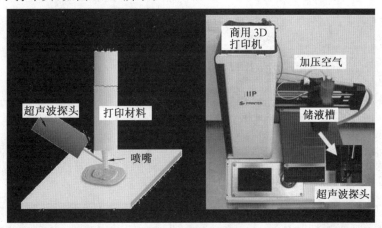

图 4.76　打印机图片

　　图 4.77 显示了振动喷嘴的静止图像以及使用 COMSOL 进行有限元振动分析的结果。感应共振振动是一种具有 3 个节点的面内弯曲模式,这也通过以 45°的角度进行成像来验证。当探头在其中一个节点上耦合时,喷嘴尖端处的峰—峰振动幅度(A_{p-p})可以增加到 16 μm。实验中研究的材料包括商业聚合物黏土、天然黏土、硬化商业软糖以及 Al 聚合物复合材料,除天然黏土和玉米糖浆中存在的水外,不添加溶剂或挥发物。

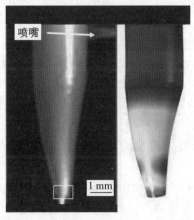

图 4.77　打印喷嘴,振动模式使用高速相机和相应的模态分
析在 30.3 kHz 的振动频率下成像,超声探头与节点接触

　　HAUV 的独特效果被用于 3D 打印配置中(图 4.76),其中喷嘴在底板上移动以逐层构建模型。商用聚合物黏土、Al—聚合物复合材料和硬化的商用软糖(图 4.78(a)~(f))均具有屈服强度,用于打印徽标、牙冠模型、小型帆船和半身像。这些材料不含任何溶剂,是完全致密的。打印的物体能很好地保持其形状,下垂的情况可以忽略。由于精确的流量控制,喷嘴尺寸的分辨率具有良好的几何特征。图 4.78(c)表明打印层的均匀性,一旦确定了材料的打印设置,稳定的流量可以与打印速度匹配。聚合物黏土在打印温度和流

速下的标称黏度为 9 000 Pa·s,而软糖的标称黏度为 14 000 Pa·s,一旦施用 HAVU,其标称黏度就会显著降低。由于喷嘴内的滞后加热,喷嘴的局部温度升高,并协同作用以降低黏度并增加流速。这对于改善其可塑性、质地和自黏性是必要的。

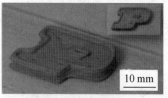

(a) 铝聚合物复合材料打印的徽标

(b) 聚合物黏土牙冠模型

(c) B 模型

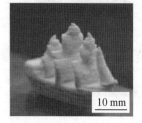

(d) 20 mm 长海盗船

(e) 使用硬化的商用软糖混合物打印的 3D 图形(底座宽度为 20 mm)

(f) 使用硬化的商用软糖混合物打印的 3D 图形(底座宽度为 20 mm)

图 4.78　3D 打印模型

　　这项研究表明,使用相对简单和低成本的喷嘴振动方法可以 3D 打印极其黏稠($\mu>$ 1 000 Pa·s)的材料,该方法可以在住宅、教育和工业环境中使用性异质材料前体制造电子器件、生物医学设备、药品和食品。喷嘴的感应振动模式已被证明可以通过惯性效应动态减少内壁摩擦,并在给定的背压下将流速提高 3 个数量级。

　　功能梯度材料(Functionally Graded Materials,FGMs)是一种具有空间非均匀结构的高级工程材料,它通过控制结构或成分的梯度变化来定制具有特定功能和性能的材料。因为其能够定制以获得更好的性能,已经成为国防、电子元件和生物工程等领域的新材料。“ABAB”梯度高能复合炸药具有巨大的潜在优势,引起了人们的广泛关注和兴趣。梯度结构使炸药装药与毁伤效果的精确匹配成为可能,提高了炸药的安全性和能量利用率。

　　聚合物黏结炸药(Polymer Bonded Explosives,PBXs)是以高性能炸药为原料,加入定量的聚合物结剂和物质作为添加剂。目前,RDX 已广泛用于武器,是一种性能优良、威力强大的军用炸药。基于 RDX 的 PBX 配方,由于其力学性能优良、能量密度高等显著优势,迄今已被广泛研究和应用。虽然基于 RDX 的 PBX 爆炸物不是很敏感,但武器弹药爆炸引起的安全事故时有发生。随着现代武器系统的发展,战斗模式变得更加复杂和多样化,对弹药安全提出了更高的要求。获得安全炸药有两种主要方法:一种是利用炸药的晶体质量和配方;另一种是通过改变炸药的装药结构来获得可变成分。尽管设计装药结构是克服复杂战场环境的有效策略,但它仍然是含能材料目前面临的重要挑战。

　　值得注意的是,DIW 技术的个性化特征为含能材料的梯度成型提供了一种新的制造解决方案。通过控制材料的梯度分布,调整特定性能,形成非均质含能材料,这是一个很有发展价值的新概念。Xu Zhou 等人提出了一种低成本的多配方 DIW 技术,作为一种易于制备可变组分炸药的通用技术。以 RDX/Al/HTPB/N100 配方为研究对象,制备了固含量为质量分数 80% 的 4 种爆炸墨水。利用 Kissinger 方程对炸药配方的热稳定性进行了分析。多配方 DIW 法突破了传统含能材料制造的局限性,防止了梯度炸药中裂纹的形成。作者研究了这种结构对炸药的影响,爆轰实验表明,铝的梯度分布显著增大了临界尺寸。

多层复合材料的制备过程如图 4.79 所示,制备了质量分数 0%～30% 不同含铝量的 4 种爆炸性墨水,3D 打印出 RDX/Al 梯度炸药。将含铝炸药和高能炸药的墨水沉积在玻璃基板上,将样品置于 30 ℃恒温水浴烘箱中一周以加速墨水固化和溶剂挥发性。为简单起见,具有质量分数 Al(0%) 和 Al(10%) 的梯度结构称为 RDX－Al$_{10}$,而具有质量分数 Al(0%) 和 Al(20%) 的梯度结构称为 RDX－Al$_{20}$,具有质量分数 Al(0%) 和 Al(30%) 的梯度结构称为 RDX－Al$_{30}$。

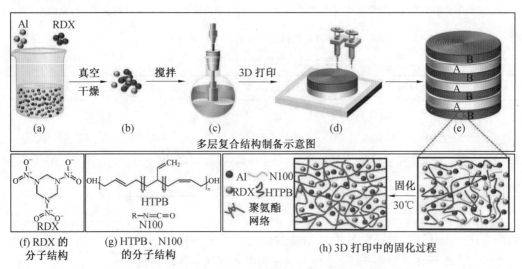

图 4.79　HAUV 的独特效果被用于 3D 打印配置图

为确定铝是否影响 PBX 炸药的热稳定性,研究人员采用差示扫描量热法(DSC)对所有样品进行分析,如图 4.80 所示。可以看出,RDX/Al 复合炸药有两个主峰。DSC/TG 分析显示,RDX 在 209.2 ℃左右有两个峰,分别为吸热峰和放热峰,这可以解释为 RDX 的熔融(209.2 ℃)和分解(249.3 ℃)。此外,所有曲线呈现出几乎相同的分解模式。结果表明,Al(0%) 的吸热峰与原始 RDX 的吸热峰相比保持不变,但放热峰从 249.3 ℃下降到 216.9 ℃,随着添加剂(HTPB、N100)的加入,放热峰变得更尖锐。这是由于聚氨酯与熔融 RDX 之间的相互作用催化了 RDX 的热分解。另一方面,Al(10%) 配方的热分解温度最低,且小于 Al(0%)。但其他 RDX/Al 复合炸药均显著高于 Al(0%)。这些结果可能是由于适当的铝加速了 RDX 的热分解。结果表明,Al 对 PBX 炸药热分解的影响可以忽略不计。由 20 K/min 升温速率下炸药的热重曲线可知,所有样品只有一个质量损失阶段,且样品的质量损失与复合炸药中 RDX 的质量分数一致,这说明几乎只有 RDX 分解。复合炸药的质量损失率比原始 RDX 大,进一步证明 HTPB 和 N100 有利于 RDX

的分解。为了解 Al 对 PBX 炸药热稳定性的影响,测量了不同升温速率下样品的 DSC/TG 结果,通过计算得到 RDX/Al 复合炸药热分解反应的表观活化能,如表 4.12 所示。

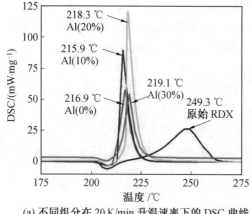

(a) 不同组分在 20 K/min 升温速率下的 DSC 曲线

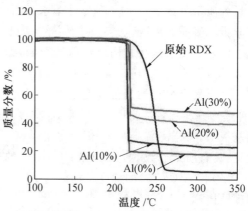

(b) 不同组分在 20 K/min 升温速率下样品的 TG 曲线

图 4.80　差示扫描量热法(DSC)样品分析图

表 4.12　不同配方的相容性

样品	$w(\text{RDX})/\%$	$w(\text{Al})/\%$	E_a/J	$\Delta E/E_a$	相容性
1	80	0	300.48	—	—
2	70	10	233.62	22.25%	良好
3	60	20	252.47	15.98%	优
4	50	30	245.11	18.43%	优

根据 GJB 772A－97《炸药试验方法》的配合比评价方法,该复合炸药具有最优、良好的配合比。由此可以推断配方中的铝粉对复合炸药的影响较小,符合炸药的安全标准。这使得复合炸药在日常生产、运输和储存过程中具有良好的稳定性。

对于直接书写复合爆炸墨水,优异的流变性能对于确保打印结构的均匀性和完整性至关重要。如图 4.81 所示,所有 RDX/Al 爆炸墨水都表现出剪切变稀特性。在实验范围内,当剪切速率低于 40 s^{-1} 时,复合爆炸墨水的表观黏度突然从 1 000 Pa・s 下降到 20 Pa・s。这种剪切变稀的流变特性确保了墨水可以在高驱动压力下从喷嘴挤出。随着剪切速率的增加,所有墨水的黏度值在高剪切速率区域(> 40 s^{-1})呈现稳定的流动特性,且黏度较低。结合 SEM,墨水的黏度保持不变,调整适当的直接书写参数以获得均匀稳定的长丝。研究人员还考虑了墨水的存储模量(G')和损耗模量(G'')与剪切应力的关系,如图 4.81(b)所示。具体而言,Al(20%)墨水的存储模量在低剪切应力(10~10^5 Pa)下表现出明显的稳定状态并且 G' 大 G'',表明在低于 10^5 Pa 的剪切应力下,墨水结构保持在弹性固体状态。随着剪应力的不断增大,弹性模量迅速减小。当剪切应力超过临界应力点时,G'' 占主导地位。表明在此应力水平以上,墨水表现得更像性液体,以使墨水在高表观度下流动。其他 RDX/Al 爆炸墨水的弹性与 Al(20%)墨水相似。这些流变特性表明,墨水能够流过狭窄的喷嘴,然后在挤出后瞬间恢复弹性固体行为,以保持均匀稳定的形状。

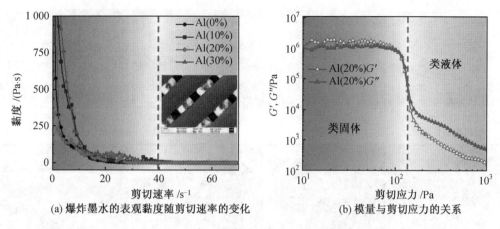

(a) 爆炸墨水的表观黏度随剪切速率的变化　　(b) 模量与剪切应力的关系

图 4.81　铝基爆炸墨水的流变性能图

因此,通过逐层沉积连续挤出细丝,可以准确地制造具有不同结构的 3D 架构。随着铝含量的提高,墨水的屈服应力值先减小后增大。这是由于粒径分布不同,由单一直径的 RDX 颗粒组成的 Al(0%)主要以滑动方式运动,具有较高的摩擦阻力。此外,小尺寸的 RDX 颗粒(1~2 μm)具有较大的比表面积,这导致摩擦阻力进一步增加。因此,Al(0%)的屈服应力值最大。Al 含量的增加导致屈服应力值的下降,RDX 被夹在 Al 粉之间,由于滚动增强和滑动减弱相互配合,导致墨流的摩擦阻力降低。当铝粉质量分数为 20% 时,墨水的流动特性达到最佳。如果存在过多的大尺寸铝粉,则铝粉与铝粉发生摩擦的概率增大,导致屈服应力值增大。

图 4.82(a)中由 Al(0%)和 Al(20%)组成的梯度炸药(Φ 15 mm × 15 mm)是通过两个喷嘴交替打印获得的。图 4.82(b)中的单组分炸药(Φ 20 mm × 5 mm,Al(30%))在计算机程序的控制下在一次打印出,随后这种单组分样品因机械应力而自然断裂。样品横截面 SEM 结果如图 4.82(c)、(d)所示,结果表明,直写沉积后细丝重叠处界面连续,无明显间隙,样品表面致密,无明显破损或裂纹。随后,作者进一步了解梯度炸药的内部形态并证明成分梯度的存在。双组分梯度炸药(共四层)分别用 SEM/EDS 表征,如图 4.82(e)~(g)所示。O 元素来自 RDX、N100 固化剂、HTPB 黏合剂和 Al 的氧化层,并且在截面上分布均匀,没有明显的团聚现象。对含铝层的特征元素 Al 进行扫描分析,发现炸药中存在明显的铝梯度分布,这与实验的原设计一致。由于所有炸药都是用含铝和无铝层交替印制的,所以在无铝层中的扫描结果不应该具有特征元素铝。研究人员对两组分的界面也进行了研究,但于界面局部放大,边界难以区分。微观上,炸药和铝粉被聚合物包裹,没有明显的空洞和裂纹。打印炸药的相对密度为 80%~90%。简而言之,以上结果表明具有梯度结构的 RDX/Al 复合炸药能够通过多配方 DIW 方法成功制备,这对于可变组分装药的研究具有重要意义。

研究人员还对爆轰临界尺寸进行了测试。墨水沉积在铝槽中,将两种不同成分的爆炸墨水装入凹槽中,如图 4.83(a)、(b)所示,其中每个凹槽由铝炸药(A 区)和高能炸药(B 区)组成。临界直径是炸药在一定装药密度下能够稳定传爆的最小直径。该实验设计了不同宽度的凹槽,其中宽度等于深度,相邻通道的宽度增加。在临界厚度的楔形铝板中,

(a) RDX-Al₁₀ 梯度圆
柱的光学图像

(b) Al(30%) 圆柱
的光学图像

(c) Al(30%) 圆柱体侧
面的 SEM 图像

(d) Al(30%) 圆筒上表
面的 SEM 图像

(e1) RDX-Al₁₀EDS 图

(e2) RDX-Al₁₀EDS 图

(e3) RDX-Al₁₀EDS 图

(e4) RDX-Al₁₀SEM 图

(f1) RDX-Al₂₀EDS 图

(f2) RDX-Al₂₀EDS 图

(f3) RDX-Al₂₀EDS 图

(f4) RDX-Al₂₀SEM 图

(g1) RDX-Al₃₀EDS 图

(g2) RDX-Al₃₀EDS 图

(g3) RDX-Al₃₀EDS 图

(g4) RDX-Al₃₀SEM 图

图 4.82　打印样品及性能图

通道的宽度等于初始位置的深度,随着长度的增加,通道的宽度保持不变,但深度以特定角度逐渐增加。复合炸药固化后用 8♯雷管起爆。图 4.83(c)、(d)中的图片表明样品装药可以成功传播爆轰波。测量起爆端与装药端之间的距离,计算出爆轰临界厚度,数值分别为 2.8 mm(RDX－Al₂₀)和 3.6 mm(RDX－Al₃₀)。且这两种样品都可以在 100 mm 以上进行稳定的爆轰,因此爆轰的临界直径分别为 3.7 mm(RDX－Al₂₀)和 4.4 mm(RDX－Al₃₀)。

由图 4.84 可知,随着铝粉含量的增加,均质炸药的临界尺寸逐渐增大。这是因为 Al 几乎没有参与爆轰反应区的反应,但其吸收了支撑爆轰的能量,导致爆轰反应区的能量下降。然后,铝粉与爆轰反应区后面的爆轰产物发生反应释放能量,导致临界尺寸逐渐增大。该研究中复合梯度炸药的临界爆轰直径明显增强(图 4.84(a))。其中,RDX－Al₁₀、RDX－Al₂₀、RDX－Al₃₀的临界直径分别增加 92%、95%、100%。复合梯度炸药(RDX－Al₂₀)和相同铝含量的均质炸药的临界直径分别为 3.7 mm 和 1.9 mm。与两种结果相比,含铝炸药与非铝炸药的协同作用可能是造成这一结果的原因。如图 4.83(a)所示,将梯度炸药分为不含铝区(A 区)和含铝区(B 区)。可以假设 A 区具有较高的爆速和爆压。

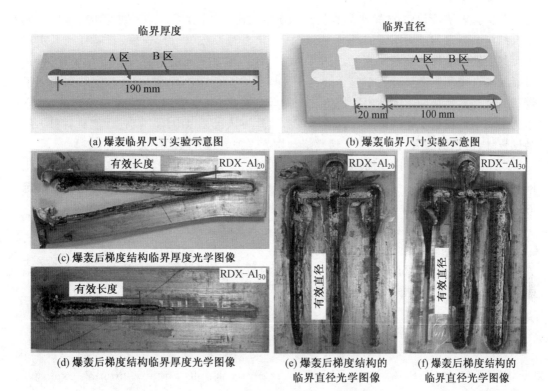

图 4.83 爆轰临界尺寸实验图

根据现有理论,临界直径增大的可能原因如下:与 B 区相比,A 区爆轰反应区释放的能量更多。因此,Al 与爆轰产物发生反应时,会优先吸收 A 区爆轰反应区的能量。A 区爆轰波传播减弱,B 区爆轰波传播增强,这一矛盾的结果可能导致梯度结构炸药相互配合增大临界直径。但这一解释还需要在今后的研究中得到证实。与预期相同的是,梯度结构炸药($RDX-Al_{20}$)的临界厚度也高于单组分炸药。总之,炸药内部成分梯度的存在是炸药临界尺寸增大的原因。

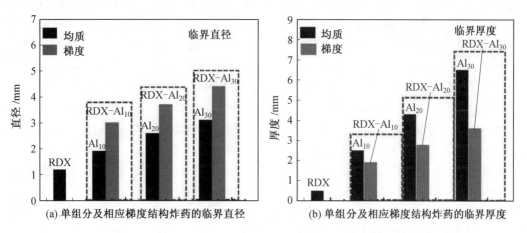

图 4.84 单组分及相应梯度结构炸药性能图

该实验表明,RDX/Al墨水具有优异的非牛顿流体特性,可以保证细丝连续挤压形成三维结构。通过调整RDX/Al墨水的液量,优化直写参数(压力、速度、喷嘴直径),实现了无界面缺陷的梯度炸药。此外,对DIW梯度炸药重复单元的临界尺寸进行了评估,其爆轰临界直径和厚度显著高于整个炸药中相同铝含量的单一炸药。3D梯度结构提高了炸药抵抗外界能量冲击的能力。该方法为打印高精度、高分辨率、高质量梯度炸药、提高炸药的安全性提供了新的策略。这种多配方直写方法也可以应用于其他含能材料墨水的结构设计,出色的爆轰特性凸显了梯度结构作为先进装药方法的巨大潜力。

DIW是目前研究和应用最深入的3D打印技术。该技术正好满足了高能材料小型化的发展需求。在微观尺度上,该技术可以有效地将各种几何形状的高能材料整合到特定的位置。DIW技术在含能材料中的应用前景仍然广阔。目前面临的主要问题有:

(1)如何平衡高固载与高黏度之间的矛盾;

(2)如何安全地打印高风险的含能材料。

根据目前的研究,可以通过控制固体颗粒的粒度、配制具有剪切稀释特性的墨水、采用可控搅拌喷嘴等方法来解决上述问题。

本章参考文献

[1] BRILIAN A I, SOUM V, PARK S, et al. A simple route of printing explosive crystalized micro-patterns by using direct ink writing[J]. Micromachines(Basel), 2021, 12(2): 105.

[2] YE B-Y, SONG C-K, HUANG H, et al. Direct ink writing of 3D-honeycombed CL-20 structures with low critical size[J]. Defence Technology, 2020, 16(3): 588-595.

[3] XU C, AN C, HE Y, et al. Direct ink writing of DNTF based composite with high performance[J]. Propellants Explos. Pyrotech., 2018, 43(8): 754-758.

[4] LI Q, AN C, HAN X, et al. CL-20 based explosive ink of emulsion binder system for direct ink writing[J]. Propellants Explos. Pyrotech., 2018, 43(6): 533-537.

[5] XIE Z-X, AN C-W, YE B-Y, et al. 3D direct writing and micro detonation of CL-20 based explosive ink containing O/W emulsion binder[J]. Def. Technol., 2022, 18(8):1340-1348.

[6] DUNJU W, CHANGPING G, RUIHAO W, et al. Additive manufacturing and combustion performance of CL-20 composites[J]. Journal of Materials Science, 2020, 55(7): 2836-2845.

[7] WANG H, SHEN J, KLINE D J, et al. Direct writing of a 90 wt% particle loading nanothermite[J]. Adv. Mater., 2019, 31(23): 1806575.

[8] SHEN J, WANG H, KLINE D J, et al. Combustion of 3D printed 90 wt% loading reinforced nanothermite[J]. Combust. Flame, 2020, 215: 86-92.

[9] DENG Y, WU X, DENG P, et al. Fabrication of energetic composites with 91%

solid content by 3D direct writing[J]. Micromachines(Basel)，2021，12(10)：1160.

[10] MURAVYEV N V，MONOGAROV K A，SCHALLER U，et al. Progress in additive manufacturing of energetic materials：creating the reactive microstructures with high potential of applications[J]. Propellants Explos. Pyrotech. ，2019，44(8)：941-969.

[11] RUZ-NUGLO F D，GROVEN L J. 3-D printing and development of fluoropolymer based reactive inks[J]. Adv. Eng. Mater. ，2018，20(2)：1700390.

[12] 朱自强. CL－20 基直写爆炸墨水的制备与表征[J]. 含能材料，2013，21(2)：235-238.

[13] DURBAN M M，GOLOBIC A M，BUKOVSKY E V，et al. Development and characterization of 3D printable thermite component materials[J]. Adv. Mater. Technol. ，2018，3(12)：1800120.

[14] GOLOBIC A M，DURBAN M D，FISHER S E，et al. Active mixing of reactive materials for 3D printing[J]. Adv. Eng. Mater. ，2019，21(8)：1900147.

[15] GUNDUZ I E，MCCLAIN M S，CATTANI P，et al. 3D printing of extremely viscous materials using ultrasonic vibrations[J]. Additive Manufacturing，2018，22：98-103.

[16] ZHOU X，MAO Y，ZHENG D，et al. 3D printing of RDX-based aluminized high explosives with gradient structure，significantly altering the critical dimensions [J]. Journal of Materials Science，2021，56(15)：9171-9182.

第5章 立体光刻技术

5.1 立体光刻技术发展现状

立体光刻技术是由 3D Systems 公司在 1986 年开发的,是第一个商业化的 3D 技术。经过 30 多年的发展,立体光刻技术已经发展出了基于立体光刻(SLA)、数字光处理(DLP)和连续液体界面生产(CLIP)等光固化 3D 打印技术,能够对具有可控光学、化学和机械性能的复杂多功能材料系统进行 3D 制造,使用这些技术可以实现具有低特征尺寸(在微米范围内)的高分辨率。为此,这项技术已经在微流体、生物医学设备、软机器人、牙科和药物输送、外科、组织工程等各个领域的取得广泛应用。

光固化 3D 打印(也称为光交联或立体光刻)背后得原理是使用液态的活性单体/低聚物,暴露在特定的波长光源时可以固化,并形成热固性物质。光引发剂或光引发剂系统(具有相对较高的活性)需要将光能转化为可通过自由基或阳离子机制驱动链增长的活性物质(自由基或阳离子)。通常,使用在短波长(主要是 UV<400 nm)下具有高摩尔消光系数的光引发剂来引发光化学反应。尽管这些基于 UV 的系统在 3D 打印技术中已经得到了很好的应用,但暴露于高能紫外光也有一些缺点:①UV 光子的穿透深度较低,因此,可固化的层厚度通常较低(低于 100 μm),导致 3D 打印速度较慢(特别是对于大型物体);②在生物 3D 打印领域,使用紫外线还存在对细胞光损伤的风险,导致细胞染色体和遗传不稳定;③长时间暴露于高能紫外线下可能会导致与反应物和产物的降解。因此,开发可在较长辐照波长下激光的 3D 光打印系统一直是 3D 光固化技术的研究领域之一,其目的是:①获得温和和安全的操作条件;②达到更高的穿透深度(层厚度)使光聚合速度的提高;③为 3D 生物打印应用(即组织工程)提供对活细胞无害的固化系统。最近,近红外(NIR)诱导的光聚合已成为一种新的策略,可以直接在材料的内部绘制 3D 结构。

通常用于 3D 光聚合的自由基单体/聚合物体系不是"活的",这意味着在打印结束时聚合物链被终止,因此,打印材料无法在此基础上引入新的固化物质。最近,通过光固化打印可逆加成-断裂链转移(RAFT)光聚合的"活"系统已被证明可以在 3D 打印应用中实现,这项技术将为开发具有生命特征的 3D 材料打开一扇新的大门。

在讨论光化学机制和基于 3D 的光聚合系统中使用的光引发剂之前,讨论通过光聚合用于 3D 打印的主要技术。该技术通过激光照射充满光固化材料的树脂槽,导致液体单体/低聚物在预定位置直接在构建平台上发生固化反应,进而逐层固化成三维物体。该技术被转化为两个流派:SLA 和 DLP,最近开发的一种新的连续液体界面生产(CLIP)的 3D 打印技术(Carbon 3D Inc),其 3D 打印速度可以比 DLP 和 SLA 技术快 100 倍之余。

5.1.1　立体光刻(SLA)

Chuck Hull 在 1986 年介绍了 SLA 3D 打印的第一个例子,它使用可移动的激光源来照射光固化树脂的使之聚合,并连续地在一层之上打印另一个固化层。第一种光固化材料由含有少量丙烯酸的聚氨酯二甲基丙烯酸酯(UDMA)、二苯甲酮作为光引发剂和甲基乙基对苯二酚/磷酸三烯丙酯作为光抑制剂组成。迄今为止,已经开发和开发了各种光固化材料在 SLA 3D 打印过程中,可用于不同的应用。使用 SLA,还可以获得低全 10 μm 的高分辨率的高质量物体。例如,基于 SLA 的 3D 打印机被用于构建高分辨率和复杂的结构,例如可用于组织工程的人耳等。

5.1.2　数字光处理(DLP)

最近开发了 DLP 方法和设备,可减少打印时间,同时保持较高的制造精度。DLP 技术的特点是使用光源一次性照亮每一层树脂,而不是像使用逐点曝光的 SLA 技术。在 DLP 系统中,光源从树脂槽底部照射,构建平台从上方浸入树脂中,因此,在消耗少量树脂的情况下,3D 制造是可行的。正在固化的层不与空气直接接触,因此可以不易受氧气抑制。基于 DLP 打印已被用于各种环境,例如发光 3D 结构的制造、高度可拉伸的光聚合物、工程神经引导导管、可再加工的热固性材料、导电结构、有机-无机混合网络和其他复杂的结构等。使用基于 DLP 的打印,可以为患者定制精度为 40 μm×40 μm 的医疗制品,这对于制造具有光滑表面的骨支架或医疗设备是非常有帮助的。DLP 打印技术也是可以兼容水性配方的 3D 打印技术,例如,DLP 打印机在 460 nm LED 照射下可以打印聚(乙二醇)二丙烯酸酯(PEGDA)的水凝胶。

DLP 是从 SLA 派生而来的 3D 打印技术,它本质上是一种带有掩码的 SLA 技术。工作时,将要打印的材料的形状预先刻在掩模上,然后激光通过掩模将树脂固化成所需的形状。DLP 技术一般采用自底向上的工作模式,将打印的物体悬挂在支撑平台上,固化的底部平面处在树脂中。与传统的 SLA 技术相比,它可以逐层打印材料,而不需要经过点线面的扫描过程,因此 DLP 技术具有更快的打印速度。

5.1.3　连续液体界面生产(CLIP)

2015 年,De Simone 及其同事报告了称为 CLIP 的新一代 3D 打印方法和设备,在 CLIP 工艺中,使用透氧窗口来创建一个抑制自由基光聚合的含氧界面层。氧气可以淬灭激发态的光引发剂或者在与增长链的自由基相互作用时形成过氧化物来抑制自由基聚合。因此,少量的未固化液体层保留在窗户和建筑平台之间,这种氧气抑制死区有助于以连续方式实现快速打印速度和无层部件物体。通常,在透氧窗中使用具有高透氧性、UV 透明度和化学惰性的无定形含氟聚合物窗(例如 Teflon AF 2400)。使用 CLIP 技术,可以以一定速度将打印对象从树脂浴中拉出,生产速度以分钟为单位,分辨率可以低于 100 μm。

最初,为了设计新产品,开发了立体制造技术来创建模型,传统的原型制作方法涉及费力的模具制作和铸造工艺,而通过增材制造技术制作,在数小时内从计算机设计中创建对象的能力显著加快了产品的开发速度。目前,使用 3D 技术进行快速原型制作是汽车行业、珠宝制造和设计最终用户设备和电器的常见做法。在设计手术工具、植入物和其他生物医学设备时,也使用了这些增材制造方法。

随着立体成型制造技术的不断发展,制造成本正在逐渐降低,并且制造零件的性能在变得更好。这些技术越来越多地用于小批量产品的快速制造、产品开发、自由设计和模具制造,采用 3D 打印技术制造产品减少的时间增益可以超过每件产品增加的制造成本。

与 FDM 技术相比,SLA 技术打印的材料具有更高的分辨率,可以达到几微米。一般来说,3D 技术所能构建的对象的尺度和构建对象的分辨率之间有一个明确的关系:一个部件的分辨率越高,它的最大尺寸就越小。在精度和分辨率方面,立体光刻优于所有其他 3D 技术。虽在大多数制造技术中,最小的细节尺寸为 $50\sim200~\mu m$,但许多市售的立体光刻装置可以构建尺寸为几立方厘米的物体,精度为 $20~\mu m$。

5.1.4　立体光刻技术存在的问题

虽然立体光刻具有成型精度高这一显著优势,但是商业上可用于通过光固化法加工的树脂数量有限,材料的可选择性少通常被认为是该技术的主要限制。光敏树脂是一种在光照下迅速固化的液体,第一种用于 3D 光固化打印的树脂是基于低分子量的聚丙烯酸酯或环氧大分子单体,它们在光引发聚合和交联时形成交联状网络。在过去的二十年中,已经开发了几种树脂,固化后获得的交联网络的机械性能涵盖范围很广。通过立体光刻法制造的部件的性能不断提高,使其不仅可用作原型,还可以作为功能部件使用。

大多数可用的光固化树脂都是低分子量的多功能单体,并且会形成高度交联的网络,这些材料主要呈现玻璃态、刚性和易碎的特性。这些树脂的配方包括具有低玻璃化转变温度和相对较高分子量($1\sim5$ kg/mol)的大分子单体,通常与非反应性稀释剂(如 N-甲基吡咯烷酮(NMP))或水结合使用以降低树脂的黏度。

在制造聚合物-陶瓷复合搅拌时,陶瓷颗粒(例如氧化铝或羟基磷灰石)需要均匀地悬浮在立体光刻树脂中,并需要在 SLA 中进行光固化。因为添加粉末后树脂的黏度会显著增加,使得树脂的加工更加困难。此外,陶瓷颗粒尺寸应小于构建过程中的层厚,以准确制备物体。制造的复合结构通常比聚合物结构更硬、更坚固。制造树脂基陶瓷聚合物时,首先通过立体光刻法制造复合结构,然后烧掉聚合物(热解)并烧结陶瓷颗粒,从而制成全陶瓷物体。但是目前通过光固化制造聚合物基陶瓷时,可使用的树脂种类依然较少。

使用立体光刻法处理不同的树脂,从而产生具有广泛不同特性的物体。尽管可用的树脂数量不断增加,但该技术仍仅限于一次使用一种树脂。(与熔融沉积建模相关的 3D 打印和绘图技术允许使用多个墨盒同时使用不同材料制备结构。)立体光刻也可以在构造中(甚至在单层内)对多种树脂进行图案化,但是每个构建的层都需要复杂的顺序聚合和冲洗步骤。开发一种自动化系统来去除未固化的树脂和交换树脂容器是一个很大的挑战,打印时只使用一种树脂的限制可能是该技术的真正主要限制。

5.2　立体光刻技术原理

与大多数 3D 制造技术一样,立体光刻是一种增材制造工艺,允许从计算机辅助设计(CAD)文件中制造零件。可以使用计算机 3D 绘图软件设计构建结构和设计材料外部和内部孔等几何形状,使用数学方程或者从临床医学成像技术(如核磁共振成像(MRI)或断层扫描技术)对材料进行内部结构特征进行扫描。CAD 文件可以描述要构建的零件的几何形状和尺寸,为此开发了 STL 文件格式:STL 文件列出了物体结构表面的三角形坐标。这种设计的结构(实际上)被切成层,其厚度在逐层制造过程中通常为 $25 \sim 100 ~\mu m$。然后将这些数据上传到立体光刻(SLA)设备并制作结构,如图 5.1 所示。通过将扫描数据与设计进行比较,对建造结构进行计算机断层扫描(CT),扫描可以评估过程的准确性。

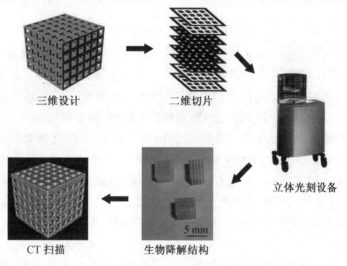

图 5.1　立体光刻技术设计和制造结构的过程概述

通过立体光刻法制造 3D 物体是通过光聚合对液态树脂进行选择性控制固化。使用计算机控制的激光束或带有计算机驱动的建筑平台的数字投影仪,在树脂表面上照射激光图案。图案中的树脂固化到规定的深度,使其黏附在支撑平台上。第一层光聚合后,平台从液态树脂表面移开,并用液态树脂重新涂覆构建层,然后在该第二层中固化图案。固化深度略大于平台台阶高度,确保了与第一层的良好黏附(第一层中固化结构上的未反应官能团与第二层中的光敏树脂聚合)。这些步骤(平台的移动和单层图案在树脂层中的固化)被重复来构建一个坚实的三维物体。在排出和冲洗掉多余的树脂后,就得到了预制的结构。在这种结构中,反应基团的转化通常是不完全的,通常用(频闪)紫外光进行后固化,以提高结构的力学性能。

图 5.2 所示为两种立体光刻 3D 打印技术的原理图。在这两种系统中,都是通过液体树脂一层一层光固化建立起来的,仅在打印结构的朝向和激光照射的方法上略有不同。到目前为止,大多数使用 SLA 的装置,如图 5.2(a)所示:使用计算机控制的激光束绘制图案,由一个支撑平台自下而上搭建而成,支撑平台位于树脂表面下方,打印时,只有薄薄

的一层树脂从上面被照亮,并固化在结构的顶部。而图 5.2(b)所示的 DLP 光固化装置在 SLA 3D 打印装置中也比较常见,仅在打印平台的朝向和光源照射的方向上有所不同。

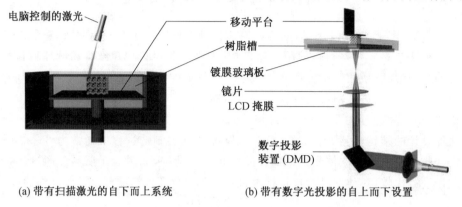

图 5.2　两种立体光刻装置图

(a) 带有扫描激光的自下而上系统　　(b) 带有数字光投影的自上而下设置

数字光投影(DLP)也正在成为一种固化树脂的方法。在这项技术中,使用了一个数字投影装置(DMD),它是一个由多达数百万个可以独立旋转到开和关状态的镜子组成的阵列。通过将二维像素图案投影到透明板上,可以一次固化一层完整的树脂如构建时间大大减少,因为它们仅取决于层厚度和所需的曝光时间,而不取决于它们在 $x-y$ 平面中的大小或同时构建的结构的数量。如图 5.2(b)所示的 DLP 固化装置在立体光刻领域中应用的越来越多,在这样的装置中,光线从下面投射到一个透明的、不附的板上,支撑和构建平台从上面进入树脂槽。虽然这样的结构承受较大的机械力,但由于每层照明后都要与底板分离,这种方法与自下而上的系统相比有以下几个优点:结构不需要重涂,被照亮的表面总是光滑的,只需要少量的树脂,而且被照亮的层不暴露在大气中,所以氧气抑制的影响非常有限。

在立体光刻中,控制固化层的厚度是必不可少的,对于给定的树脂,固化深度是由树脂暴露的光的能量决定的。这种能量可以通过调节光源的功率、扫描速度(用于激光系统)或曝光时间(用于投影系统)来控制。固化反应的动力学相当复杂,虽然自由基聚合的不同阶段(起始、扩散、终止)可以用数学方法表示,但多功能单体的存在以及聚合液体向固体的过渡使其描述变得更加复杂。Andrzejewska 对光引发多乙烯基聚合的动力学进行了广泛的讨论。在实践中,可以使用更简单的方程来描述立体光刻聚合动力学过程,固化层的厚度(固化深度,$C_d/\mu m$)与光照射相关联的半经验方程。

辐照剂量 $E(mJ/cm^2)$:$C_d = D_p \ln(E/E_c)$。固化深度(或固化层厚度)与所施加的辐照剂量的关系图称为工作曲线,用于确定立体光刻制造的正确的能量设置。这个方程是 Beere-Lambert 方程的改编形式,它描述了光通过被吸收的介质时强度的衰减指数关系式。在光聚合中,达到凝胶点所需的时间取决于该特定位置的光强度。因此,树脂固化至凝胶点的深度(C_d)随时间以对数方式增加,因此随着所施加的辐照剂量(E)以对数方式增加。对于特定的立体光刻装置,树脂可以通过临界能量 E_c(mJ/cm^2)和穿透深度 D_p(mm)来表征。当施加的辐照剂量(E)超过达到凝胶点(E_c)所需的临界能量时,树脂表面会形成固化层。除此之外,E_c 的值取决于光引发剂、溶解氧和其他抑制物质的浓度。固

化深度 C_d 与 Beere－Lambert 方程中的消光系数直接相关,并以 D_p 为特征。

　　为确保在构建过程中层之间的化学键结合和机械结合,层间界面处的大分子单体转化率应略高于凝胶点。然而,这种过度曝光会导进一步固化到前一层中,并且前一层中根据设计旨在保持未固化的体积元素将部分聚合。特别是在制备多孔结构时,过度固化的影响会特别显著。树脂的高消光系数对应于低光穿透深度(D_p),为了精确地控制聚合过程和抑制过度固化,可以通过增加光引发剂浓度或通过在树脂中加入染料来降低穿透深度。这种非反应性组分在吸收光方面与光引发剂竞争,虽然这种方法在使用可见光源时特别有用(通常因为光引发剂在此范围内具有低消光系数),但同时也行该意识到,降低光穿透深度将导致固化时间的增加,因此在制作光敏树脂时,需要综合评估各方面因素的影响。

5.3　立体光刻技术在含能材料领域的应用

　　近年来,3D 打印技术具有自下而上的增材制造的特点,使其具有自由设计几何形状的特点,使得 3D 打印技术在含能材料增材制造领域的研究有了很大的发展。全球许多机构正在开发 3D 打印推进剂、铝热剂和炸药的新材料和技术。Groven 和 Mezger 提供了该领域最新进展的优秀概述。他们在大学阶段已经进行了大量的研究,尤其是在南达科塔矿业学院和普渡大学,研究主题涉及各种材料和技术。最近,来自班加罗尔的印度科学研究所的研究人员展示了他们在 AP/HTPB 推进剂增材制造方面的工作。除了学术机构外,Lawrence Livermore 和 Los Alamos 国家实验室也取得了令人印象深刻的成果。因此,下面简单介绍立体光刻技术在推进剂和发射药制造过程中的真实案例。

　　自 2013 年以来,TNO 一直活跃于高能材料的增材制造(AM)领域。第一次打印实验是用 TNT 与熔融沉积模型(FDM)结合进行的,FDM 是一种打印技术,将基材熔化,通过喷嘴注入,并以所需的几何形状沉积。这次实验的结果是一个由 300 层 TNT 组成的打印部件。后来研究的重点转向立体光刻,它在打印分辨率方面优于 FDM。由于光固化可以使用商业上可用的打印机,所以 TNO 所进行的研究重点一直是材料开发。其目标是开发一种光固化树脂所需的能量含量作为推进剂,并具有高分辨率 3D 打印的能力。

　　发射药是枪管武器的能源。发射药的组成和结构决定了火炮的威力和弹道效率。一般来说,传统制造技术制备的推进剂形状相对简单,如圆柱形、管状、穿孔圆柱形、薄片等。由于传统制造技术的限制,实现高能量释放效率的方法受到限制。

　　目前,提高推进剂装药燃烧累进性或弹道效率的主要途径是控制燃烧面或燃速。已采用并证明有效的方法简述如下:

　　(1)渐进式几何形状,如多性能推进剂、压缩推进剂或程序化分裂推进剂,可以提供增加的燃烧表面。

　　(2)随着渗透深度的增加,渗透燃烧可以通过发泡推进剂获得。

　　(3)提高燃速可以通过多层推进剂的共挤、推进剂的阻聚或涂层来实现。

　　3D 打印已成为计算机辅助设计(CAD)和增材制造(AM)的通用技术平台。AM 允许使用金属、陶瓷和聚合物生产定制零件,而无须模具或传统成型和减法制造的典型加工。

如今,AM 技术或 3D 打印技术的发展为突破高能材料的玻璃天花板提供了一条潜在的途径。目前,几种 AM 技术已被用于制造炸药和推进剂。3D 挤压主要用于制造 TNT 基炸药、硝化棉基推进剂和固体质量分数高于 80% 的复合固体推进剂。选择性激光烧结(SLS)用于利用 RDX 基微粒(模拟物)制造高爆药。点滴式喷墨打印机还用于生产由 RDX 和醋酸丁酸纤维素(CAB)基质组成的宏观和纳米级高能复合材料。在发射药领域,还原光聚合 DLP 打印技术被用于在 TNO 中制造光固化发射药。在之前的研究中,还对 3D 打印机制造的光固化推进剂进行了黏度、固化过程、机械强度和燃烧模拟。AM 在发射药领域的优势包括:①在不处理危险残留物的情况下最大限度地减少浪费;②制造传统方法无法制造的特定形状的推进剂;③易于以低价格生产小批量推进剂;④缩短了从制造到火炮发射的时间,从而改变了研发模式;⑤推进剂和部件的小型化、质量减轻和集成成为可能。

下面介绍一种 SLA 光固化 3D 打印技术在固体推进剂方面应用的实例,从该过程中可以了解 SLA 技术在推进剂制作过程中的典型细节。

5.3.1 设计部分

1. 材料要求

每一种 AM 技术都有其特定的材料要求,除了机械和性能要求,由打印产品的预期用途决定。在还原光聚合的情况下,最严格的材料要求是黏度,因为未固化的材料必须能够流动,以填补之前固化层留下的空白。立体光刻工艺的主要材料要求是:该组合物的所有成分应具有化学相容性;物料的黏度应足够低,最好低于 20 Pa·s;材料在时间上应该足够稳定,即在几个小时的时间范围内不应该发生沉降;材料应该对所用光源的波长范围敏感;材料的固化应该很快,最好在几秒钟的时间内。

对材料的光穿透性(包括光散射)应加以限制,以确保在所有方向上有足够的分辨率。照明后的材料应具有足够的机械强度,以经得起运输、搬运和使用等方面的磨损。除此之外的需要在很大程度上取决于打印项目的预期用途,就能源项目而言,可以说必须满足下列要求:当暴露在用于固化的光源下时,含能树脂不应分解和能量特性(如爆热、燃烧速率、爆速)必须足以满足预期用途。

2. 基本材料组成

一般材料组合物基于低易损性(LOVA)推进剂和光致聚合物树脂的组合。LOVA推进剂由硝胺填充剂(典型的 RDX)在聚合物黏合剂基体中混合而成。通过使用可光固化的黏合剂系统取代标准聚合物基体,由此一种可打印的含能材料被创造出来。光固化树脂通常由一种或多种光固化丙烯酸酯和光引发剂组成,可以将着色剂/染料添加到组合物中以调整树脂中的光穿透性,加入分散剂以防止高能填料的沉降,综合调整含能光固化树脂的可打印性能。

(1)活性填料。

LOVA 型组合物中的高能填料通常是硝胺,如 RDX 或 HMX。然而,根据应用的不同,填充物也可以是氧化剂,如高氯酸铵(AP)或二硝酰胺铵(ADN),或更强的炸药,如六硝基六氮杂异伍兹烷(CL—20)或季戊四醇四硝酸酯(PETN)。

粒径分布和颗粒形态是选择填料时需要考虑的重要参数。两者都对黏度有很大的影响,因此,3D 打印过程对黏度的要求决定了该组分中含能填料的最大比例。

(2)丙烯酸酯。

当固化时,甲基丙烯酸酯通常比丙烯酸酯坚硬,这是甲基基团导致链迁移率降低的结果。丙烯酸酯的聚合速度通常高于甲基丙烯酸酯。另一个区别是单体的官能团的数目,官能团越多,聚合材料越坚固。丙烯酸酯和甲基丙烯酸酯都是如此,使用单、二和三(甲基)丙烯酸酯的特定组合,固化材料的性能可以精确控制。

SLA/DLP 组合物中常用的丙烯酸酯是 2—羟乙基丙烯酸酯(HEA)和聚乙二醇双丙烯酸酯(PEGDA)

(3)增塑剂。

增塑剂的典型作用是改善打印品的机械性能,并减少固化后的收缩,而后者对最终材料的性能起到很大的作用。在增材制造中,未固化的材料被沉积到固化层上。两层之间的任何偏移都会导致最终产品的几何误差。

(4)光引发剂。

光引发剂的作用是通过产生反应性物质来引发聚合过程。对于本文所介绍的所有可打印组分,其活性物质都是自由基。市面上有各种各样的自由基光引发剂,如 2,4,6—三甲基苯甲酰二苯基氧化磷光(TPO)和双酰基氧化磷光(BAPO)。每个光引发剂都有特定的吸收光谱,因此,在选择引发剂时,关键是要考虑在打印过程中使用什么的光源。

(5)分散剂。

对于相对较低的固体组分(通常体积分数低于 40%),需要将黏度保持在合理的水平,在光固化打印的过程中,始终存在固体颗粒沉降或沉淀的风险。加入分散剂可以减少这种情况的发生。另外,选择合适的分散剂还可以降低混合物的黏度,它还影响固化材料的力学性能,以及填料和黏合剂的黏结。

(6)着色剂。

通常将着色剂(或染料)添加到混合物中以控制固化深度。染料分子吸收光而不产生自由基,从而限制了光在树脂分散体中散射时的聚合深度和聚合宽度。在 SLA/DLP 型打印机中,这阻止了投影区域外材料的固化,从而提高了精度。

3. 优化材料组成

在开始开发可打印的含能材料之前,TNO 已经在氧化铝填充树脂的 3D 光打印陶瓷零件方面拥有丰富的经验。基于这一经验,实验设计了一个初始的材料组成。

首先,选择一组低黏度和高极性丙烯酸酯单体,这有助于创造一个稳定的分散相。选择硫酸钾作为含能填料的模拟剂。测试了分散剂的种类和用量,并根据填料的用量选择了质量分数 4% 的最佳分散剂用量。这种数量的分散剂阻止了颗粒的沉降,并降低了黏度。添加更多的分散剂并不会导致打印材料黏度的进一步下降,反而会恶化打印材料的力学性能。

在含体积分数 40%(质量分数 64%)硫酸钾浆料中,通过改变光引发剂的用量和吸光染料的用量,优化了浆料的光敏性和透光性。图 5.3 所示为用不同数量的光引发剂和/或吸光染料打印的样品(ϕ 10 mm)。测试几何形状包括不同直径的孔眼,以评估光的散射量。当吸光染料量过低时,垂直于照明方向的分辨率会下降,层内散射导致穿孔消失。在优化染料的情况下,可获得 0.3 mm 的开孔 3D 打印产品。优化后的料浆组成如表 5.1所示。

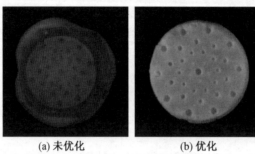

(a) 未优化　　　　　　　　(b) 优化

图 5.3　未优化的和优化的浆料打印样品

表 5.1　优化后组成

组成	质量分数/%	体积分数/%
丙烯酸酯 1	7.0	—
丙烯酸酯 2	14.0	—
丙烯酸酯 3	14.0	60
分散剂	2.57	—
着色剂	0.03	—
光引发剂	0.70	—
硫酸钾	61.7	40

　　一旦初始材料组成确定之后,用 RDX 取代硫酸钾,从而产生一种含能树脂。为了保持相似的黏度,固体载荷必须从体积分数 40% 降低到 36%,相当于质量分数 50%的 RDX。

　　图 5.4 显示了使用这种成分的第一次 DLP 实验的结果。从图 5.4(a)可以看到优化后的样品,图 5.4(b)是用异丙醇清洗后的成品,该物体的大小约为 10 mm×10 mm×10 mm,有 19 个轴向和 12 个径向穿孔。

　　由于质量分数 50%固体载荷的 RDX 不足以产生与传统火炮推进剂相比较的弹道性能,因此研究了一些增加材料能量含量的方法:

　　(1)增加固体载荷;

　　(2)引入含能黏合剂;

　　(3)引入高能增塑剂。

4. 增加固体负载

　　固体负载从质量分数 50%(体积分数 36%)增加到质量分数 55%(体积分数 40%)和

(a) 打印机实拍照片　　　　(b) 打印样品照片

图 5.4　打印机实拍照片和打印样品照片

质量分数 60%（体积分数 45%），以观察这将如何影响混合物的特性。质量分数 55% 混合物明显比 50% 混合物更黏稠，但仍然适合打印。质量分数 60% 的混合物没有显示足够的液体流动，因此不适合打印。

为了进一步增加固体负荷，使用了多种不同的树脂配方，每种配方都加入了不同数量的分散剂。但是因为混合物的黏度没有改变，所以分散剂的添加没有产生任何显著的改善。最后，研究了颗粒尺寸（分布）对黏度（从而最大固体负荷）的影响。结果表明，随着粒径的增大，黏度略有降低。但是，由于预期这将对结果产生不利影响，因此没有采用这一办法。

5. 引入高能黏合剂

关于光固化的能量组分，已知几种可以用于光聚合的含硝酸盐和叠氮化物的环氧化合物（例如 GLYN、NIMMO、AMMO）。然而，环氧化物或单独固化通常太慢，不能用于 3D 打印。如果固化速度足够高，在杂化树脂中，含能环氧化合物与非含能丙烯酸酯的组合可能是一个很好的选择。实验描述了用于制备含能聚合物的含硝酸盐和含硝基丙烯酸酯，例如季戊四醇三硝酸酯丙烯酸酯、硝基丙烯酸乙酯、丙烯酸二硝基乙酯、丙烯酸二硝基丁酯和 2,2－二硝基丙基二丙烯酸酯。这些丙烯酸酯也可以与非含能丙烯酸酯或其他含能单体混合，如 2,3－双（二氟氨基丙基）丙烯酸酯（NFPA）。

6. 引入高能增塑剂

除了光固化的含能组分外，还考虑了与非含能丙烯酸酯单体结合使用含能增塑剂。不同的含硝基和硝酸盐的增塑剂，如 BTTN、BDNPA/F，可与液体丙烯酸酯单体混合。需要关注的参数是增塑剂对固化速度和固化材料的机械性能的影响，以及固化材料的稳定性（增塑剂没有迁移/蒸发）。

7. 最终材料组成

在最后的组合中，高能增塑剂的引入优于其他组分。只增加百分之几的固体负载就会使材料过于黏稠，导致不适合光聚合打印。引入高能黏合剂成分将改变黏合剂系统的性质，以至于有必要进行进一步的开发。另一方面，引入高能增塑剂可以在没有重大影响的情况下完成，它甚至对打印品的机械性能有积极的影响。表 5.2 给出了最终材料组成。

表 5.2 最终材料成分组成

组成	质量分数/%
RDX	50
丙烯酸酯 1	12
丙烯酸酯 2	12
高能增塑剂	24
分散剂	2
着色剂	<1
光引发剂	<1

5.3.2 实验部分

1. 兼容性

通过目测和压力真空稳定性测试(PVST)来评估最终材料成分的相容性。

(1)目视检查。

按材料组合制备好样品,并放置在 70 ℃的烤箱中 5 天。然后进行目视检查,以判断是否发生了任何变化。

(2)PVST。

采用基于 STANAG 4147(Ed. 2)的程序,采用压力真空稳定性测试(PVST)来评估最终材料组成成分的相容性(表 5.2),混合物在丙烯酸酯固化之前和之后都进行了测试。为了分析固化混合物,使用注射器挤压(直径 1~4 mm)并使用近紫外光光源固化(每边 2 min)。将含有 5 g 混合物的管抽真空,并在静态真空下在 80 ℃ 下加热 10 天。冷却到室温后,测量压力,计算出气体的析出量。相容性的标准是 5 g 混合物的气体析出量小于 5 mL。

2. 打印适性

根据黏度测量、固化实验和打印实验,对该组合物的打印性能进行了评估。

(1)黏度。

组合物的打印适性主要由其黏度决定。未聚合材料的黏度越高,在打印过程中对成型产品的作用力越大。更大的力意味着产品被破坏或被从构建平台上移除的可能性增加。由于固体负载(RDX 颗粒)是组成的黏度的主要贡献者,总是有一个平衡的能量含量和打印性。

黏性与应力无关的流体称为牛顿流体。有许多非牛顿流体明显地偏离了这一规律,在剪切应力和剪切速率之间表现出各种不同的相关性。

某种流体属于哪一类取决于几个因素,如成分、密度和温度。在固液分散的情况下,例如这里描述的原始打印组合,它也取决于颗粒大小和形状、浓度、密度和表面张力。

用布鲁克菲尔德 DV-Ⅱ黏度计测定组合物的黏度。这种黏度计称为旋转黏度计,它由一个电机单元和一个由电机驱动的主轴组成。在主轴的末端,可安装各种尺寸的金属盘,将其浸入流体中。黏度由转矩在给定转速下旋转圆盘所需的转矩。

（2）固化。

树脂的固化特性可以通过剂量实验(或层厚实验)来确定。在这种测试中,将一层厚的未固化成分($>$1 mm)沉积在显微镜载玻片上,并(通过玻璃)暴露在已知强度的光剂量下一段给定的时间内。然后将未固化的树脂从滑块上清洗掉,并测量固化层的厚度。这给出了固化层厚度(μm)作为每表面积能量的函数(mJ/dm^2)。

（3）打印实验。

剂量测试的结果被用来推导打印机的固化设置。该实验使用的打印机是 405 nm Asiga PICO$_2$ 39 μm 的改型,这是一种商业上可用的 DLP 打印机。对打印机没有任何修改,除了构建托盘,它还可以与高能树脂兼容。使用 Asiga 的 Composer 切片软件,用户可以设置几乎所有的打印参数,因此可以打印多种几何图形。

打印过程完成后,将打印的物品从构建平台上移除,并用异丙醇进行清洗,然后,放置在一个小的固化室几分钟,完全固化其表面。

3. 机械性能

为了评价打印推进剂的力学特性,进行了 3 种分析:首先,利用光学显微镜和扫描电镜进行显微分析;其次,利用压缩实验装置进行了机械强度分析;最后,尝试用差示扫描量热法(DSC)来确定玻璃化转变温度。

（1）光学/扫描电镜。

本研究使用的光学显微镜是 Wild M10 立体显微镜。所使用的扫描电镜为 FEI No-vaNanoSEM 650,配备了用于分析化学成分的 Noran 分析系统(EDX)。在低(60 Pa)真空模式下,扫描电镜在 4 kV 的加速电压下工作,以避免对不导电的试样进行充电。采用低真空二次电子探测器(LVD)进行成像形貌对比。

（2）机械强度分析。

作为评价打印材料机械强度的一种手段,对打印件进行了两组压缩实验。对于第一个系列,使用的几何形状是一个直径为 7.2 mm,高度为 7.7 mm 的圆柱体,有 7 个 ϕ1 mm 的穿孔(7－射孔)。打印的方向是沿着圆筒的中心轴线。每个圆柱体都使用一台万能拉伸实验机进行测试,在一台设计用来将拉力转换为压缩力的钻机上,直接记录试样的应力和应变。使用这种方法,打印的零件在 40 ℃、20 ℃和 60 ℃下进行测试。

在第二组测试中,使用了相同的测试方法,但没有任何射孔(0－射孔)。为了简化测量,将每个油缸放置在液压机中(图 5.5),并施加越来越大的压缩力。记录液压系统发生结构故障时的压力值,然后转换为压缩力。这种方法对打印件的机械强度给出了良好的初步指示,同时比使用万能实验机进行实验要容易得多。

所有样品(0－射孔和 7－射孔)测试了 5 次,以弥补小的制造和材料变化。此外,还尝试使用标准双基(DB)推进剂颗粒(圆柱形,6 mm×6 mm,19 孔)在 40 ℃ 和 20 ℃ 下进行参考测量。

（3）玻璃化转变温度(DSC 法)。

玻璃化转变定义为材料的玻璃态到过冷液态(或橡胶态)之间的转变。由于一种物质

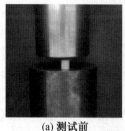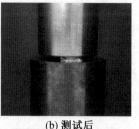

(a) 测试前　　　　　　　　　　　　　(b) 测试后

图 5.5　在测试前和测试后使用 0 孔样品的压缩测试设置

在过冷液态时的热容量大于同一物质在玻璃态时的热容量,因此可以用差示扫描量热法(DSC)测定玻璃态转变区。以下温度程序用于这些测试:实验在氮气气氛中进行,流速为 50 mL/min。将 5 mg 的样品置于体积为 40 μL 的开放式铝坩埚中,测试一式 3 份。测试程序:①25 ℃等温 5 min;②加热温度从 25 ℃到 160 ℃,20 ℃/min;③以 20 ℃/min 冷却 160 ℃至 50 ℃;④50 ℃等温 10 min;⑤加热温度为 50 ℃至 300 ℃,20 ℃/min;⑥300 ℃等温 10 min。

4. 性能

通过建模、密闭容器实验和 30 mm 火炮射击演示对打印推进剂的性能进行了表征。

(1)建模。

使用丙烯酸化合物制造推进剂具有有助于燃烧时产生大量气体的附加优势。含能物质的排气量与氧平衡浓度(OB)有关。炸药的爆震灵敏度、爆炸强度和猛度都依赖于炸药的爆震强度,当爆震强度接近于零时,其灵敏度趋于最大值。然而,对于火炮推进剂来说,在燃烧过程中,推进剂质量转移成相对较小的分子是有利的,因为在这种情况下,获得的分子数量最多,从而产生最大的气体压力。传统火炮推进剂燃烧产生的混合气体由 CO 和 H_2 等气体组成,而不是 CO_2 和 H_2O,它们的氧平衡浓度通常在 25%～40%之间。

(2)密闭容器实验。

为了研究打印材料的燃烧行为,进行了密闭容器实验。封闭容器实验的主要输出是压力－时间曲线,通常对其进行处理,得到动态活度曲线,根据式(5.1),动态活度曲线是压力的函数。这个动态活度曲线提供了测试推进剂燃烧速率的信息,即其弹道水平(快速或缓慢燃烧,对应于一个高或低的平均值),以及累进率(燃烧过程中增加或减少动态活度)。

$$L = \frac{\mathrm{d}P(t)/\mathrm{d}t}{P(t) \cdot P_{\max}} \tag{5.1}$$

当推进剂的形状确定且无多孔时,当点火可以认为是"理想的"时,即整个推进剂样品的所有表面瞬间着火,则可由压力－时间曲线计算出线性燃速。根据不同加载密度下活度曲线的形状,以及计算的燃烧速率参数,可以得出这些条件是否满足。

为了获得推进剂颗粒的良好点火,进行了若干实验以确定适当的点火器混合物。当在推进剂样品中加入质量分数 10%的细黑粉时,得到了重复性的结果。在第一轮测试后,再添加质量分数 10%的 NC(纯硝化纤维素),以进一步确保火焰快速蔓延。将黑色粉末和 NC 松散地倒在推进剂样品上。25 cm^3 和 100 cm^3 密闭容器实验的点火性能无明显差异,证实了适当点火的结论。

5.30 mm 火炮射击演示

(1)推进剂装药设计。

用于演示的枪系统是一个 30 mm 弹药室,连接到 GAU−8 枪管。传统的 30 mm 守门员弹药填充有单个穿孔推进剂。需要 3D 打印一个更集成的推进剂装药,而不是 3D 打印单个火炮推进剂颗粒,该装药由一堆直径为 29 mm 的圆盘组成。设计了两种类型的圆盘:一种安装在弹壳底部的引爆管上(类型 1);另一种用于从引爆管顶部一直到弹壳颈部(类型 2)。1 型和 2 型圆盘的高度分别为 6 mm 和 5 mm。一个完整的装料由 3 个 1 型磁盘和 29 个 2 型磁盘组成,两个圆盘如图 5.6 所示。圆盘包含以下设计特点:

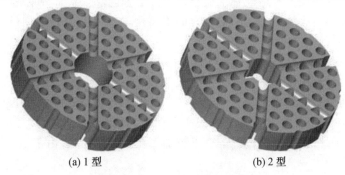

(a) 1 型　　　　　　　　　　　(b) 2 型

图 5.6　1 型和 2 型推进剂装药盘

①在 1 型盘的中心孔为引物管留出空间,而在 2 型盘,它允许引物火焰没有障碍地到达子弹颈部。

②较小的孔洞产生渐进燃烧行为,类似于传统推进剂中的孔洞。

③圆盘侧面的 6 个凹痕用于插入贝尼特线,以帮助初始燃烧。贝尼特线也有助于保持圆盘闭合在一起。

④这 6 个辐条状的凹痕有两个目的。它们为底火提供了一条到达贝尼特线和圆盘外面的路径。它们还充当了预切割的角色,以便在燃烧过程中,由于机械负载,圆盘以受控的方式破裂,而不是随机破裂,这可能会导致燃烧推进剂表面积的过度增加,从而导致不安全的高压。

图 5.7 所示的推进剂盘构成了一个完整的装药,紧挨着 30 mm 的弹壳。由于储层需要穿过套管的颈部,所以大部分装药周围都有空隙。这个空隙可以用二次电荷或惰性填充物填满,也可以留空。实验中不使用二次装药或惰性填料。

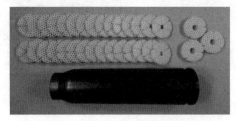

图 5.7　弹壳旁的推进剂盘

从密闭容器测试中得出的结论是,3D 打印的推进剂表现出可接受的但仍然相对较低的线性燃烧率。获得小幅面尺寸的可能性的实际限制导致低活力。为了在枪中获得足够高的压力,这需要将射弹加速到与传统推进剂相同数量级的枪口速度,相对较高的射弹质量是必要的。使用过低的弹丸质量会导致弹丸的快速和过早位移,从而没有足够的时间来建立气体生产所需的压力。

(2)测试枪支。

TNO 可用的 30 mm 型的 gau－8 炮被用于 3D 打印火炮发射演示。这种枪炮一般用于子弹/碎片撞击实验,实验中使用了带有标准圆柱形碎片的特别设计的卡盘,该炮固定在建筑物内,通过直径 80 cm 的爆炸管与目标掩体相连。

在测试中可以使用没有适配标准支撑框架。系统能够发射常规射击练习(TP)弹,包括一个充满了标准引火枪(引火枪管)点燃的单穿孔单基(SB)炮推进剂(惰性)TP 弹和一个铝制弹壳。

(3)测试弹药。

用于实验的弹药包括一个带有标准底火和破坏弹常规的 30 mm 弹壳。弹丸设计是基于用于碎片撞击实验的常用卡壳。射弹底座的外形与常用的护壳底座相同。由于炮口出膛后弹壳不需要打开,因此设计了一种实心钢芯固定弹丸。弹丸质量由弹丸的长度决定,为了确保最小的偏航,一个锥形的鼻子被加工在钢芯的前端,由于炮管中存在凹槽,通过弹丸的旋转来稳定弹丸飞行。

(4)推进剂。

常规弹药是用标准的常规推进剂发射的。对于降低装药质量的实验弹,也采用了标准的常规装药,其中空的地方被棉签填满。

如图 5.8 所示,3D 打印推进剂由穿孔的颗粒/圆盘组成。贝尼特链被放入推进剂圆盘周围的凹窝中,如图 5.8 所示,这使得弹壳灌装更容易,并有助于推进剂快速的燃烧,整个圆盘堆叠的高度为 158 mm。图 5.8 显示了装药前和装药后的 3D 打印推进剂装药匣。

(a) 装药前使用 3D 打印推进剂装药匣　　　(b) 装药后使用 3D 打印推进剂装药匣

图 5.8　装药前和装药后使用 3D 打印推进剂装药匣

推进剂里面的装药由常规的点火药点燃。在用常规推进剂进行实验时,不加点火药。由 3D 打印发射药组成的发射药装药点火时,在发射药盘中央孔洞形成的通道中,加入 Benite 线和 1 g 黑火药。

射弹被发射到目标掩体上的钢板上,钢板被放置在一个架子上。在架子的中心,两块钢板彼此后面放置,以确保动能最高的弹丸被捕捉到。

(5)测量。

用一个高速摄像机被用来监视火炮的后坐力运动,每次实验测量后坐力距离和弹丸速度。触发器的翼用于测量弹丸速度。由于应用的射孔枪没有配备测量端口,所以没有进行气体压力测量,所有测试硬件在测试前、测试中和测试后都被拍摄了照片。

5.3.3 结果与讨论

1. 兼容性

(1)视觉评估。

图 5.9 显示了在 70 ℃下打印材料 1 天和 5 天的视觉对比。没有观察到明显的差异,这提供了材料相容性的第一个指示。打开瓶盖还发现,没有发生明显的压力增加。

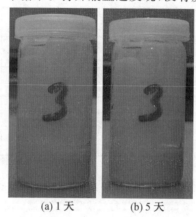

(a)1 天　　　　(b)5 天

图 5.9　在 70 ℃下,打印材料在 1 天和 5 天后组成

(2)PVST。

根据 STANAG 测试,压力真空稳定性测试(PVST)在 80 ℃的温度下进行了 10 天的最终材料成分测试。对固化和未固化的树脂进行了测试。5 g 混合物的平均气体析出量被发现为 1.2 mL 的未固化混合物和 1.7 mL 的固化混合物。考虑到相容的标准为 <5 mL 的析出气体,基于这些 PVST 结果显示两种混合物是相容的。

2. 打印适性

(1)黏度。

采用 Brookfield DV－Ⅱ黏度计对材料组成进行分析。此分析的结果如图 5.10 所示。随着时间的推移,混合物的黏度开始下降,并最终稳定在一个比初始值低 10% 左右的值。此外,随着黏度计转速的增加,黏度降低。这表明复合材料具有触变、剪切变薄的特性。

(2)固化。

由图 5.11 可知,临界能量剂量为 300 mJ/dm²,这是发生固化的最小能量。由数据得到的衰减系数为 36 cm⁻¹,这是将辐射降低 10 倍所需的材料的层厚。图 5.11 还提供了对于特定的层厚选择固化时间(给定固定光源功率)所需的信息。

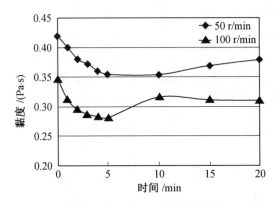

图 5.10 不同转速下的动态黏度随时间的变化

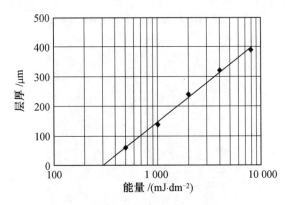

图 5.11 最终材料成分的剂量测试图

3. 打印实验

为了测试打印日益复杂的几何图形的能力,进行了大量的打印实验。图 5.12 显示了打印一个外径为 3 mm、长度为 10 mm 的圆柱形颗粒 7×11 矩阵的结果,每个颗粒的中心有一个直径为 1 mm 的孔。从图中可以看出,有几个颗粒还没有完全建成。由于大部分未完成的颗粒似乎在同一层脱落,最可能的原因是打印层在这一层的黏结力在某种程度上恶化了。这有几个可能的原因,如树脂的不均匀性,或生成的打印机代码中的错误。在这一特殊情况下,剩余的、完整的谷物质量良好,被认为可以进一步检测。图 5.13 所示为经过水洗和后固化的加工颗粒。图 5.14 显示了其中一个颗粒的更详细视图。

图 5.12 在打印作业结束时未加工的一批圆柱形颗粒

图 5.13 一批加工过的颗粒

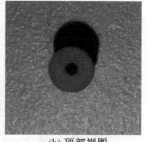

(a) 侧面视图　　　　　　　(b) 顶部视图

图 5.14　侧面视图和顶部视图的加工颗粒

接下来,特别为高填料密度设计的,打印实验进行了 14 穿孔颗粒,填料密度与圆柱形颗粒相比提高到 18%。加工后的晶粒,如图 5.15 所示,包含直径为 0.5 mm 的孔洞。当打印这些颗粒时,一个复杂的问题出现了,因为这些穿孔并不垂直于任何可以用作打印基础的平面。因此,颗粒被放置在支架上,如图 5.16 所示。打印完成后,用手术刀将支架从颗粒上取下。

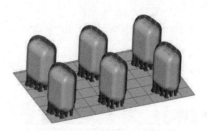

图 5.15　具有 14 个孔洞的高密度推进剂颗粒　　　　图 5.16　14 个穿孔颗粒的支撑模型

4. 机械性能

(1)光学/扫描电镜。

图 5.17 显示了一个被切成两半的颗粒的剖面图和一个颗粒的侧面图。白色材料的细小线条和颗粒在材料的外部和内部都可以看到。

图 5.18 和图 5.19 显示了图 5.17 中箭头所指的裂缝,但放大倍数有所增加。图5.18是用光学显微镜制作的,图 5.19 是用扫描电镜(SEM)制作的。扫描电镜(SEM)图像显示,在裂纹的位置,几乎完全没有结剂材料,深度为 30～50 mm(根据图像的尺度和可见的 RDX 颗粒)。

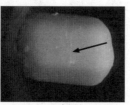
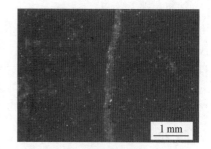

(a) 横截面　　　　　　　(b) 侧面

图 5.17　打印推进剂颗粒横截面和侧面的特写照片　　　图 5.18　光学显微镜下的裂纹图像

图 5.19　裂纹的 SEM 图像

(HV：4.00 kV, det：LVD,压力：60 Pa, WD：7.0 mm, HFW：256 μm)

　　图 5.20 显示了图 5.17 中看似均匀的截面部分的 SEM 图像。与图 5.18 和图 5.19 所示的裂纹位置不同,黏合剂材料均匀地存在,并且封装了 RDX 晶体。

　　经过近距离观察,许多 RDX 粒子似乎已经从黏合剂材料中被拉出来,只留下它们的印记。这种情况很可能发生在谷物被切成两半时,表明黏合剂材料并没有完美地履行其功能,即提供一个强的基体,其中嵌入了 RDX 粒子。

　　为了评估打印时材料的分辨率,图 5.20 和图 5.21 显示了图 5.17 颗粒中一个穿孔的两个特写图像。图 5.20 显示了穿孔边缘附近的一些突出,但通常分辨率很高。这一点被扫描电镜图像证实了,即使在极高的放大倍数,它也显示了一个很好的圆形形状。

图 5.20　穿孔的光学显微镜图像

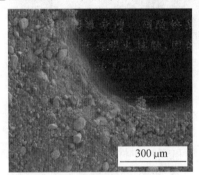

图 5.21　扫描电镜的穿孔图像

(HV：4.00 kV, det：LVD,压力：60 Pa, WD：8.1 mm, HFW：853 μm)

（2）机械强度分析。

　　机械实验的结果概述于表 5.3。每次测试进行 5 次,之后确定平均值和标准差。正如预期的那样,在钢瓶中引入穿孔大大降低了它的强度。温度和强度之间也有明显的相关性:在 -40 ℃时,材料强度几乎是 20 ℃时的 4 倍,60 ℃时的 6 倍。

（3）玻璃化转变温度（DSC 法）。

　　在第一个加热段,温度在 130 ℃左右时,热效应很小;而在第二个加热段,热效应就不明显了。由于玻璃化转变是一个完全可逆的过程,因此观察到的效应不能作为玻璃化转变的标志。

第二个观察到的效应是分解,在 205 ℃左右。由此得出,该组分的玻璃化转变温度必须在 205 ℃以上,不能用差示扫描量热法测定。

表 5.3 最终材料组成的压缩实验结果

穿孔个数	温度/℃	平均失效压力/MPa	标准差/MPa
0	20	19.6	1.72
7	50	9.4	0.76
7	−40	35.5	2.28
7	60	5.9	0.50

5.性能

(1)建模。

利用 ICT 热力学法典对打印材料的性能参数进行了理论计算。最终材料组成的热力学分析结果如表 5.4 所示。

表 5.4 最终材料成分的热力学计算结果

密度/$(g \cdot cm^{-3})$	氧平衡/%	火焰温度/K
1.445	−69	2 065

从建模工作中得出以下结论:为了获得一个可接受的能量含量,需要相当多的含能增塑剂,但这可能会导致不必要的增塑剂渗出。含有质量分数 50% RDX 和 25%高能增塑剂的组合物具有相对较低的力常数和火焰温度,这仅仅相当于低能量、冷燃烧的火炮推进剂,然而,氧的平衡浓度是−69%,这将导致固体燃烧残渣的形成。

(2)密闭容器实验。

3D 打印不同形状推进剂以确定打印组合物的燃烧速率参数。条带的尺寸在表 5.5 中给出,图片如图 5.22 所示:尽管推进剂条的表面存在小空腔,但没有观察到孔隙迹象。使用带状推进剂进行密闭容器测试,使用 25 cm^3 密闭容器,装载密度为 0.22 g/cm^3。将条带切割成 24 mm 的长度,以便装入燃烧室。图 5.23 给出了典型测试结果。对于该测试,获得的压力指数值为 1.17,这对于包含大量硝胺的推进剂配方而言是独特的。

表 5.5 3D 打印推进剂颗粒尺寸

颗粒形状	条状	单孔	多孔
穿孔数	0	1	14
条带尺寸/厚/mm	0.67	1.0/2.0/3.0	0.8
长度/mm	48	10	14
宽度/直径/mm	5.5	3.0/4.0/5.0	10

图 5.13~5.15 所示的 3D 打印单孔和多孔推进剂颗粒的燃烧行为是在 0.10 g/cm^3 和 0.20 g/cm^3 的负载密度下测定的。除了图 5.13 中所示的单个穿孔颗粒外,还制备了具有较大穿孔直径的颗粒。测试晶粒的尺寸在表 5.3 中给出,获得的活性曲线在图 5.24

图 5.22　3D 打印的孔洞推进剂图片

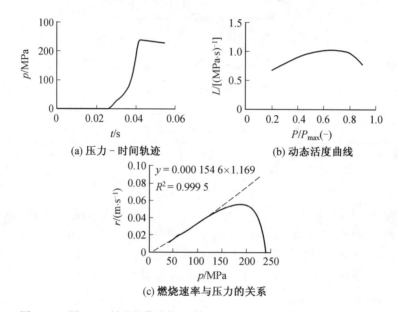

(a) 压力－时间轨迹

(b) 动态活度曲线

$y = 0.000\ 154\ 6 \times 1.169$

$R^2 = 0.999\ 5$

(c) 燃烧速率与压力的关系

图 5.23　图 5.22 所示的带式推进剂的压力－时间轨迹、动态活度曲线和燃烧速率与压力的关系

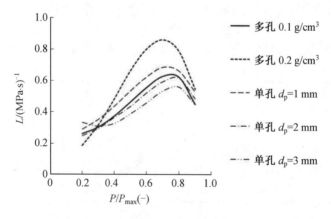

多孔 0.1 g/cm³

多孔 0.2 g/cm³

单孔 d_p=1 mm

单孔 d_p=2 mm

单孔 d_p=3 mm

图 5.24　3D 打印的单孔和多孔推进剂颗粒动态活度曲线

（单孔推进剂实验的装载密度：0.20 g/cm³，多孔推进剂实验的装载密度：0.10 g/cm³ 和 0.20 g/cm³）

中显示。

在装药密度为 0.1 g/cm³ 和 0.2 g/cm³ 时,多孔推进剂的进展率与装药密度有关。研究了孔隙率对 NC 基推进剂颗粒线性燃速的影响,结果表明,随着孔隙率的增加,燃烧速率指数增大,说明 3D 打印的推进剂材料是多孔的。单孔推进剂批次的高进展率部分归因于这种孔隙度,部分归因于高压指数,这通常是含有大量硝胺的成分。虽然不同的单孔批获得了比较的进展率,但活性曲线有显著差异。

(3)30 mm 火炮演示。

表 5.6 列出了每个射击的初速和反冲测试的结果。实验结果与预测的速度和后坐力数据吻合较好。3D 打印推进剂的初速相对较低,相当于预测的推进剂的低转换系数仅为11%～17%。这些炮口初速高于预测速度,这可能是由于推进剂圆盘破裂导致燃烧表面积增大,从而导致压力上升,或者是由于打印材料的孔隙。图 5.25 显示了钢板如何被来自测试 6 的 300 g 弹丸刺穿:第一次使用 3D 打印推进剂进行的测试。图 5.26 显示了弹丸的剩余部分和弹片。在每次使用 3D 打印推进剂测试后,对火炮的检查显示,正如预期的那样,并不是所有的推进剂都燃烧完全。一些推进剂残留物如图 5.27 所示。一些较大的块可以识别出是残留在墨盒底部的磁盘。由于有限的火焰蔓延,这些较低的磁盘可能没有适当地点燃。其他块似乎大多沿着圆盘上的辐条状凹坑破碎,这表明凹坑达到了预期目的,推进剂圆盘的随机粉碎受到了限制。

表 5.6　初速和后坐力的结果

测试	弹丸质量/g	推进剂质量/g	初速/(m·s⁻¹)/动能/kJ	预计初速/(m·s⁻¹)
0	300	155	1 189/212	—
1	300	155	1 082/716	1 165
2	500	78	545/74	—
3	500	112	—	—
4	300	155	1 090/178	1 165
5	500	112	—	—
6	300	95 3D 打印	368/20	206
7	500	95 3D 打印	298/22	200
8	700	95 3D 打印	262/24	201

5.3.4　结论

研制了一种用于光聚合增材制造的光固化含能树脂,该树脂由质量分数 50% RDX、25% 丙烯酸酯黏合剂和 25% 含能增塑剂组成。

通过 PVST 测试,可视化地演示了该组合物的各种组件的兼容性。后者显示了1.2～1.7 mL 的每 5 g 混合物,远低于每 5 g 5 mL 的阈值。

固化实验确定了常见的固化行为,临界能量剂量为 300 mJ/dm²,衰减系数为 36 cm⁻¹。固化测试之后,进行了一系列打印实验,以证明使用光固化的高能树脂打印复

图 5.25　用 3D 打印推进剂第一次发射后的测试板

图 5.26　使用 3D 打印推进剂第一次发射后的弹丸碎片

图 5.27　第 6 次实验后，在炮管和弹药筒中发现的剩余推进剂

杂几何图形的能力。力学测试表明，固化后材料的抗压强度在 10～20 MPa 范围内，对温度的依赖性较大。微观分析表明，进一步改善基体与固体颗粒之间的结合是必要的。密闭容器测试显示压力指数较高，为 1.17。此外，实验结果还表明材料中存在气孔。最后，用 3D 打印推进剂发射真炮的可行性通过使用打印推进剂盘发射 30 mm Gau－8 炮进行了论证。

　　通过以上的事例及分析，可以对 3D 光固化打印技术在含能材料领用中的应用进行初步的总结。高能材料的 SLA 打印是通过将高能填料（主要是粒子）分散到光固化树脂中来实现的。一般含能悬浮液中所含的有能量填料（主要成分为组成成分提供能量）、光致聚合物、增塑剂（改善材料力学性能，而控制增塑剂的组成可有效改善材料性能）、分散剂（使固体颗粒分散均匀）、着色剂或染料（为提高固化精度而加入，其机理涉及光的吸附但却不引发聚合，因此可以限制光在打印过程中的渗透和散射）、光引发剂（主要分为自由基和阳离子两种），而自由基聚合是光聚合中最常用、最快的方法。打印后，高能粒子可以均匀地包裹在交联的光致聚合物形成的基体中。2017 年，TNO 首次利用光固化成型技术制备了一种新型 LOVA 推进剂，并对其性能进行了表征和研究。杨维涛等人研制了一系列推进剂,采用了 SLA 打印技术。以 RDX(质量分数分别为 40%、50%、60%、70%)为含能填料,与自制的光敏树脂混合。与常规推进剂相比,三维制备的推进剂具有相似的力学性能。

要实现含能材料的平滑打印,需要考虑几个参数。在打印过程中最重要的是高能悬浮液的稳定性。高能填料应均匀地分散在光固化树脂中,并保持稳定,使悬浮液在一定时间内不会沉淀。否则,不稳定的含能悬浮液会导致形成的含能材料不均匀,导致燃烧问题。

另一个需要考虑的基本问题是含能悬浮液的黏度。高能悬浮液的黏度应尽可能低,高黏度会减慢打印过程,甚至使打印过程失败。在实际应用中,固体载荷对含能材料的性能有很大的积极影响,而高固体载荷导致高黏度和相对不稳定的含能悬浮液。含能材料的特性与悬浮黏度之间的折中是目前研究的难点。因此,开发具有一定能量含量、黏度合适的配方具有重要意义。高能增塑剂与非高能光致聚合物的结合是有效的实验方法之一。例如,Straathof 等人采用 DLP 技术,通过引入含能增塑剂来增加含能含量来打印 LOVA 火炮推进剂。在最初的配方中,RDX 装药容量质量分数为 50%,这与传统的火炮发射药没有可比性。但固体负载的进一步增加导致了高度,使整个悬浮液不适合打印。称重后,选择保留初始光致聚合物,并引入含硝酸盐和硝酸官能团的高能增塑剂来提高弹道性能。最终配方为质量分数 50% 的 RDX、质量分数 25% RDX 与质量分数 12.5% N,N-丁基-N-(2-硝基氧乙基)硝胺(Bu-NENA)作为能量增塑剂,环氧丙烯酸酯(质量分数 25%)作为光固化树脂,质量分数 12.5% 的其他活性稀释剂、添加剂。采用的光引发剂在文中未做规定。材料的抗压强度为 21.6 MPa,最大抗拉强度为 7.3 MPa。因此,打印材料的机械强度与传统制造相似。传统的三级推进剂在 100 MPa 下的燃烧速率为 10 cm/s,而 3D 打印的推进剂在相同条件下的燃烧速率仅为 2 cm/s。这种燃烧速率虽然在可接受范围内,但相对较低。下面介绍了一种用于评价推进剂性能的 30 mm 炮:弹丸的质量为 200 g,所用的高能材料质量为 115 g。在实验中,推进剂燃烧量仅为 16%,最大压力仅为 50 MPa,初速度低至 420 m/s。在另一方面,只有一小部分圆盘被损坏,没有桶爆炸的风险,这证明了打印推进剂的安全性,从实验结果来看,配方需要进一步优化以提高性能。

下一步是直接开发含能光固化树脂来取代无能量光固化树脂。杨维涛等人开发了一种新型光固化含能树脂封端聚 3-硝基甲基-3-甲基氧基(APNIMMO)。APNIMMO 树脂在 UV 照射下的最高反应温度为 70.5 ℃,远低于其 150 ℃ 左右的起始温度,说明该树脂与 SLA 打印技术是兼容的。APNIMMO 的最大抗拉强度为 7.1 MPa,约为普通火箭推进剂结剂 HTPB 的 10 倍。然后,含有质量分数 40% APNIMMO 和 60% CL-20 的推进剂被很好地打印出来。与之前用高能增塑剂打印的推进剂相比,在 100 MPa 时燃烧速率提高了 3.82 倍。研究结果表明,含能树脂的引入确实改善了材料的性能。

最后关注的是悬浮液中加入高能粒子引起的紫外光散射问题,更严重的是,部分固体会阻挡激光的传输,从而阻碍聚合反应。McClain 等人研究了固化工艺参数的影响,严格地说,本文没有涉及 SLA 技术。研制了一种由聚丁二烯聚氨酯丙烯酸酯和己二醇二丙烯酸酯组成的,与传统端羟基聚丁二烯(HTPB)性能相近的新型光致聚合物。用这种新型光致聚合物打印了不同固体负载的高氯酸铵和铝推进剂,研究了激光特性(波长、强度、时间)和铝含量对光固化深度的影响。在低光强下,波长对固化深度的影响较小;而在高光强下,光强和波长的影响很难明确。同时,光固化深度随着铝推进剂中固体负载量的增加而减小。通过以上研究,作者认为可以有效地控制光固化深度。基于这一结论,实际打印工艺应采用单层不完全固化的方法。铝粉含量、光波长和强度对固化深度的综合作用机理还没有完全了解。

与挤出打印技术相比,SLA 技术由于在流动树脂中渗透,具有高分辨率和高安全性的优点。但该技术的问题也同样明显,由于混合物必须具有一定的流动性才能保证打印适性,材料的固体负荷被限制在较低水平。因此,采用含能树脂和含能增塑剂是解决固体负载不足的关键解决方案。从目前的研究来看,SLA 打印材料与传统材料之间还有很大的差距。因此,材料配方的优化和光致聚合物的开发将是未来发展的主要方向。

本章参考文献

[1] ZAREK M, LAYANI M, COOPERSTEIN I, et al. 3D printing of shape memory polymers for flexible electronic devices[J]. Advanced Materials, 2015, 28(22): 4166-4166.

[2] RUSLING, JAMES F. Developing microfluidic sensing devices using 3D printing [J]. ACS Sens. , 2018: 522-526.

[3] WENDEL B, RIETZEL D, KÜHNLEIN F, et al. Additive processing of polymers [J]. Macromolecular Materials and Engineering, 2008, 293(10): 799-809.

[4] MONDSCHEIN R J, KANITKAR A, WILLIAMS C B, et al. Polymer structure-property requirements for stereolithographic 3D printing of soft tissue engineering scaffolds[J]. Biomaterials, 2017, 140: 170-188.

[5] ALLONAS X, LEY C, LALEVEE J, et al. New visible light photoinitiating systems for free radical and cationic photopolymerization[J]. Rad. Tech. Report, 2011, 25(3): 35-38.

[6] ROCHEVA V V, KOROLEVA A V, SAVELYEV A G, et al. High-resolution 3D photopolymerization assisted by upconversion nanoparticles for rapid prototyping applications[J]. Scientific Reports, 2018, 8(1): 3663.

[7] TUMBLESTON J R, SHIRVANYANTS D, ERMOSHKIN N, et al. Continuous liquid interface production of 3D objects[J]. Science, 2015, 347(6228): 1349-1352.

[8] HULL C W, UVP I. Apparatus for production of three dimensional objects by stereolithography: USA, US061638905[P]. 1986-03-11.

[9] WANG X, JIANG M, ZHOU Z, et al. 3D printing of polymer matrix composites: A review and prospective[J]. Composites Part B Engineering, 2017, 110: 442-458.

[10] DE LEON A C, CHEN Q, PALAGANAS N B, et al. High performance polymer nanocomposites for additive manufacturing applications[J]. Reactive & Functional

Polymers，2016，103：141-155.

[11] WANG，JIEPING，STANIC，et al. A highly efficient waterborne photoinitiator for visible-light-induced three-dimensional printing of hydrogels［J］. Chemical Communications，2018，54(8)：920-923.

[12] MARCHIVES Y. Development of 3D filter made by stereolithography［D］. Limoges：Université de Limoges，2016.

[13] XU J，JUNG K，ATME A，et al. A robust and versatile photoinduced living poly-merization of conjugated and unconjugated monomers and its oxygen tolerance［J］. Journal of the American Chemical Society，2014，136(14)：5508-5519.

[14] DESIMONE J M，SAMULSKI E T，ERMOSHKIN A，et al. Rapid 3D continuous printing of casting molds for metals and other materials：USA，US-10538030-B2 ［P］. 2020-01-21.

[15] MANSOUR S，GILBERT M，HAGUE R. A study of the impact of short-term ageing on the mechanical properties of a stereolithography resin［J］. Materials Science & Engineering A，2007，447(1-2)：277-284.

[16] GUBA F，TASTAN Ü，GUGELER K，et al. Rapid prototyping for photochemical reaction engineering［J］. Chemie Ingenieur Technik，2019，91(1-2)：17-29.

[17] AL A，CEC A，AG A，et al. Laser stereolithography of ZrO_2 toughened Al_2O_3 ［J］. Journal of the European Ceramic Society，2004，24(15-16)：3769-3777.

[18] MANKOVICH N J，SAMSON B D，PRATT B W，et al. Surgical planning using three-dimensional imaging and computer modeling［J］. Otolaryngologic Clinics of North America，1994，27(5)：875-889.

[19] MELCHELS F P W，FEIJEN J，GRIJPMA D W. A review on stereolithography and its applications in biomedical engineering［J］. Biomaterials，2010，31(24)：6121-6130.

[20] ANDRZEJEWSKA E. Photopolymerization kinetics of multifunctional monomers ［J］. Progress in Polymer Science，2001，26(4)：605-665.

[21] JACOBS P F. Fundamentals of stereolithography［M］. Texas：The University of Texas at Austin，1992.

[22] ZHAO Y H，YANG W T，YAN W R，et al. Numerical simulation of the interior ballistic performance for partially cut multi-perforated stick propellants ［J］. Chinese Journal of Energetic Materials，2019，27(6)：487-492.

[23] ONO M. The Japanese conception of accumulated levels of "phenomenon，principle and the human being" originating in the sanjobun of the kyogyoshinsho［J］. Journal of Indian and Buddhist Studies (Indogaku Bukkyogaku Kenkyu)，1975，24 (1)：359-364.

[24] STANDLEE L S，OTHERS A. An investigation of the professional preparation and performance of students graduating from teacher training ［J］. Education

Majors, 1958:164.

[25] YANG W T, YANG J X, ZHANG Y C, et al. A comparative study of combustible cartridge case materials[J]. Defence Technology, 2017, 13: 127-130.

[26] KUWAHARA T, MATSUO S, NAKAGAWA I. Combustion and stable characteristics of gel-propellant[J]. Kayaku Gakkaishi, 1996:57.

[27] YANG W, HU R, ZHENG L, et al. Fabrication and investigation of 3D-printed gun propellants[J]. Materials & Design, 2020, 192:108761.

[28] POCIUS A V. Adhesives and Sealants[M]. Saint Paul: 3M Corporation, 2012.

[29] YANG W-T, LI Y-X, YING S-J. Burning characteristics of microcellular combustible objects[J]. Defence Technology, 2014, 10(2):106-110.

[30] YANG W, HU R, ZHENG L, et al. Fabrication and investigation of 3D-printed gun propellants[J]. Materials & Design, 2020, 192:108761.

[31] NAIR C P R, PRASAD C H D V, NINAN K N, et al. Effect of process parameters on the viscosity of AP/Al/HTPB based solid propellant slurry[M]. Trivandrum: Institute de Physique Chimie des Materiaux, 2013.

[32] FARROKHPAY S. A review of polymeric dispersant stabilisation of titania pigment[J]. Advances in Colloid and Interface Science, 2009, 151(1):24-32.

[33] SKLIUTAS E, LEBEDEVAITE M, KABOURAKI E, et al. Polymerization mechanisms initiated by spatio-temporally confined light[J]. Nanophotonics, 2021:551.

[34] YANG W, LI M, XU M, et al. Study of photocurable energetic resin based propellants fabricated by 3D printing[J]. Materials & Design, 2021(2): 109891.

[35] CHANDRU R A, BALASUBRAMANIAN N, OOMMEN C, et al. Additive manufacturing of solid rocket propellant grains[J]. Journal of Propulsion and Power, 2018, 34(4): 1090-1093.

[36] REN L, QIAN Z, REN L. Biomechanics of musculoskeletal system and its biomimetic implications: A review[J]. Journal of Bionic Engineering, 2014, 11 (2):159-175.

第6章 含能材料3D打印安全技术简介

6.1 安全的内涵

与事故相对应的词是安全。那到底什么是安全呢？说到安全的定义，就不得不提到工业安全的鼻祖——海因里希(Heinrich)，他提出了关于安全的最早论述。他认为不管是归类到风险还是危险，事件还是事故，潜在的或者实际发生的不良后果均为不安全。当然近年来，安全在教科书中被定义为，没有危险，不受威胁，不出事故，不造成人、机、物、环境等方面损失或破坏的状态。联合国下属的国际民航组织(International Civil Aviation Organisation)认为，安全是通过持续不断的危险辨识和风险管理，使对于人的伤害或财产损失降低并等于或小于可接受水平的一种状态。美国卫生保健质量和研究署(U. S. Agency for Healthcare Research and Quality)将安全定义为免于意外伤害(Freedom from Accidental Injury)。因此，很长一段时间以来，人们把风险/危险/事故作为安全科学的研究对象，提出了相应的事故致因和预防理论。最近 University of Southern Denmark 的 Erik Hollnagel 教授在 *Safety Science* 上发表了题为"Is safety a subject for science"的文章，试图给出安全新的定义。他认为安全科学研究的对象是风险、事故，而不是安全，本身就是一种悖论。为此，他提出了第二代安全的定义：在可预期和相似情形的不可预期情况下，都能够成功达到目的，从而使预期的和可接受的结果(日常行为中)尽可能地出现。

6.2 3D打印常用含能材料安全性研究

6.2.1 三硝基甲苯(TNT)

三硝基甲苯，又名 TNT，化学式为 $C_7H_5N_3O_6$，为白色或黄色针状结晶，无臭，有吸湿性，是一种比较安全的炸药(图 6.1)。1863 年由 TJ. 威尔伯兰德在一次失败的实验中发明，但在此后的很多年里一直被认为是由诺贝尔所发明，造成了很大的误解。三硝基甲苯是一种威力很强而又相当安全的炸药，即使被子弹击穿一般也不会燃烧和起爆。它在 20 世纪初开始广泛用于装填各种弹药和进行爆炸，逐渐取代了苦味酸。在第二次世界大战结束前，TNT 一直是综合性能最好的炸药，被称为"炸药之王"。

精炼的 TNT 十分稳定。和硝酸甘油不同，它对摩擦、振动不敏感。即使是受到枪击，也不容易爆炸，因此，需要雷管来启动。它不会与金属发生化学反应或吸收水分，因此，它可以存放多年。但它与碱强烈反应，生成不稳定的化合物。

每千克 TNT 炸药可产生 420 万 J 的能量。值得注意的是，TNT 比脂肪(38 MJ/kg)

和糖(17 MJ/kg)释放更少的能量,但它会很迅速地释放能量,这是因为它含有氧可作为助燃剂,不需要大气中的氧气。而现今有关爆炸和能量释放的研究,也常常用"千克 TNT 炸药"或"吨 TNT 炸药"为单位,以比较爆炸、地震、行星撞击等大型反应时的能量。

　　TNT 的性状为淡黄色针结晶,在 50 ℃以上时能塑制成型,吸湿性很小,在水中溶解度很小,易溶于苯、甲苯、丙酮、乙醇、硝酸、硝一硫混酸中。具有很大的爆炸威力,当温度达 90 ℃左右时,能够与铅、铁、铝等金属作用,其生成物受冲击、摩擦时很容易发生爆炸,受热易燃烧。本品有毒,多数通过皮肤沾染和呼吸道吸入而中毒。通常装于内衬不少于 4 层纸袋(其中沥青纸不少于 1 层)的麻袋或木箱中。除了特别规定必须用木箱包装外,所有 TNT 均可用麻袋包装。包装用的麻袋及纸袋应当符合相应的技术条件要求。着火时主要用水扑救,不可用砂土等物覆盖。

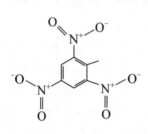 

图 6.1　TNT 化学结构式及外观形貌

典型事故:

　　TNT 在生产、存储过程中操作不当很容易出现安全事故。1987 年 5 月 3 日 22 时 10 分 H 厂 TNT 生产线硝化工房在生产过程中三段 5 号硝化机因为着火没有采取放料措施而发生爆炸事故。在这次爆炸事故中,一段、二段硝化机物料均已燃烧,三段 9 台硝化机,除 1 号硝化机爆炸不完全外,其余全部被炸毁。爆炸后工房屋顶、墙体、大部分柱子、楼板全部炸碎飞散。三段 7、8、9 号硝化机位下的地面形成一个大爆坑,直径约 17 m,深 2.7 m。事故造成 7 人死亡,8 人重伤,直接经济损失达 596.59 万元。

　　事故起因物为三段 5 号硝化机,致害物为 TNT 药,伤害方式为爆炸。据分析,事故发生过程为 22 时左右,三段 5 号硝化机温度升至 100～101 ℃,接着硝化机人孔盖被突然冲开,冒大量黄烟。操作法规定:"当硝化机温度上升而冒大量硝烟时,应立即停料",这时有人喊停料,一、二段硝化部分机台和三段 3 号机、预洗机虽采取了紧急停料措施,但却没有将三段 5 号硝化机的物料进出口阀门关闭,致使事故扩大。当硝化机分离器人孔盖被冲开以后,在很短的时间内三段 5 号硝化机随即着火喷出火苗。操作法规定:"当硝化机着火时,立即停车,关闭一切进出口考克、阀门、排烟阀门,打开放料阀放料"。但因本机操作工已不在岗位,班长也没有采取果断措施进行放料,致使火势迅速蔓延扩大,导致爆炸和殉爆。

　　爆炸事故的直接原因:三段 5 号硝化机冒烟之后,没有严格执行操作法的有关规定,正确、果断地进行处理,造成事故扩大,由冒烟而着火,最终导致爆炸。

此外,还有1991年的 TNT 硝化工房"2·9"爆炸事故和2005年的 TNT 干燥包装工房"5·25"爆炸事故,造成了巨大的经济损失和人员伤亡。

6.2.2　黑索今(RDX)

黑索今,又称黑索金(Hexogen,通用符号 RDX),化学名为环三亚甲基三硝胺,又名为旋风炸药(图 6.2)。化学式为 $C_3H_6N_6O_6$,遇明火、高温、震动、撞击、摩擦能引起燃烧爆炸,是一种爆炸力极强大的烈性炸药,比 TNT 猛烈 1.5 倍。

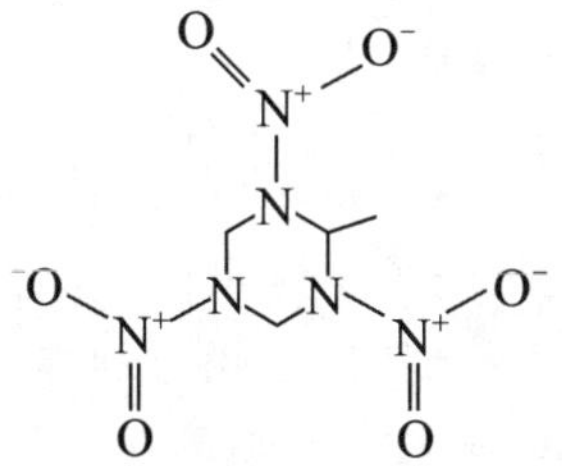

图 6.2　黑索今分子结构式

黑索金与重金属(如铁或铜)氧化物混合时,形成不稳定的化合物。它在 100 ℃时可导致着火。黑索金的爆发点是 230 ℃,在露天燃烧时发出明亮的白色火焰,无残渣。大量黑索金在急速受热情况下可爆炸。

黑索金是有毒物质。它是通过消化道和皮肤及呼吸道,特别是消化道进入人体中毒。因此,在工房中,应防止大量黑索金粉尘飞扬。接触黑索金时,要穿戴好防护用品,接触过黑索金者在吃饭前要洗手、漱口,下班后要更衣、洗澡。

黑索金在单质炸药中,其机械感度是很高的。特别在干燥、筛选、装(压)药过程中应尽量防止浮药飞扬。因为黑索金浮药的存在而发生爆炸事故的事例很多,所以要随时清除干净(浮药)。

黑索金在装、用过程中其静电也是比较大的。如据测在卸料过程中,静电火花电量为 $(20\sim50)\times10^{-10}$C。当所带静电能量足够大时又有足够的放电条件而产生的电火花也会引起黑索金燃烧或爆炸。其简易的防止办法仍是使有关设备接地,保持工房相对湿度达 65%～80%,室温为 15～20 ℃,以及地面和传送带(如有)都应当铺导电橡胶板。

黑索金的毒性虽比 TNT 等炸药的小,但仍是有毒物质。它的粉尘主要是通过消化道和皮肤进入人体。急性中毒表现为头痛、眩晕、恶心、口和舌干燥、软弱无力,严重时可能失去知觉,有遗尿、脸及四肢青肿、咬舌、痉挛等现象。慢性中毒症状为头痛、消化障碍、便频、妇女闭经等。大多数中毒者有贫血现象。黑索金可在肌体积蓄,有发病潜伏期,有时发病于停止接触(黑索金)之后 10 天。

典型事故:

1996 年 3 月 18 日 9 时 25 分 Y 厂黑索今硝化工房乙机组在检修动焊过程中发生爆炸事故。事故造成 3 人轻伤,7 台主要设备、管线全部炸毁;建筑物四面墙向外倾斜,直接经济损失 23 万元。事故经过:1996 年 3 月中旬,在检修时发现硝化工房生消水总进水管线有一节在 1 号侵液泵槽上方 2 m 高处腐蚀需更换;3 月 18 日上午 8 时 30 分,岗位员工到分厂办公室找技安员开具了动焊许可证;9 时 20 分管工、焊工开始动焊切割配管;9 时

25分焊渣掉在动焊下方的地沟内引起残存的废药着火,火势迅速蔓延,3人迅速往外跑,并接连发生了爆炸。

事故起因物为工房地沟,致害物为残留的黑索今废药,伤害方式为燃烧转爆炸。

经分析,事故的过程,黑索今硝化工房停产封存多年,在停产时,工房设备、管道、地沟内残存的药没有进行认真的刷洗、清理干净,为事故发生埋下了隐患,在检修动焊时违章作业,在不具备动焊的条件下就盲目动焊切割,熔融的焊渣掉在地沟,引起残存废药着火,导致设备管线爆炸、殉爆。

6.2.3　奥克托今(HMX)

奥克托今这一名称,乃是从西文"Octogen"一词音译面来。在很多场合下,人们惯于用代号"HMX"来表示它,英国人首先采用这个代号,它是 High Meltingpoint Explosive 的字母构成的缩写,这是因为奥克托今比以往用过的炸药的熔点都高。奥克托今的化学名称为环四亚甲基四硝胺,IUPAC 命名为 1,3,5,7－四硝基－1,3,5,7－四氮杂环辛烷,化学式为 $C_4H_8N_8O_8$,是具有八元环的硝胺结构,是现今军事上使用的综合性能最好的炸药(图 6.3)。

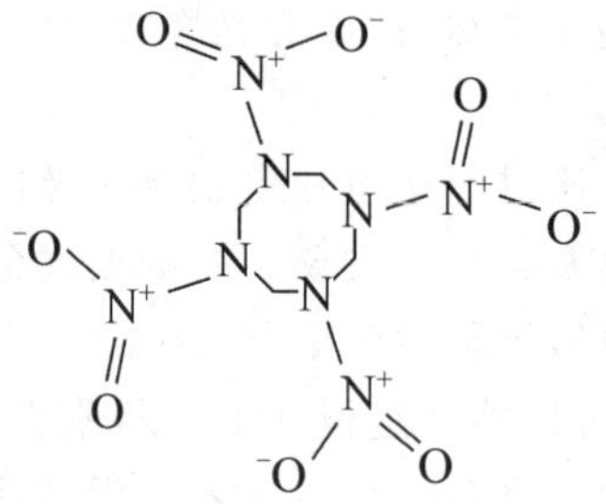

图 6.3　奥克托今分子结构式

奥克托今是白色的晶体,在达到熔点前,可能以 α、β、γ 和 δ 4 种晶型存在,它们有不同的温度稳定范围,在一定温度下是可以相互转换的。β－HMX 热安定性良好能量高,与大多数物质相融,储存过程中不易发生变化。而 α－HMX、γ－HMX、δ－HMX 在常温下的稳定性和能量水平都低于 β－HMX。常温下,α－HMX、γ－HMX 处于亚稳态 δ－HMX 为不稳态。不稳态的 δ－HMX 和亚稳态的 α－HMX、γ－HMX 经过较长的时间会自然转变为稳态的 β－HMX[B35.36]。为安全起见,通常采用适当的工艺方法进行转晶,使 α－HMX、γ－HMX、δ－HMX 全都转变为 β－HMX。一般不注明情况下,所列性能参数均指 β－HMX,炸药工业上生产和使用的也是 β－HMX。

奥克托今长期存在于乙酸酐法制得的黑索今(RDX)中,但是直到 1941 年才被发现并分离出来。HMX 的撞击感度比 TNT 略高,容易起爆,安定性较好,但成本较高。通常用于高威力的导弹战斗部,也用作核武器的起爆装药和固体火箭推进剂的组分。HMX是迄今为止国内外现用炸药中综合性能最好的单质炸药,密度高、爆轰性能优良、熔点高、热安定性好。以 HMX 为基的混合炸药放入玻璃管中,在 250 ℃的熔融金属浴中加热,需经 46 min 发生爆炸,而以 RDX 为基的混合炸药在同样情况下 12 min 就爆炸了。

典型事故：

1987 年，发生了奥克托今醋酸浓缩工房"4·24"爆炸事故。1987 年 4 月 24 日 0 时 55 分 Y 厂奥克托今生产线废酸处理醋酸浓缩工房在开车生产过程中浓缩塔再沸器发生爆炸事故，事故造成 1 人死亡，浓缩塔再沸器被炸毁断成两节，部分设备仪表管线毁坏。事故发生经过：4 月 22 日 10 时醋酸浓缩工房因工厂循环水故障停水临时停车，4 月 23 日 23 时故障排除，恢复供水，开车生产，醋酸浓缩岗位操作工打开浓缩塔再沸器蒸汽加热阀门，用 0.25～0.35 MPa 过热蒸汽加热升温。至 24 日 0 时 55 分即发生了爆炸。

事故起因物为浓缩塔再沸器，致害物为含硝酸铵、黑索今与奥克托今药的混合物，伤害方式为爆炸。

事故的过程为该工序经临时停车后，再开车生产时，现场操作人员没有认真检查，也没有严格按"开工操作应先由浓缩塔往再沸器加入粗醋酸，浸泡再沸器后才能打开再沸器加热蒸汽阀门"的规定执行；再开车时没有发现浓缩塔底通向再沸器的管道内物料冻结，就直接用过热蒸汽加热升温；当发现管道冻结时，仍没有关闭加热蒸汽阀门，时间长达 95 min。致使再沸器内物料蒸干，醋酸中溶解的硝酸铵和少量黑索今、奥克托今析出，附在列管壁上，受高温分解，发生爆炸。

6.2.4　六硝基六氮杂异戊兹烷(CL−20)

六硝基六氮杂异伍兹烷(HNIW)，化学名称为 2,4,6,8,10,12−六硝基−2,4,6,8,10,12−六氮杂异伍兹烷，俗称 CL−20，是具有笼型多环硝胺结构的一个高能量密度化合物(图 6.4)。由美国的尼尔森(Nielson)博士于 1987 年首先制得，主要用作推进剂的组分，被国际火炸药界誉为"炸药合成史上的一个重大突破"。

其中，六硝基六氮杂异伍兹烷的氧平衡为 −10.95%，最大爆速、爆压、密度等几个材料参数都优于奥克托今，能量输出更是比奥克托今高 10%～15%，自首次合成便引起了广泛关注。它在常温常压下有 4 种晶型：α−、β−、γ− 及 ε− 晶型，其中以 ε− 晶型的结晶密度最大，最为实用。经过近 10 年的研究，CL−20 的合成及在火炸药中的应用研究在世界各国取得了很大的进展。

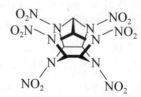

图 6.4　六硝基六氮杂异伍兹烷分子结构式

6.2.5　高氯酸铵(AP)

高氯酸铵(Ammonium Perchlorate)，是一种无机化合物，化学式为 NH_4ClO_4，为白色结晶性粉末，有潮解性(图 6.5)。高氯酸铵是强氧化剂，与还原剂、有机物、易燃物(如硫、磷或金属粉末)等混合会发生爆炸，与强酸接触有引起燃烧爆炸的危险。用于制炸药、焰火，并用作分析试剂等。

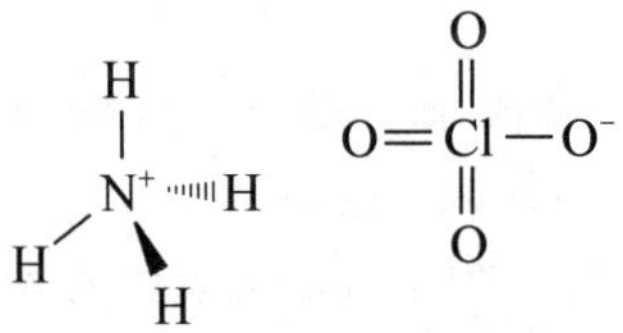

图 6.5　高氯酸铵分子结构式

典型事故:

1988 年 5 月 4 日,美国内华达州亨德森市发生爆炸事故。临近中午时间,太平洋工程制造公司(Pacific Engineering Production Company,PEPCON)的员工惊慌失措地拥出工厂。在工人身后的大仓库里,一团火焰即将失控。事故起因是工人们在对一座被风损坏的建筑进行修复时,焊机产生的火花意外点燃了钢铁和玻璃纤维结构的建筑物。工人把水管接上了附近的水源来灭火,却发现这无济于事,大火越烧越旺,还向那些油桶蔓延。眼看着灭火无望,情况危急,工人们便丢下了水管,决定尽快撤离现场。

在当时,PEPCON 是美国为数不多能生产高氯酸铵的公司之一。高氯酸铵是一种白色颗粒状的化合物,可以加速火箭燃料的燃烧,所以是航天飞机助推器和泰坦导弹中火箭燃料的关键成分。在事发工厂里,还存放着大量盐酸、硝酸等化工原料。

事发当天,仓库里存放了超过 4 000 t 的高氯酸铵,而恐慌的工人们就这样悻悻而逃了。15 个月前,挑战者号爆炸事件迫使 NASA 暂停了航天飞机计划,接受审查,但政府仍在以出事之前的数量和 PEPCON 签订订单。工厂里装燃料的容器越来越多,整个工厂就如一颗等待被引爆的高能炸弹。

多年以来,整个园区都充满了高氯酸铵的残余。维修工人们来的那天,狂风大作,从焊机上蹦出的火星,很快就变成了一团亮橙色的火球。从 1 mi(1 mi=1.609 344 km)外,就可以看到那个壮观的火球,浓雾从中喷出,直冲云霄。不久,有人在路旁看到数十名惊慌失色的工人。尽管烈日中天,男男女女还是匆匆跑出了起火的建筑,来到了路旁。几分钟后,在强烈的冲击波中,汽车剧烈晃动,车窗也被震碎了。随着爆炸的余响逐渐褪去,司机停下车来检查车辆情况,并处理被碎玻璃划破的伤口。在距离事发地 1 mi 的另外一个地方,正在对黑山的一座电视塔进行日常维护的工程队发现了大火,并对过程进行了拍摄。在第一次爆炸发生大约 4 min 后,PEPCON 公司在又一次高能爆炸中被夷为平地。这次爆炸的威力远超第一次。地平线上,一股浓烟直上 1 000 ft(1 ft=30.48 cm)高的天空,据说在 100 mi(1 mi=1.61 km)之外都能看到。当时的美国尚处于冷战期,看到这个蘑菇云,有人甚至以为爆发了战争。在爆炸消耗大部分燃料后,疯狂大火终于平息。大爆炸直接把地面炸出了一个坑,还炸断了一条汽油管道。据统计,有近 400 人在事故中受伤,进一步调查发现,大爆炸产生的破坏能量接近 1 000 t TNT 爆炸,甚至惊动了科罗拉多州的地震仪,使其测出了里氏 3.5 级地震。

6.2.6　硝酸铵(AN)

硝酸铵,是一种铵盐,化学式为 NH_4NO_3(图 6.6)。1659 年,德国人 J. R. 格劳贝尔首次制得硝酸铵。19 世纪末期,欧洲人用硫酸铵与智利硝石进行复分解反应生产硝酸铵。

后由于合成氨工业的大规模发展,硝酸铵生产获得了丰富的原料,于 20 世纪中期得到迅速发展,第二次世界大战期间,一些国家专门建立了硝酸铵厂,用以制造炸药。60 年代,硝酸铵曾是氮肥的领先品种。我国在 50 年代建立了一批硝酸铵工厂。

40 年代,为防止农用硝酸铵吸湿和结块,用石蜡等有机物进行涂敷处理,曾在船运中发生过因火种引爆的爆炸事件。因此,一些国家制定了有关农用硝酸铵生产、储运的管理条例,有些国家甚至禁止硝酸铵的运输和直接作肥料使用,只允许使用它与碳酸钙混合制成的硝酸铵钙。

此外,硝酸铵是极其钝感的炸药,比安全炸药 C4 更为钝感。一支工业 8♯ 雷管(起爆C4 只是用 6♯ 就可以了)都不足以起爆混合了敏化剂的硝酸铵。硝酸铵是最难起爆的硝酸炸药,撞击感度是:50 kg 锤,50 cm 落高,0% 爆炸。相比起著名炸药硝化甘油的 200 g锤,20 cm 落高,100% 爆炸的感度,可见硝酸铵的钝感。而且硝酸铵一旦溶于水,起爆感度更是大大下降,根本是人力不可能撞击引爆的。

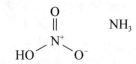

图 6.6　硝酸铵(AN)分子结构式

典型事故 1:

2020 年 8 月 4 日,黎巴嫩贝鲁特港口区发生剧烈爆炸。截至当地时间 5 日 21 时,贝鲁特港口爆炸已经造成 137 人死亡,超过 5 000 人受伤。

据中央纪委国家监委网站消息,爆炸原因已查明:爆炸的 2 750 t 硝酸铵来自 2013 年一艘从格鲁吉亚巴统港出发的破旧货船,运送目的地是莫桑比克。在行驶到黎巴嫩附近海域时,货船发生技术问题紧急停靠贝鲁特港。由于将硝酸铵留在船上的风险,港口和司法当局 2014 年把它们卸到港口危化品仓库,直到 2020 年,不久前,在检查隔壁的另一个危化品仓库时,工作人员发现库门急需维护,于是在 8 月 4 日下午开始焊接存有炸药的仓库门,期间焊接火花引燃了仓库中的炸药,引发了爆炸火灾。接下来,大火迅速升温导致在隔壁库房中存放的硝酸铵爆炸。

根据目前信息判断,此次贝鲁特港口大爆炸是由于对危险化学品的管理不善。根据梳理发现,历史上,不管是发达国家还是发展中国家,工业事故意外都难以杜绝。在硝酸铵威力恐怖的大爆炸"名单"上,美、英、德、法等西方国家,以及全球几大化学巨头孟山都、巴斯夫、道达尔无一幸免。有些是意外,有些则是严重恶劣的责任事故。

在大多数国家和地区,硝酸铵都受到严格管控,我国也将其列入危险化学品名录,并尝试重点监管。

这次黎巴嫩爆炸的"元凶"硝酸铵,在国外的日常生活中的大多数时候,都是以人畜无害的化肥出现在人们的视野里。但其实早在 19 世纪中期,瑞典工程师就申请了用硝酸铵和其他助燃剂支撑混合炸药的专利。硝酸铵从此成为被广泛使用的工业炸药原料。

典型事故 2：

虽然硝酸铵能做炸药，但未添加助燃剂的纯硝酸铵，其实是最难引爆的硝酸炸药。它在常温下不会自行燃烧，也具有相当好的耐撞击性。实验研究显示，50 kg 的铁锤从 50 cm 的高度落在固体硝酸铵上，它的爆炸概率是 0；而对比著名的炸药硝酸甘油，200 g 的铁锤从 20 cm 的高度落下，就 100% 能被引爆。

同时，硝酸铵的含氮浓度较高、性能稳定，所以人们常把它当作含氮化肥使用。氮肥主要有助于提高农作物的产量、改善其品质。看似安全的硝酸铵化肥，让人们放松了警惕，在 1947 年的美国德克萨斯州边引发了一场美国史上最严重的工业灾难。

1947 年 4 月 16 日，德州的港口旁停靠着一艘注册名为格兰德坎普号的货轮。这艘法国货轮已经在这停留五天了。船上除了装载一些从比利时运来的油田器械、钻杆、麻绳和武器弹药外，最主要的"乘客"就是 2 300 t 的硝酸铵化肥。

早上 8 点多，堆放化肥的 4 号船舱开始出现浓烈的烟味，很快火势也伴随着烟雾而来，并蔓延到甲板、船体表面。船员和赶来的消防立刻投入了灭火战斗，但火势并未得到控制。

这时船员提出了另外一个灭火方法：救援人员不再用水灭火，而是用板条把货仓封住，盖上防水布；然后把高温蒸汽通入船舱中，打算通过这种形式挤出舱内的氧气。这样一来，缺少了燃烧三要素中其中一项，燃烧也就没法继续进行了。

＊注：物质燃烧需要具备 3 个要素才能发生：助燃剂、可燃物，以及温度达到燃点。其中氧气是最常见的助燃剂。

但令人没想到的是这种方法对于船上的硝酸铵来说却是致命的。硝酸铵虽然耐撞击，但在高温面前却十分"脆弱"。当温度达到 165 ℃ 左右，或者与明火接触，固体硝酸铵会迅速分解产生一氧化二氮和水蒸气。而一氧化二氮也会在高温下转化生成氧气，救援人员千方百计想除去的气体又重新出现了。

这时候，空气中存在的反应已不只是燃烧了。灭火人员费尽心思营造的高温、高压环境，让货仓成了加速爆炸反应的密闭容器。

9 点 12 分，从港口传来的一阵巨响一个火球直插云霄，把天空映成红色。浓浓烟雾窜上 610 m 的高空，并向四处弥散。部分船体随之融化成碎片，从码头喷出。爆炸还引发了海啸，掀起一波接一波高达 4.5 m 的大潮，向陆地袭来。德州北边 40 km 开外的休斯敦也感受到了剧烈的震动，一些民居的窗户玻璃直接被震碎。

在突如其来的爆炸中，第一批进入救援的消防员无一生还。附近的居民诚惶诚恐地在家避难，但还是逃不过奔涌而来的海啸。而爆炸延续的火情仍然持续不断，让人不敢接近。

繁忙的德州码头可不是一艘格兰德坎普号的港湾，密集的货轮和海岸边的化工厂、炼油厂成了又一大隐患。就在爆炸发生之后的 15 h，人们还没从中缓过神来，第二次爆炸发生了。

距离格兰德坎普号 200 m 的海岸，还停靠着一艘成功号货船。这艘货船同样也装着近 1 000 t 硝酸铵，另外还有 180 t 硫黄。爆炸和火灾延伸到成功号上，带来了第二次惊心动魄的爆炸。这次爆炸又引发了一连串的连锁反应，附近的货轮、工厂接连爆炸。

接连不断的灾情最终造成 581 人丧生，超过 3 500 人受伤，当时德州超过四分之一的人口在灾难中伤亡。上千座居民楼和商业建筑被海啸摧毁，码头 1 100 艘受牵连被损毁。当时的繁荣之都、工业城市德州损失了约 1 亿美金（相当于现在的 10 亿多美金）。

这起骇人听闻的德州大爆炸成为历史，美国也走进了工业安全生产严管的新时代。

6.2.7　二硝酰胺铵（ADN）

二硝酰胺铵（ADN）是 20 世纪 70 年代首先由苏联合成出来的一种高能量密度材料。它是一种能量密度高，不含卤素的白色结晶物。最初 ADN 是为高性能固体推进剂研制的。作为一种能够替代高氯酸铵的候选氧化剂品种，国内外在 ADN 推进剂的配方研究、球形化、改善吸湿性等方面做了大量工作。但从目前的研究进展来看，ADN 存在热稳定性较差，会发生自动催化分解；室温下反应活性高；吸湿性强，容易与异氰酸酯反应产生气孔；晶体中有不均匀性缺陷，制备推进剂时的工艺性能差等问题。这些问题制约了 ADN 在高性能固体推进剂中的应用。

早在 20 世纪 70 年代，苏联就在 ADN 合成工艺改进、性能研究等方面进行了大量细致的研究，随着 ADN 应用中安全问题的解决，俄罗斯已掌握了 ADN 在固体推进剂中的应用技术，已应用在 SS－20、SS－24 和 SS－27 中。推进剂配方大致为 HTPB/AP/ADN/AL/HMX/二茂铁衍生物。

ADN 可以和其他物质混合使用，如二硝酰铵胺＋氨水、二硝酰胺肼＋肼和二硝酰胺羟铵＋羟铵，都可以用作单元液体推进剂。自 1997 年以来，瑞典空间公司（SSC）和 FOI 一直在进行 ADN 单元推进剂的配方研究，他们从 100 多种材料中筛选出了甘油、甘氨酸、甲醇等，并相继推出一系列推进剂配方。

ADN 单元推进剂的比冲和密度都比肼高；与 HAN 推进剂相比，密度相当，但比冲较高；几种配方的冰点都低于 0 ℃，实验发现，在没有结晶核的情况下，0 ℃下也能稳定保存数小时。因此，在航天器中使用时完全可以采用与肼（冰点 2 ℃）相同的操作系统。

如表 6.1 所示为常见推进剂牌号及相应指标。

表 6.1　推进剂牌号及相应指标

推进剂牌号	LMP－101	LMP－101	LMP－101	FLP－105	FLP－105	FLP－105	肼	HAN	HAN
冰点/℃	<0	<0	<0	<0	<0	<0	2	<－20	<－20
燃温/℃	1 700	1 280	1 730	1 990	1 814	—	900	1 500	1 100
密度/(g·cm⁻³)	1.420	1.390	1.310	1.405	1.357	1.351	1.004	1.320	1.330
比冲/s	248	214	254	261	255	256	233	234	200
推进剂组分/%									
水	26.0	26.0	25.4	13.6	23.9	25.3	—	26.0	26.0
燃料	13.0(甘油)	16.0(甘氨酸)	11.2(甲醇)	20.7(F－5)	11.5(F－6)	9.3(F－7)	—	甲醇	甘氨酸
ADN	61.0	58.0	63.4	65.7	64.5	65.4	—	—	—

6.3　含能材料 3D 打印安全性评估及测试技术

3D 打印技术是快速成型(RP)技术的一种,是目前发展极为迅速的行业之一。该技术是基于计算机三维设计、先进制造技术和材料科学技术与各类成型技术相结合发展出来的新型材料加工的加工工艺技术。该技术的基本思想是以数学模型为基础,运用激光束、高温熔融、压力等将粉末状、丝状、液态或颗粒状等可黏合的材料,不需要模具或者夹具,通过逐层堆积黏结,能够快速地打印形状复杂并且具有一定目标功能的三维实体成型件。首先,由于不需要模具和夹具,将一个三维实体转化为多层二维截面,制造难度得到极大改善;其次,从理想状态上说,3D 打印技术可以打印出任何一个计算机设计出的三维模型,则适用于药柱可变截面形状、异形形状、内部复杂形状等结构零件的加工制造;再者,3D 打印技术,整个过程由计算机远程控制,人为参与少,避免人与高温高压环境近距离的接触,保障了工作人员安全。因此,采用 3D 打印技术可以有效解决传统成型方式形状固定、截面复杂不规则药柱的适应性差、材料利用率低、生产效率低、安全性低等缺陷。

6.3.1　3D 打印技术

3D 打印技术的核心思想最早可以追溯到 19 世纪末美国,经过多年研究已经拓展出多种方式的成型技术,如分层实体制造(LOM)技术、立体光刻(SLA)技术、选择性激光烧结(SLS)技术、熔融沉积成型(FDM)技术以及立体喷墨打印(3DP)技术等多种技术路线和实现方法。

1. 熔融沉积成型(FDM)

熔融沉积成型(FDM)是于 1988 年美国的一名学者 Dr. Scott Crump 研制出来的技术。FDM 的加工方法不是利用激光器加工的,而是将带有热熔性的材料(塑料、高分子材料等)加热融化成流体状态的方法,属于 3D 打印技术的一种。其工作原理是将一定体积的热塑性材料放入带有加热装置的料筒内加热至熔融态,在步进电机的转动下,熔融态的物料从小口径的喷嘴处挤出,X 轴和 Y 轴在控制系统指令下将挤出黏稠状的材料黏覆在工作台上,走完当前层后,喷头上升到预定的高度在进行下一次的黏结,层层堆积直至打印完成。其成型基本原理如图 6.7 所示。

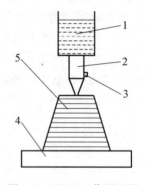

图 6.7　FDM 工作原理图

1—供料结构;2—喷嘴装置;3—温度装置;4—工作台;5—成型件

熔融沉积成型技术已越来越趋于成熟,其优点在于不需要采用激光加工,设备成本不高,多以数控为主,运行平稳性好;材料多为 PLA 和 ABS 等塑性材料,其强度较高,可直接用来作产品的测试等,材料利用率较高及产生的污染很小。但也有一些不足之处,如成型件的表面精度不高,表面纹理明显;不适合大型模件的制作;挤出的丝状进行层层堆积时,相邻截面层之间的黏性是有限的,成型件的高度方向的结构强度不高等缺点。

2. 电子束自由成型制造(EBF)

电子束自由成型制造(EBF)技术,又称为电子束熔丝沉积成型技术。是由美国NASA 兰利的一家研究中心发展起来的,现已经加入 DARPA(美国国防高级研究计划局)的一家研究中心,该公司以金属为原材料,主要应用在航天航空领域。该工艺是以电子枪发出的热源为动力装置,在真空环境下,采用高能量密度的电子束冲击金属表面形成熔池,送料动力系统将金属丝送入熔池,使其开始熔化,与此同时,熔池按照计算机预定的路径运行,金属丝层层堆积凝结,形成密实的冶金结合体,最终打印完成型成金属件或者所需要的毛坯,然后通过二次精加工将冗余的材料去掉。EBF 技术可以代替锻造技术,能够大幅度降低零件制造成本和减少工作周期,既可以用于飞机构件的设计,也为宇航员在月球或火星或国际空间站表面加工作备用结构件和一些以前没有的工具提供了一条非常便利的途径。其工作原理如图 6.8 所示。

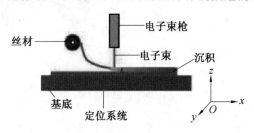

图 6.8　EBF 技术原理图

3. 分层实体制造(LOM)

分层实体制造(LOM)是一种对薄型(如纸、塑料薄膜等)材料的进行有选择性切割的技术。该技术首先在片状材料表面涂满一层热熔胶,开机工作后,热压辊开始滚压已涂上热熔胶的材料,目的是与底下已成型的零件黏结;其次,用 CO_2 激光器在刚刚黏结好的新层上进行切割,得到零件的横截面轮廓和工件的外形轮廓,且在其两者之间多出来的部分切出上下齐平的网格;再次,激光切割结束后,已经成型的工件在工作台带动下开始下降,目的是与片状材料分开;送料系统装置同时转动回收料轴和送料轴,从而使得料被移动到工作范围内,工作台也上升到加工平面上,热压辊继续压制新层片状材料,使得工件层数增加了一层,则高度也增加了一个厚度,继续在新的一层上切割,重复以上过程直到成型全部截面黏结、切割结束,最终得到分层制造的实体成型件,具体的技术原理如图6.9所示。

LOM 技术的应用有以下几种:基于 LOM 技术的快速制模技术,是利用 LOM 快速制作原型件,原理是在片状材料表面涂上热熔融的黏合剂,用特别的方法处理的纸通过激光切割和层层叠加制成的,其可耐受 200 ℃ 的高温,具有稳定性和力学强度较好等优点,经过适当的外表面处理,可直接作为模具生产。制作出来的模具优点是:低成本、制作周期短、高精度及可取代用传统的木模方法铸造生产;摩托车发动机的缸盖就是利用快速原型技术,用传统方法制造发动机缸盖的形状耗时长,并且用人工操作制成一个模型难度很大,甚至没有办法实现,而采用 LOM 工艺法不仅原材料成本低,而且适用像发动机缸盖这种大尺寸的成型件,在成型中也不需要有支撑结构,很容易去掉材料多余的部分,精度较好。但 LOM 技术也有不足地方,就是材料利用率低,从而使得材料被浪费得很多,这也是目前需要解决的问题。

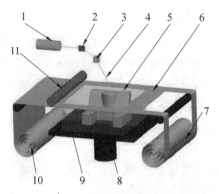

图 6.9　LOM 技术原理图

1—激光发射器；2—反光镜；3—移动光学头；4—激光束；5—打
印件；6—当前层；7—回抽料轴；8—平台；9—支撑材料；10—送
料轴；11—加热辊

4. 数字光处理(DLP)

数字光处理(DLP)是 20 世纪 70 年代美国的一位博士 Larry Hornback 发明的。开始，并没有用在数字技术上，而是以模拟技术开展的微小型机械类控制，主要用在打印术的成像上，后来，逐渐发展为数字图像并作为重点研发对象。DLP 需要的材料是光敏树脂材料，在打印过程中利用数字光源在光敏树脂的表面层层固化，最终成型。其具体工作原理图如图 6.10 所示。

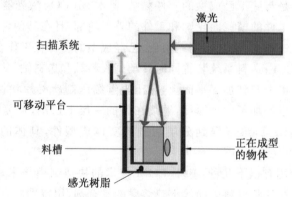

图 6.10　DLP 工作原理

DLP 技术的优点有：精度超高，像素高及图片表面清晰细致；图像色彩更加的逼真自然，还原了真实物质的色彩和一些独特的地方；更加方便移动、携带，小巧，明亮度高；可靠性高，DLP 的核心器件 DMD 寿命长，可用 10 万个小时，至少可用 30 年。即便数字光处理技术有很多显著的优点，然而缺点也不可忽略，制作成本比较高，加工成品通常用于体积小的物品打印，使用的树脂材料呈液态时低毒性，需要在密闭环境下打印。因此，DLP技术主要用于牙科医疗、珠宝首饰、航空航天等一些要求高或者高端的领域制造。

5. 选择性激光烧结(SLS)

选择性激光烧结(Selective Laser Sintering，SLS)起初是美国的一位研究生提出并发展起来的,其基本原理是利用高温烧结,材料为粉末状,采用的光源为激光,其具体工作流程为:打印时,首先进行粉末预热,温度快到达粉末熔点时,将粉末铺平并用棍子刮平,然后激光束按照计算机设定程序对第一层截面进行烧结,其烧结范围与计算机预设范围相同,待首层烧结完成后成型平台下降预设一个层厚的距离,铺粉装置开始为工作平台铺上合适层厚的粉末并用棍子刮平,然后激光光束照射进行该层的烧结,一直重复以上工作,一层一层堆积起来,直至烧结全部完成,最后将剩下的粉末去除,即得到烧结好的成型品。其工艺原理图如图 6.11 所示。

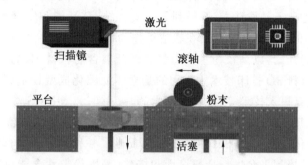

图 6.11　SLS 工作原理

采用 SLS 技术在烧结过程中由于材料为粉末状,很容易四周遍满粉尘,因此通常该仪器需要独立的空间。SLS 技术的成型过程中最突出优点就是材料可选范围广泛,如尼龙、石蜡、ABS、树脂覆膜砂、陶瓷粉、金属粉等;另外,该技术生产效率和材料利用率较高,工艺较为简单,柔性高,选材多且较为便宜,能够快速成型等优点。运营和仪器的成本都较高,在激光高温烧结后,风干后会产生残余应力,成品很容易弯曲变形,而 FDM 技术设备和维修成本不高,用高分子材料作为原料打印出的成型件的效果较好,因此,目前采用 SLS 技术投入市场难度较大。

6.3.2　含能材料 3D 打印技术应用的现状

含能材料 3D 打印技术是将传统含能材料制造工艺与新兴 3D 打印技术相结合,若能突破 3D 打印含能材料筛选、含能材料制造快速成型和含能材料制造系统集成这三方面的关键技术,将能有效地解决传统装药成型工艺周期长、填料不均匀及药料接触不牢靠等问题。目前,国内外对于将 3D 打印技术应用到含能材料领域取得了一定的成果,并着手探究将新型含能材料应用到先进武器里,以及研究 3D 打印设备更加智能化、轻便化方向发展。

含能材料 3D 打印技术这一想法最早来源于美国,1999 年美国 DARPA(国防高级研究计划局)投入 4 千万美元,用来发展直写入(Direct Write,DW)技术,其中一个最重要的研究方向便是含能材料 3D 打印及快速成型技术。随后,美国的一些研究者主要是以具有高能量的炸药为打印原料与不同的具有黏结作用的溶剂相混合,按照不同的配比配成含能墨水,并以此含能墨水材料作为 3D 打印成型研究。21 世纪初,美国对该领域的研究逐渐增多,其国防先进研究项目总部署公布以军用为研究目的的快速成型技术有 79 项,其中与火工系统制作相关联的就有 7 项。

2008年,美国一些学者研究利用生物降解聚合物进行喷墨打印,其聚合物含有高能炸药或拟高能炸药,并用此作为制造聚合物微球体的方法,该打印方法能够较为精确地控制该微球体口径和化学组成成分,并证明了微球体的化学成分与含有溶剂的聚合物内的剂量和喷墨打印运行的参数推出来的浓度具有一致性,聚合物微球体可以通过质量分率70%的化合物分析并进行制造。2011年,Ihnen利用高能炸药Hexgen(三亚甲基三硝胺)与溶剂乙酸乙酯熔融制成含能墨水并成功打印出成型模型,其分辨率较高。2017年,美国的RCI(火箭工艺)公司表示,其火箭发动机药柱3D打印技术获得了美国国家专利。该技术不管从制造上,还是设计上,都做到了完美无缺,其性能和安全性都获得了极大地提高,并准备于2019年将该技术应用在轨道上作为发射材料。

国内21世纪初开始,以高校为主体力量逐渐开展含能材料3D打印技术的研究。在最初几年内,含能材料3D打印技术主要用的是立体光固化成型技术原理、光固化技术与喷墨原理相结合及直写入技术等,接着在化学芯片、引信和MEMS微尺度装药等范围内开展实验研究。近几年,3D打印技术的应用与含能材料的种类越来越多且3D打印成型机越来越趋于小型化、精密化。2016年,胡松启提出了一种基于3D打印的微药柱成型装置,对三维打印运动控制平台进行全部设计和搭建,采用粉末状含能材料为原料,当密封腔内的温度低于含能材料熔点时,打印机的喷头处的含能材料就会迅速凝固,通过压差控制含能材料的流出,具备的优点有工作效率高、工艺简单、成本低等。2017年,丁晓垚采用溶塑型含能材料作为成型原料,采用气压缸式作为挤出动力装置,研究喷头的几何尺寸对挤出速度的影响,最终成功打印出多种含能真料药柱。2018年,肖磊等人通过对适用于炸药的3D打印机进行全部设计和搭建,对熔铸炸药进行材料筛选及与其他溶剂进行混合配比,并以此作为3D打印原材料,通过调节挤出装置的参数,成功打印出含纳米奥克托今和梯恩梯的熔铸炸药,并将打印出的熔铸炸药与传统的浇铸成型的药柱进行对比,其综合性能明显优于后者。2019年,徐阳等采用步进电机式作为挤出轴,对出料装置进行结构设计,创新出收缩段处的新型曲线与原有的收缩段锥角曲线进行对比,得出新型曲线优于传统收缩锥角曲线的优点。

1. 3D打印感度测试技术

含能物质的相对稳定性是一个重要问题。含能物质其实就是各式火药/炸药的统称。衡量炸药稳定性大小的量是敏感度,它是指含能炸药在外界能量作用下发生爆炸变化的难易程度,简称炸药的感度。感度的高低以引起炸药爆炸所需要的最小起爆能定量表示。这个外界能量称为起爆能。炸药所受到的外界能量作用的形式是多种多样的。实际上最常遇到的起爆能有机械能(撞击、摩擦、针刺、射击)、热能(加热、火焰)、冲击能和爆炸能(雷管、炸药)及电能(电热、电火花)等。这些外界作用都有可能促使炸药发生爆炸。因此,炸药受外界作用的感度相应地有机械感度、热感度、静电感度和冲击感度等。引起含能炸药爆炸所需的起爆能越小,则炸药的敏感度越高,安定性越差,真正处理时的危险性越大。

2. 含能物质感度分类

按外界作用能量不同,含能炸药的感度大体上分为以下几种形式。

(1)机械感度。

含能炸药机械感度是指在机械作用下发生燃烧或爆炸变化的难易程度。机械作用下炸药爆炸的原因比较复杂,其主导原因是热点学说。炸药受到机械作用时,首先机械能转变为热能,由于机械作用的均匀受热集中在一些局部的小区域,这些区域的炸药温度升高而形成热点,炸药在热点处发生分解,分解速度伴随着反应放热而加快,在热点的数目足够多,尺寸足够大,热点处的温度足够高的条件下,就能引起炸药的爆炸。

①撞击感度。撞击感度是最常见的炸药机械感度形式。含能炸药在机械撞击作用下发生燃烧或爆炸变化的难易程度称为炸药的撞击感度。

②摩擦感度。测试炸药的摩擦感度可给出很重要的关于其爆炸危险水平的信息,因为这种外界摩擦是一种物质强加热来源,而其和撞击的机械作用相比,其时间的延续性长更促进了爆炸热点的形成和发展。

③枪击感度。枪击感度又称火炸药抛射体撞击感度(Projectile Impact Sensitivity)。在枪弹等高速抛射体撞击下,火炸药发生燃烧或爆炸的难易程度。

(2)热感度。

炸药在热作用下发生爆炸变化的难易程度称为炸药的热感度。炸药受热时由于自催化反应或自由基链式反应或热累积而加速分解导向爆炸,如果是伴有热累积的自催化或链式反应,反应能更快导致爆炸。炸药在热作用下爆炸的机理是热累积导致的加速反应,即热爆炸理论。热的作用形式有两种:加热和火焰,分别以爆发点和火焰感度来进行测定。

(3)冲击波感度和爆轰波感度。

在冲击波和爆轰波作用下,炸药发生燃烧或爆炸的难易程度称为炸药的冲击波感度、爆轰波感度。冲击感度是衡量炸药某些爆轰性能和安全性的重要指标;爆轰波感度直接涉及雷管设计和传爆系列的设计和装配。

(4)静电感度。

在静电火花作用下,炸药发生燃烧或爆炸的难易程度称为炸药的静电感度。评价炸药的静电敏感度应包括两方面:一是炸药是否容易产生静电;二是炸药对静电放电火花的敏感度大小。

(5)激光感度。

火炸药激光感度火炸药在激光能量作用下发生燃烧或爆炸的难易程度:常用 50% 发火能量表示。除与炸药分子结构、表面状态、粒度、密度、所含杂质等有关外,还与激光波长、激光输出方式及激光器其他工作参数有关。测定激光感度时,先根据试样将激光能量调至合适范围,再以升降法改变激光能量,观察试样是否燃烧或爆炸,并找出发火的激光能量。

3. 含能物质感度测定方法

目前常用的炸药感度测试方法见表 6.2。

表6.2　炸药感度测试方法

感度类别	测试方法及要点	国家	方法来源	备注
撞击感度测定	WL—1型 (1)锤重10 kg,25 cm落高,药量0.05 g,标准特屈儿标定值48%±8% (2)锤重2 kg,25 cm落高,药量0.03 g 标准黑索今标定值36%±8% 表示结果用方法有上下限法,感度曲线及特性落高法,爆炸分数法。国内以爆炸分数法为主		WJ 1053—81 《火炸药手册》	(1)适用于感度低于黑索今的炸药 (2)适用于感度低于黑索今的炸药
	锤重(10 000±10)g,(250±1)mm落高,药量(50±1)mg,标准特屈儿标定值40%~50% (2)锤重(10 000±10)g,(500±1)mm落高,药量(50±1)mm落高,标准TNT标定值28%~48% (3)锤重(2 000±2)g,(250±1)mm落高,药量(30±1)mg,标准黑索今标定值28%~44%		GJB 772.206—89 《炸药试验方法》	(1)适用于感度较高的炸药 (2)适用于感度低于TNT的钝化炸药 (3)适用于(1)中概率为96%~100%的炸药
	特性落高法(落锤质量固定,炸药爆炸分数为50%相对应的落高 H50)		GJB 772A.601.222 《炸药试验方法》	精确,相对误差小,且已累计大量数据
	卡斯特落锤仪。锤重分别为2.5,10(kg),导轨长1 m	西德		
	BAM落锤仪。锤重分别为2.5,10,20(kg),导轨长1 m	西德		
	三柱式落锤仪(小型,锤重为1 kg,导轨长1 m)	北美		
	大型落锤仪 (1)CERCHAR锤重为30 kg,导轨长4 m (2)锤重为24 kg,导轨长2 m,药量(3±0.1)g		《炸药的性能测试技术》	(2)为日本按照法国煤炭研究中心要求设计
	自动落锤仪			
	O—M落锤仪	美国		
	12型,12B型,13型	日本		
	JIS撞击装置。锤重为5 kg			
	钝感高能炸药撞击感度测试新方法			
	以同一落高连续进行的6次试验中有1次爆炸时的落高	日本	日本爆破用炸药的感度试验	适用于液体炸药和推进剂

续表 6.2

感度类别	测试方法及要点	国家	方法来源	备注
摩擦感度测定	WM－1 型摆式摩擦仪 (1)摆角 90°、表压 40 kg/cm²，药量 0.02 g，标准特屈儿标定值为 12%±8% (2)摆角 96°、表压 50 kg/cm²，药量 0.03 g，标准特屈儿标定值为 24%±8% 以爆炸分数表示		WJ 1054－81 《火炸药手册》	
	爆炸概率法 (1)摆角 90°±1°，表压(3.92±0.08) MPa，药量(30±1) mg (2)摆角 96°±1°，表压(4.9±0.08) MPa，药量 30±1) mg (3)摆角 80°±1°，表压(2.45±0.08) MPa，药量 20±1) mg		GJB 772.208－91 《炸药试验方法》	
	柯兹洛夫 (1)摆角 90°，挤压压力 474.6 MPa (2)摆角 96°，挤压压力 539.2 MPa			
	BAM 摩擦仪。以同一落高连续进行的 6 次试验中有 1 次爆炸时的落高	美国	《炸药的性能测试技术》	在欧洲，日本广泛使用
	ABL 仪测定	美国军标		
	大型摩擦摆。10 次中发生燃烧或爆炸的次数			
	ROTO 摩擦仪			重复性好
	Tailar 及 Rinbenback 的小型摩擦摆试验		工业炸药机械感度评价方法的现状	
	Ubbelohde 的小型摩擦摆试验			英国皇家兵器开发研究所 起爆药用
	Torpedo(撞击与摩擦摆试验)			
	山田式。绘制荷重与发火率曲线		日本爆破用炸药的感度试验	
枪击感度测定	试验发数及爆炸燃烧的发数 4>60 mm×60 mm 药柱离枪口 25 m，用 56 式步枪口径 7.62 口径步枪射击		《火炸药手册》	日本，射言感度作为测试冲击感度的一种方法 弹头分为尖、平两种
5 s 爆发点测定	定温加热法，选定 4～5 个温度点，至少测定 5 次，药量 0.03 g 定速加热法，100×，开始，每分钟升温 5 ℃		《火炸药手册》	《炸药的性能测试方法》较详细 (升温法、降温法)

续表 6.2

感度类别	测试方法及要点	国家	方法来源	备注
火焰感度测定	0.05 g 药量，又试法测出上下限，上限为 100%不发火最大距离，下限为 100%发火最小距离		《火炸药手册》	两种相似
	导火索燃烧的火星为加热源			
	导火索燃烧的火焰为加热源			用十、一表示
	黑火药药柱燃烧喷射火星或火焰为加热源		《炸药的性能测试技术》	
	热丝点火实验			
	高温燃烧实验			测试热感度的另外两种方法
冲击波感度测定	隔板试验		《炸药的性能测试技术》	
	楔形试验			
	卡片式隔板法		GJB 772.207－90《炸药的试验方法》	
静电火花感度测定	JGY－50 型静电感度仪，以 50%发火的能量 E50 表示		《炸药的性能测试技术》	
爆炸感度（起爆感度）测定	日本：(1)聚氯乙烯管法 (2)厚纸筒法		日本爆破用炸药的感度试验	
激光感度测定	兰利法			

本章参考文献

[1] 李良铮. 爆破器材[M]. 北京：国防工业出版社，1983.

[2] 曹茂欣，李福平. 奥克托今高能炸药及其应用[M]. 北京：兵器工业出版社，1993.

[3] 欧育湘，孟征，刘进全. 高能量密度化合物 CL－20 应用研究进展[J]. 化工进展，2007，12(12)：1690-1694.

[4] 吴勤勇，王斌，朱文宏. 硝酸铵的火灾危险性及预防对策[J]. 消防科学与技术，2006，S1：145-146.

[5] 文战元. 新的有希望的氧化剂——二硝酰胺铵（ADN）[J]. 推进技术，1997，4：13.

[6] 管梦茹. 含能材料 3D 打印系统出料装置结构设计及控制研究[D]. 南京：南京理工大学，2020.

[7] 杨继全，郑梅，杨建飞，等. 3D 打印技术导论[M]. 南京：南京师范大学出版社，2016.

[8] 蒲以松，王宝奇. 金属 3D 打印技术的研究[J]. 表面技术，2018，47(3)：78-84.

[9] 胡增荣，周建忠，高振宇，等. 快速模具制造技术在砂型铸造模具上的应用[J]. 铸造设备研究，2005，5：29-32.

[10] 王广春，王晓艳，赵国群. 快速原型的叠层实体制造技术[J]. 山东工业大学学报，2001，31(1)：59-64.

[11] 朱珠，雷林，罗向东，等. 含能材料 3D 打印技术及应用现状研究[J]. 兵工自动化，2015，6(34)：52-55.

[12] 王建. 化学芯片的喷墨快速成型技术研究[D]. 南京：南京理工大学，2012.

[13] 胡松启，刘茜，秦少东，等. 一种基于 3D 打印的微药柱成型装置及其方法：CN106431788A[P]. 2017-2-22.

[14] 丁晓垚. 含能材料 3D 打印实验系统喷头的设计和分析[D]. 南京：南京理工大学，2017.

[15] 肖磊，王庆华，李万辉，等. 基于三维打印技术的纳米奥克托今与梯恩梯熔铸炸药制备及性能研究[J]. 兵工学报，2018，39(7)：1292-1298.

[16] 徐阳. 含能材料 3D 打印实验系统出料结构设计及成型精度分析[D]. 南京：南京理工大学，2019.

[17] 呙娓欣. 典型含能物质能量与安全性综合效应评定及应用[D]. 长沙：中南大学，2012.

[18] 许海欧. 火炸药及其制品燃烧爆炸危险源现实危险度评估方法标准化[D]. 南京：南京理工大学，2008.

[19] ZEMAN S, JUNGOVÁ M. Sensitivity and performance of energetic materials[J]. Propellants, Explosives, Pyrotechnics, 2016, 41(3)：426-451.

第7章 3D打印含能材料产品典型表征技术

7.1 3D打印含能材料样件力学性能检测与评价

7.1.1 拉伸强度表征

1.主题内容与适用范围

本标准规定了对试样施加静态拉伸载荷测定拉伸强度、拉伸弹性模量、最大载荷伸长率和破坏伸长率及拉伸应力—应变曲线的实验方法。

本标准适用于纤维增强塑料用树脂、专用浇铸树脂的浇铸体。

2.试样

(1)试样形状、尺寸如图7.1所示。

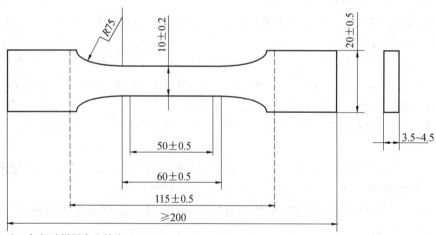

注：每组试样厚度公差为 ±0.2 mm

图7.1 拉伸试样图(单位:mm)

(2)试样数量按 GB/T 2567—1995《树脂浇铸体性能试验方法总则》第3章。

3.实验条件

(1)实验环境条件按 GB/T 2567—1995 第4章。

(2)实验设备按 GB/T 2567—1995 第7章。

(3)测定拉伸强度时,常规实验速度为 2~10 mm/min,仲裁实验速度为 2 mm/min;测定弹性模量、应力—应变曲线时,取 2 mm/min。

4. 实验步骤

(1)试样制备按 GB/T 2567—1995 第 2 章。

(2)试样外观检查按 GB/T 2567—1995 第 3 章。

(3)试样状态调节按 GB/T 2567—1995 第 5 章。

(4)将试样编号,测量试样标距(图 7.1 中 50±0.5 段)内任意 3 处的宽度和厚度,取算术平均值。测量精度按 GB/T 2567—1995 第 6 章。

(5)夹持试样,使试样的中心轴线与上、下夹具的中心线一致,按规定速度均匀连续加载,直至破坏,读取破坏载荷值。

(6)测定拉伸弹性模量时,在工作段内安装测量变形的仪表,施加初载(约 5% 的破坏载荷),检查和调整仪表。然后以一定间隔施加载荷,记录载荷和相应的变形值,至少分五级加载,施加载荷不宜超过破坏载荷的 40%,有自动记录装置时,可连续加载。

(7)测定破坏伸长率和应力应变曲线时,应有自动记录载荷和变形的装置。

(8)若试样断在夹具内或圆弧处,此试样作废,另取试样补充。同批有效试样不足 5 个时,应重做实验。

5. 计算

(1)拉伸强度按式(7.1)计算。

$$\sigma_t = \frac{P}{bh} \tag{7.1}$$

式中　σ_t——拉伸强度,MPa;

P——破坏载荷(或最大载荷),N;

b——试样宽度,mm;

h——试样厚度,mm。

(2)拉伸弹性模量按式(7.2)计算。

$$E_t = \frac{L_0 \Delta P}{bh \Delta L} \tag{7.2}$$

式中　E_t——拉伸弹性模量,MPa;

L_0——测量标距,mm;

ΔP——载荷—变形曲线上初始直线段的载荷增量,N;

ΔL——与载荷增量 ΔP 对应的标距 L_0 内的变形增量,mm。

其余同式(7.1)。

(3)试样拉伸破坏时或最大载荷处的伸长率按式(7.3)计算。

$$\varepsilon_t = \frac{\Delta L_b}{L_0} \times 100 \tag{7.3}$$

式中　ε_t——试样拉伸破坏时或最大载荷处的伸长率,%;

ΔL_b——试样破坏时或最大载荷处标距 L_0 内的伸长量,mm;

L_0——同式(7.2)。

(4)绘制拉伸应力—应变曲线。

6. 实验结果

实验结果按 GB/T 2567—1995 第 8 章。

7. 实验报告

实验报告按 GB/T 2567—1995 第 9 章。

附加说明：

本标准由国家建筑材料工业局提出，由全国纤维增强塑料标准化技术委员会归口。

本标准由天马集团公司起草。

本标准主要起草人千玉芬、梁留生。

本标准于 1981 年首次发布。

7.1.2 压缩强度表征

1. 主题内容与适用范围

本标准规定了对试样施加静态压缩载荷测定压缩强度、压缩弹性模量及载荷变形曲线的方法。

本标准适用于纤维增强塑料用树脂、专用浇铸树脂的浇铸体。不适用于柔性树脂的浇铸体。

2. 试样

(1)试样形状、尺寸如图 7.2 所示。

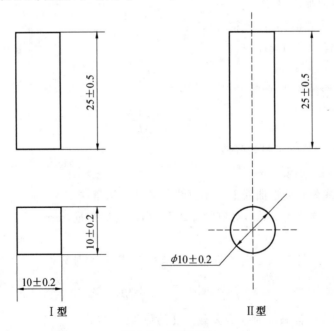

图 7.2　压缩试样

(2)实验过程中，有失稳现象时，试样高为(15±0.5)mm；测定压缩弹性模量需在试样上安装变形仪表时，试样高为 30～40 mm。

（3）试样上下两端面要求互相平行，且与试样中心线垂直，不平行度应小于试样高度的 0.1%。

3. 实验条件

（1）实验环境条件按 GB/T 2567—1995 第 4 章。

（2）实验设备按 GB/T 2567—1995 第 7 章。

（3）实验机的加载压头应平整、光滑、并具有可调整上下压板平行度的球形支座。

（4）测定压缩强度时，实验速度 5 mm/min；测定弹性模量和载荷变形曲线时速度为 2 mm/min。

4. 实验步骤

（1）试样制备按 GB/T 2567—1995 第 2 章。

（2）试样外观检查按 GB/T 2567—1995 第 3 章。

（3）试样状态调节按 GB/T 2567—1995 第 5 章。

（4）将试样编号，测量试样任意 3 处的宽度和厚度（Ⅱ型试样测任意三处的直径），取算术平均值。测量精度按 GB/T 2567—1995 第 6 章。

（5）安放试样，使试样的中心线与上、下压板中心线对准，确保试样端面与压板表面平行，调整实验机，使压板表面恰好与试样端面接触，并把此时定为测定变形的零点。

（6）测定压缩弹性模量和载荷变形曲线时，在上、下压板与试样接触面之间或在试样高度中间安装测量变形仪表。检查仪表，开动实验机，按规定速度施加载荷。在破坏载荷 40% 以内，以一定间隔，记录载荷和相应的变形值，有自动记录装置，可连续加载。

（7）测定压缩强度时，按规定速度对试样施加均匀连续载荷，直至破坏或达到最大载荷，读取破坏载荷或最大载荷。

（8）有失稳和端部挤压破坏的试样，应予作废。同批有效试样不足 5 个时，应重做实验。

5. 计算

（1）压缩强度按式（7.4）计算。

$$\sigma_c = \frac{P}{F} = \frac{P}{bh} = \frac{4P}{\pi d^2} \tag{7.4}$$

式中　σ_c——压缩强度，MPa；

　　　P——破坏载荷或最大载荷，N；

　　　F——试样横截面积，mm^2；

　　　b——试样宽度，mm；

　　　h——试样厚度，mm；

　　　d——试样直径，mm。

（2）压缩弹性模量按式（7.5）计算。

$$E_c = \frac{L_0 \Delta P}{bh \Delta L} = \frac{4L_0 \Delta P}{\pi d^2 \Delta L} \tag{7.5}$$

式中　E_c——压缩弹性模量，MPa；

ΔP——对应于载荷－变形曲线上初始直线段的载荷增量值，N；

ΔL——与载荷增量 ΔP 对应的 L_0 内的变形增量，mm；

L_0——试样原始高度或试样高度中间安装仪表的标距，mm。

其余同式(7.4)。

6. 实验结果

实验结果按 GB/T 2567—1995 第 8 章。

7. 实验报告

实验报告按 GB/T 2567—1995 第 9 章 。

附加说明：

本标准由国家建筑材料工业局提出，由全国纤维增强塑料标准化技术委员会归口。

本标准由天马集团公司起草。

本标准主要起草人王玉芬、梁留生。

本标准于 1981 年首次发布。

7.1.3 弯曲强度表征

1. 主题内容与适用范围

本标准规定了对试样施加 3 点式弯曲载荷测定弯曲强度、定挠度弯曲应力、弯曲弹性模量及绘制载荷挠度曲线的方法。

本标准适用于纤维增强塑料用树脂、专用浇铸树脂的浇铸体。

2. 试样

(1)弯曲试样形状如图 7.3 所示。

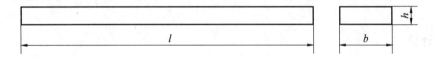

图 7.3　弯曲试样

(2)试样尺寸：仲裁试样厚度 h 为(4±0.2)mm，一般试样厚度 h 为 3～6 mm(一组试样厚度公差±0.2 mm)。宽度 b 为 15 mm。长度 l 不小于 $20h$。

(3)试样数量按 GB/T 2567—1995 第 3 章。

3. 实验条件

(1)实验环境条件按 GB/T 2567—1995 第 4 章。

(2)实验设备按 GB/T 2567—1995 第 7 章。

(3)3 点弯曲实验装置示意图如图 7.4 所示，跨距 L 为(16±1)h，加载上压头半径 R 为(5±0.1)mm，试样支座圆弧半径 r 为(2±0.2)mm。

(4)常规实验速度 2～10 mm/min，测定弯曲弹性模量时，实验速度 2 mm/min；仲裁实验速度 2 mm/min。

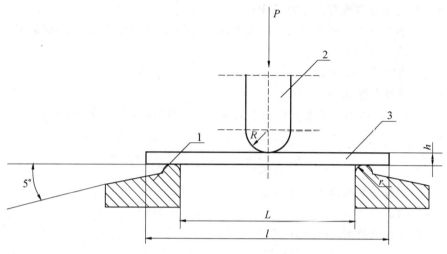

图 7.4　3 点弯曲实验装置示意图
1—试样支座；2—加载上压头；3—试样

4. 实验步骤

(1)试样制备按 GB/T 2567—1995 第 2 章。

(2)试样外观检查按 GB/T 2567—1995 第 3 章。

(3)试样状态调节按 GB/T 2567—995 第 5 章。

(4)将合格试样编号，测量试样跨中(跨距中心处)附近 3 点的宽度和厚度，取算术平均值，测量精度按 GB/T 2567—1995 第 6 章。

(5)调节跨距 L 吸加载上压头位置，准确到 0.5 mm 加载上压头位于支座中间且与支座相平行。

(6)将试样放于支座中间位置上。试样的长度方向与支座和上压头相垂直。

(7)调整加载速度选择实验机载荷范围及变形仪表量程。

(8)测量弯曲强度或弯曲应力时，按规定速度均匀连续加载，直至破坏，记录破坏载荷值或最大载荷值。在挠度等于 1.5 倍试样厚度下不呈现破坏的材料，记录该挠度下的载荷。

(9)测定弹性模量或绘制载荷挠度曲线时，在试样跨中底部或上压头与支座的引出装置之间安装挠度测量装置。施加初载荷(约 5% 的破坏载荷)检查调整仪表，开动实验机按规定的速度施加载荷。在破坏载荷 40% 以内，以一定间隔记录载荷和相应的挠度值，有自动记录装置时，可连续加载。

(10)在试样中间的三分之跨距(L)以外破坏的应予作废，另取试样补充。若同批有效试样不足 5 个时，应重做实验。

5. 计算

(1)弯曲强度或弯曲应力按式(7.6)计算

$$\sigma_t = \frac{3PL}{2bh^2}$$

(7.6)

式中　σ_t——弯曲强度或弯曲应力,MPa;

　　　　P——破坏载荷或最大载荷或定挠度(挠度等于试样厚度的 1.5 倍)时的载荷,N;

　　　　L——跨距,mm;

　　　　b——试样宽度,mm;

　　　　h——试样厚度,mm。

若 $f/L>10\%$,考虑到挠度 f 作用下支座水平分力引起弯矩的影响,可按下式计算弯曲强度:

$$\sigma_t=\frac{3PL}{2bh^2}\left[1-4(f/L)^2\right] \tag{7.7}$$

式中　f——试样破坏时跨中挠度,mm。

其余同式(7.6)。

(2)弯曲弹性模量按式(7.8)计算。

$$E_f=\frac{L^3\Delta P}{4bh^3\Delta f} \tag{7.8}$$

式中　E_f——弯曲弹性模量,MPa;

　　　　ΔP——对应于载荷挠度曲线上,初始直线段的载荷增量值,N;

　　　　Δf——与载荷增量 ΔP 对应的跨中挠度,mm。

其余同式(7.6)。

(3)实验结果按 GB/T 2567—1995 第 8 章 。

(4)实验报告按 GB/T 2567—1995 第 9 章。

附加说明:

本标准由国家建筑材料工业局提出,由全国纤维增强塑料标准化技术委员会归口。

本标准由天马集团公司起草。

本标准主要起草人王玉芬、梁留生。

本标准于 1981 年首次发布。

7.1.4　冲击强度表征

1. 主题内容与适用范围

本标准规定了用简支梁式摆锤冲击实验机对试样施加一次冲击弯曲载荷,使试样破坏,并用试样破坏时单位面积所吸收的能量,衡量材料冲击韧性的方法。

本标准适用于纤维增强塑料用树脂、专用浇铸树脂的浇铸体。

2. 试样

(1)试样形状和尺寸如图 7.5、表 7.1 所示。

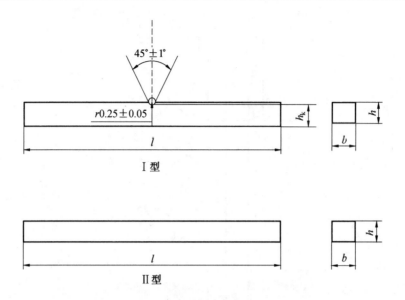

图 7.5　冲击试样(单位:mm)

Ⅰ型—Ⅴ形制品试样;Ⅱ—无缺口试样

表 7.1　试样类型、尺寸、跨距　　　　　　　　　　　　　　mm

类型	长度 l	宽度 b	厚度 h	缺口下厚度 h_k	缺口底部圆弧半径 r	跨距 L
Ⅴ形缺口试样	120 ± 2	15 ± 0.5	10 ± 0.5	$0.8h$	0.25 ± 0.05	70
无缺口试样	120 ± 2	15 ± 0.5	10 ± 0.5	—	—	70
Ⅴ形缺口小试样	80 ± 2	10 ± 0.5	4 ± 0.2	$0.8h$	0.25 ± 0.05	60
无缺口小试样	80 ± 2	10 ± 0.5	4 ± 0.2	—	—	60

注:试样的缺口由加工而成。

(2)试样数量按 GB/T 2567—1995 第 3 章。

3. 实验条件

(1)实验环境条件按 GB/T 2567—1995 第 4 章。

(2)用简支梁式摆锤冲击实验机,摆锤刀刃、试样和支座三者的几何尺寸及其相互位置如图 7.6 所示。

(3)摆锤冲击试样中心时的冲击速度为 2.9 m/s,极限偏差±10%。

4. 实验步骤

(1)试样制备按 GB/T 2567—1995 第 2 章。

(2)试样外观检查按 GB/T 2567—1995 第 3 章。

(3)试样状态调节按 GB/T 2567—1995 第 5 章。

(4)将试样编号,无缺口试样测量试样中部的宽度、厚度;缺口试样测量缺口下的宽度、测量缺口下两侧的厚度取其平均值。测量精度按 GB/T 2567—1995 第 6 章。

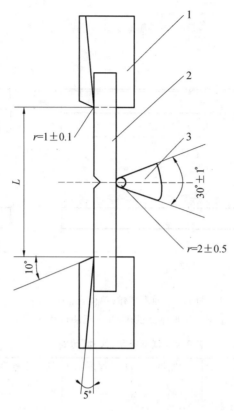

图 7.6　简支梁式冲击示意图

1—支座；2—试样；3—摆锤刀刃

（5）根据试样破坏所需的能量选择摆锤，使消耗的能量在摆锤能量的 10％～85％ 范围内。

（6）用标准跨距样板调节支座的距离。

（7）实验前检查实验机空载消耗的能量，使空载冲击后指针指到零位。

（8）抬起并锁住摆锤，将试样整个宽度面紧贴在支座上，并使冲击中心对准试样中心或缺口中心的背面。

（9）平稳释放摆锤，从度盘上读取冲断试样所消耗的能量。

（10）断在非缺口处试样应予作废，另取试样补充。无缺口试样均按一处断裂计算。试样未冲断应不作取值。同批有效试样不足 5 个时，应重做实验。

5. 计算

冲击强度按式（7.9）计算。

$$\alpha_k = \frac{A}{bh} \tag{7.9}$$

式中　α_k——冲击强度，kJ/m^2；

　　　A——冲断试样所消耗的能量，mJ；

　　　b——试样缺口下的宽度或无缺口试样中部的宽度，mm；

h——试样缺口下的厚度或无缺口试样中部的厚度,mm。

6. 实验结果

实验结果按 GB/T 25675—895 第 8 章,各类型试样实验结果无可比性,每组试样实验结果必须注明试样类型。

7. 实验报告

实验报告按 GB/T 2567—1995 第 9 章。

附加说明:

本标准由国家建筑材料工业局提出。由全国纤维增强塑料标准化技术委员会归口。

本标准由天马集团公司起草。

本标准主要起草人王玉芬、梁留生。

本标准于 1981 年首次发布。

7.2　3D 打印含能材料产品结构损伤(缺陷)检测与评价

7.2.1　超声波检测

1. 定义

超声波检测(Ultrasonic Testing,UT)也称为超声检测,是利用超声波技术进行检测工作的,是常规无损检测方法的一种。当今国内有关的超声波检测标准为 JB/T 4730.3—2005《承压设备无损检测》、GB/T 11345—2013《焊缝无损检测　超声检测　技术、检测等级和评定》、CB/T 3559—2011《船舶钢焊缝超声波检测工艺和质量分级》等,JB/T 4730.3 为一个比较综合性的标准,而后面两个标准为焊缝检测标准,还有其他的钢板、铸锻件等检测标准,使用者可根据需要进行相应的查询。

2. 原理

超声波探伤是利用材料及其缺陷的声学特性差异,通过超声波反射能量变化和穿透时间来检测材料内部缺陷的一种无损检测方法。

脉冲反射法在垂直探伤中采用纵波探伤,在斜向探伤中采用横波探伤。脉冲反射法包括纵波探测法和横波探测法。在超声仪器的示波器屏幕上,横坐标表示声波的传播时间,纵坐标表示回波信号的振幅。在相同的均匀介质中,脉冲波的传播时间与声程成正比。因此,可以通过缺陷回波信号的出现来判断缺陷是否存在;根据回波信号的位置确定缺陷与检测面之间的距离,实现缺陷的定位;利用回波振幅来判断缺陷的当量尺寸。

超声波检测是一种使超声波与工件相互作用,研究反射波、透射波和散射波,检测工件宏观缺陷,测量几何特征、表征组织结构和力学性能变化,然后评估它指定方向具体应用的技术。其工作原理:

(1)声源产生超声波,超声波以一定的方式进入工件;

(2)超声波在工件中传播,并与工件材料及其缺陷相互作用,使其传播的方向或特征发生变化;

(3)检测设备接收到变化后的超声波,并对其进行处理和分析;

(4)根据接收到的超声特征,评价工件本身是否存在缺陷,工件内部是否存在缺陷,还有缺陷的特征。

工作原理如图 7.7 所示。

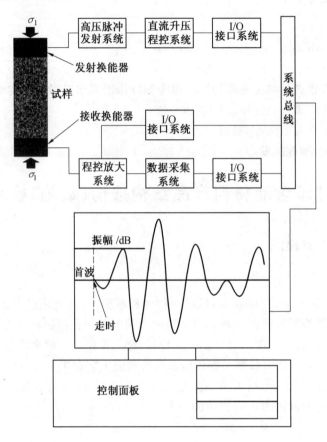

图 7.7 超声波原理图

以脉冲反射法为例,声源发出的脉冲波进入工件,以一定的方向和速度在工件中传播,遇到两端有差异的声阻抗界面部分声波被反射,检测设备接收显示,根据分析声波振幅和位置信息,评估是否存在缺陷或找出缺陷的大小、位置等。两侧声阻抗不同的界面可能是材料中的缺陷(不连续),如裂纹、气孔、夹渣等,也可能是工件的外表面。声波反射的程度取决于界面两侧的声阻抗差、入射角和界面面积。通过测量入射声波与接收声波之间的声波传播时间,可以得到反射点与入射声波之间的距离。

通常用来发现缺陷和对其进行评估的信息为:

(1)是否存在来自缺陷的超声波信号及其幅度;

(2)入射声波与接收声波之间的传播时间;

(3)超声波通过材料以后能量的衰减。

3. 特点

（1）超声波声束能集中在特定的方向上，在介质中沿直线传播，具有良好的方向性。

（2）超声波在介质中传播过程中，会发生衰减和散射。

（3）超声波在异种介质的界面上将产生反射、折射和波形转换。利用这些特性，可以获得从缺陷界面反射回来的反射波，从而达到探测缺陷的目的。

（4）超声波的能量比声波大得多。

（5）超声波在固体中的传输损失很小，探测深度大，由于超声波在异质界面上会发生反射、折射等现象，尤其是不能通过气体固体界面。如果金属中有气孔、裂纹、分层等缺陷（缺陷中有气体）或夹杂，超声波传播到金属与缺陷的界面处时，就会全部或部分反射。反射回来的超声波被探头接收，通过仪器内部的电路处理，在仪器的荧光屏上就会显示出不同高度和有一定间距的波形。可以根据波形的变化特征判断缺陷在工件中的深度、位置和形状。

4. 优缺点

超声波探伤具有厚度大、灵敏度高、速度快、成本低、对人体无害，可对缺陷进行定位和量化等优点。超声波探伤对缺陷的显示不直观，探伤技术难度大，容易受主观和客观因素的影响，以及检测结果不易保存。超声波检测需要工作表面光滑，需要经验丰富的检验人员识别出缺陷的类型，适合厚度较大零件的检验，这也是超声波检验的局限性。

超声波探伤仪有很多种，但脉冲反射超声波探伤仪是应用最广泛的一种。一般来说，在均匀材料中，缺陷的存在会导致材料的不连续，这往往会导致声阻抗的不一致性，从反射定理知道，超声波会在两种不同的声阻抗介质的界面上反射，反射能的大小与界面两侧介质的声阻抗差以及界面的方位和大小有关。脉冲反射超声探伤仪就是根据这一原理设计的。

脉冲反射式超声波探伤仪多为 A 型扫描，所谓 A 型扫描显示方式，即显示的横坐标为超声波在被测材料中的传输时间或传输距离，纵坐标为反射超声波的振幅。例如，有一个缺陷在一个工件，因为存在缺陷，导致缺陷和材料之间形成了一个不同介质之间的交界面，界面之间的声阻抗不同，超声波传播时遇到这个接口将反射，探头接收到反射回来的能量，在显示屏横坐标的某一位置显示出一种反射波形，这个位置是就是缺陷波被测材料中缺陷波的深度。反射波的高度和形状因缺陷而异，反映了缺陷的性质。

5. 应用

（1）声速测量。

声速是描述超声波在介质中传播特性的一个基本物理量。根据超声波的传播规律和对测量精度的不同要求，声速测量方法有很多，大致可以分为两大类：

①根据超声脉冲在被测介质中的传播时间，计算出声速；

②使用超声波测厚仪测量声速。

（2）厚度测量。

测量厚度的方法很多，仪器也很多。常用的测厚仪按其工作原理分为超声波测厚仪、射线测厚仪、电流测厚仪和磁测厚仪。超声波测厚仪具有测量速度快、精度高、体积小、质量轻、精度高等优点。在使用超声波测厚仪进行测量时,容器内的积水或结垢不会影响测量精度,因此在工业生产中多采用超声波测厚仪。超声波测厚仪从工作原理上可分为脉冲反射式和共振式,前者应用较为广泛。使用超声波测厚仪时,应特别注意测厚仪的下限。当工件厚度小于其下限时,仪器或指示误差很大(即指示数倍或数倍),或不指示。另外,如果没有提前调整仪器,即使超过仪器规定的最小厚度,仪器指示也可能不准确。这是超声测厚仪使用中存在的一个特殊问题,应引起足够的重视。

(3)衰减系数测量。

测量超声波在材料中的衰减是了解和分析材料(或工件)性能的有效手段。材料中异常的结构、组织状态及其变化、应力水平和晶粒尺寸都可以通过衰减的测量来测量。在自动探伤中,为了保证仪器的报警灵敏度,需要事先确定被测材料(或工件)在测量范围内(如工件的成型或温度范围)的衰减情况。即使在超声波检测中,要准确确定缺陷的当量尺寸,也必须事先测量被测物体的衰减系数。

(4)液位测量。

与其他液位测量方法相比,超声波液位测量技术有很多优点:它不仅可以固定连续的液位测量,而且方便遥测或遥控提供所需的信号。与激光测距相比,超声波液位测量相对简单,价格较低;与射线法相比,它对人体无害,不需要保护。目前,常用的超声波液位测量技术大致可分为液介和气介两种。

(5)流量测量。

当超声波流量测量时,可以采用非接触式的测量方法,因此该方法可以广泛应用于高温、高压和防爆等特殊条件,再加上超声波流量计受测定介质的物理性质相对较小,因此具有较强的适应性。超声波流量测量的方法有很多,包括:

①时差法——测量超声波脉冲在液体介质中的顺游和逆流传播的时间差;

②相差法——测量连续超声波在顺游和逆游传输时,接收到的信号之间的相位差;

③频差法——测量超声脉冲在顺流和逆流中传播时重复频率的差值;

④超声多普勒法——利用声多普勒效应测定流体中的悬浮离子;

⑤声束位移法——流动介质中超声束几何位移的测量。

(6)温度测量。

超声波测温以介质中的声速与气温度的相关性为基础,测温方法大致分为两类:

①直接测温法:介质本身是敏感元件。一般来说,介质的压力、流量、温度等因素都会影响声速,但温度对声速的影响是最重要、最敏感的。该方法具有响应速度快、不受被测介质温度场干扰的特点。

②间接测温法:该方法是使超声波在第二介质中传输时与被测介质处于热平衡状态,即将第二介质作为敏感元件进行测量,如细线温度计、石英温度计等。

(7)其他利用。

超声波测量硬度、浓度、黏度、密度等。

7.2.2　微波检测

1. 定义

微波是一种电磁波,它的频率范围为 300 MHz~3 000 GHz,相应的波长为 1 m~0.1 mm。在此频率范围内,按其波长范围可分为分米波、厘米波和毫米波和亚毫米波。微波无损检测是微波技术的工业应用之一,它是以微波为传递信息的媒质,对被检材料、构件或产品进行非破坏性检测,判断其内部是否存在缺陷或测定其他物理参数。

2. 原理

微波探测是通过研究微波的反射、透射、衍射、干涉、腔体微扰等物理特性的变化,以及微波对被探测材料的电磁特性——介电常数损耗正切角的相对变化,通过测量微波基本参数如微波振幅、频率和相位的变化。判断被测材料或物体是否有缺陷,并确定其他物理参数。

微波在介质中传播时,微波场与介质分子相互作用,产生电子极化、原子极化、方向极化和空间电荷极化。这 4 种极化决定了介质的介电常数。介电常数越高,材料中储存的能量就越多。介质常数和介质损耗的大小决定了材料的微波反射、吸收和透射量。微波在材料中由于极化,以热损失的形式存在。

微波几乎完全从导体表面反射回来。利用金属全反射和导体表面介电常数异常可以检测金属表面裂纹。在介质材料中,微波传播受介质常数、损耗角切线以及工件形状、材料和尺寸的影响。

如果工件含有非气泡缺陷,其介电常数不等于空气介电常数,也不等于材料的相对介电常数,而是等于复合介电常数。微波可以通过介质并受介电常数、损耗角正切和材料形状、尺寸的影响,如果有不连续会引起局部反射、透射、散射、空腔摄动等物理特性的变化。

通过测量微波信号的基本参数(如振幅衰减、相移或频率等)的变化量来检测材料或工件的内部缺陷,或测量其他非电量,从而分析和评价工件质量和结构的完整性。

微波物理中的腔体微扰是指在谐振腔中如引入少量介质等一些物体条件的微小变化。这些小扰动会导致谐振腔的一些参量(如谐振频率、品质因子等)发生相应的小变化,称为"微扰"。根据"微扰"前后物理量的变化,计算出腔体参数的变化,从而确定被测厚度、温度、线径、振动等值的变化。

通过测量材料与工件的复合介电常数来确定缺陷或非电量及其大小是微波探测的物理基础。因为对于一般材料和工件而言,其介电常数为复合介电常数,既不等于材料的相对介电常数,也不等于所含缺陷的介电常数(例如空气等),而往往介于两者之间。微波从表面渗透到材料中,功率随着穿透距离呈指数衰减。理论上把功率衰减到只有表面处的 $1/e = 13.6\%$ 的深度,称为穿透深度。

微波无损检测的基本方法主要有穿透法、反射法、散射法、干涉法、微波全息技术以及断层成像法等,下面逐一加以简单介绍。

(1)穿透法。

穿透法的原理:微波在材料中传输时,根据材料的内部状态和介质的不同特性相应出现传输、散射、部分反射的差异,测量传输信号的幅值、相位或频率的变化。根据入射波类型的不同,穿透方法可分为 3 种形式:定频连续波穿透、扫频连续波穿透和脉冲调制穿透。一般用来测量厚度、密度、湿度、介电常数、固化度、热老化度、化学成分、组分化、纤维含量、气孔、夹杂、聚合、氧化、酯化。

穿透法检测系统框图如图 7.8 所示。将发射和接收天线分别放在试件的两边,通过检测接收的微波波束相位或幅值的变化,可得到被检测量的情况。按入射波类型不同,穿透法可分为 3 种形式,即固定频率连续波、可变频率连续波和脉冲调制波。

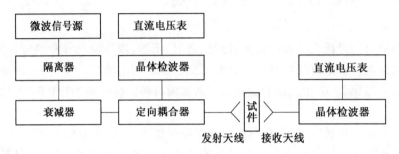

图 7.8　微波穿透法检测系统

(2)反射法。

反射法是利用在样品表面和内部的反射微波进行检测的一种方法。当微波入射到样品表面时,会产生反射和折射,反射波与试件的材料性质有关,透入试件的折射波如遇到反射界面(如缺陷、试件底面)也会产生反射,通过测量反射波振幅和相位的变化,可以推断出试样是否存在材料缺陷以及相关参数的变化。用于检测航空专用玻璃钢、宇航防热用铝基存聚氨酯泡沫、胶接件等的脱黏、分层、气孔、夹杂、疏松等。用于测量金属极端和带状表面的裂纹和划痕深度,测量厚度、湿度、密度和混合物含量。

反射法主要包括固定频率连续波反射法、扫频频率连续波反射法、脉冲调制波反射法、时域反射和脉冲反射。图 7.9 所示为连续波反射计的框图。

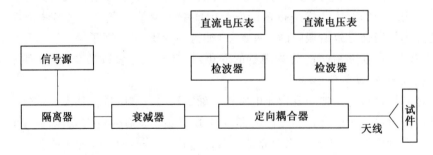

图 7.9　微波连续波反射计

(3)散射法。

散射法通过测量回波强度的变化来确定散射特性。在检测过程中,微波通过有缺陷的部分散射,使接收到的微波信号小于无缺陷的部分,根据这些特征来判断工件是否有缺陷。用于检测孔隙、夹杂物、孔洞和裂纹。

(4)干涉法。

利用微波的干涉现象,可以使入射微波和反射微波形成驻波。被检试件材料的物理、化学性质的变化将会改变驻波的幅值、相位。测定驻波幅值、相位的变化可以判断试件材料性质的变化。可以用来检测不连续(如分层、脱黏、裂缝)。

(5)微波全息技术。

微波干涉法与光导全息照相技术结合可以形成微波全息技术。利用微波能穿透不透光材料的特性,可以拍摄材料的微波全息图像,完全记录物体的全部信息,在合适的光学系统下可以再现图像。

(6)断层成像法。

微波检测借助计算机技术可形成断层扫描技术,用以检查非金属材料的内部质量,最后以断层剖面的图形显示。

3. 特点

(1)穿透性。

微波的波长比其他用于辐射加热的电磁(如红外线和远红外)更长,因此有更好的穿透力。微波渗透介质时,由于介质损耗引起介质温度升高,因此介质材料内外加热几乎同时,形成体热源状态,常规加热的热传导时间大大被缩短了,而且介质温度和介质损耗因数呈负相关时,材料内外加热均匀。

(2)选择性加热。

物质吸收微波的能力主要取决于其介质损耗因数。介质损耗因数大的材料吸收微波的能力强,反之,介质损耗因数小的材料吸收能力弱。微波加热是选择性加热,因为每种物质的损耗系数不同,不同的物质产生不同的热效应。水分子是一种极性分子,其介电常数大,其介电损耗因子也大,对微波具有较强的吸收能力。蛋白质、碳水化合物等的介电常数相对较小,其对微波的吸收能力远小于水。因此,对于食品来说,含水量对微波加热效果有很大的影响。

(3)热惯性小。

微波加热介质材料是瞬时加热,能耗也很低。另外,微波的输出功率可以随时调节,介质的温升可以无惰性的随后改变,没有"余热"现象,非常有利于自动化控制和连续生产的需要。

(4)似光性和似声性。

微波的波长很短,比地球上的普通物体(如飞机、轮船、汽车建筑物等)要小得多,或在同一个量级上。微波的特性与几何光学很像,即为似光性。因此,利用微波可以减小电路元件的尺寸,使系统更紧凑;也可以制作体积小、波束窄方向性强、增益高的天线系统,接收来自地面或空间的各种物体反射回来的微弱信号,从而确定物体的方位和距离,分析目标特性。

4. 优缺点

(1)微波检测方法的优点。

①非接触测量。由于检测时不与对象接触,因此可对活体进行检测。

②检测速度快、灵敏度高,可以进行动态检测与实时处理,便于自动控制。

③不受恶劣检测环境的限制,可在高温、高压、放射性环境下进行检测。

④输出信号可以方便地调制在载频信号上进行发射与接收,便于实现遥测与遥控。

(2)微波检测方法的缺点。

①采用该方法检测参数时,容易受到温度、气压和采样位置的影响,需要考虑补偿措施。

②微波检测仪表的零点漂移和标定问题目前没有被很好地解决。

5.微波无损检测的应用

微波无损检测是一种广泛应用于非金属材料无损检测的方法,是其他无损检测方法难以替代的。公开报道的微波无损检测项目有:增强塑料、非金属复合胶接结构及蜂窝结构零件中的分层、脱层;固体推进剂的老化;橡胶轮胎上的气孔和裂缝;陶瓷及复合材料中的气孔;非金属材料的振动、速度、加速度、同心度、湿度、密度、化学成分、金属加工表面的粗糙度、裂纹、划痕和深度;金属材料的厚度、位移、线形直径或长度、同心度、振动、速度、加速度、表面裂纹等。目前,无损检测技术已应用于塑料及复合材料层压板中的脱、火箭发动机玻璃钢外壳检测、火箭固体药柱与包覆层间的脱黏、复合烧蚀喷管中的脱黏、环氧树脂的固化度、雷达罩的厚度和电性能方面的检测,并取得了良好的效果。

在微波检测金属表面裂纹深度和金属表面粗糙度方面,采用微波天线作为微波传感器,对不同材料和不同工件的测量平均误差小于±2%,且检测速度快、使用方便。国产微波测厚仪线性范围宽,测厚范围为 1~10 mm,分辨率为 0.01 mm,精度为 +0.03 mm,适用于各种物料,反应速度快,有利于实现自动检测。

7.2.3　X 射线检测

1.定义

$\lambda = 0.01 \sim 50$ nm,$f = 3 \times 10^{16} \sim 3 \times 10^{20}$ Hz 的电磁波。1895 年伦琴在阴极管放电实验中,发现高速电子流射到一些固体表面,产生一种特殊的射线,它可以穿透可见光不能穿透的物质,使得感光片感光,伦琴称之为 X 射线。

X 射线是非常短波长的电磁波并且是光子,可以穿透普通可见光无法穿透的物质,穿透能力与 X 射线的波长、穿透材料的密度和厚度有关。X 射线波长越短,穿透力越大;密度越低,厚度越薄,X 射线穿透越容易。

当 X 射线被物质吸收时,组成物质的分子被分解成正离子和负离子,这被称为电离。离子的数量与物质吸收的 X 射线的量成比例。可以通过空气或其他物质测量电离程度来计算 X 射线的量。

2.原理

X 射线检测是因为 X 射线穿透能力强,光线通过测试对象的信息反映了测试对象的内部结构,通过射线的强度的变化来检测和评估材料和零件的性质、大小和分布的各种宏观和微观缺陷。很明显,X 射线穿透物质时涉及一系列非常复杂的物理过程。

在使用射线检测时,如果工件中有缺陷,缺陷与工件材料不同,其对射线的衰减程度不同且透过厚度不同,透射后的射线强度也不同。如图 7.10 所示,如果射线强度为 J_0,则穿透工件和缺陷后的射线强度分别为 J_Y 和 J_X。X 射线在穿过物质后的基本物理过程的效果是射线强度的降低,这种降低可能部分原因是射线的偏转,即散射部分被物质吸收并转换成其他形式的能量。实验结果表明,射线穿透材料后的强度衰减与射线本身的强度、穿透材料的厚度以及材料的吸收特性有关。

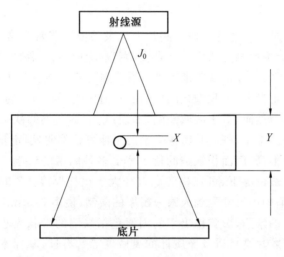

图 7.10 射线衰减

3. 特点

X 射线在本质上与可见光相同,但 X 射线的光子能量要比可见光高得多。所以有明显的质的区别。X 射线的主要特性可以概括为以下几个方面:

(1)在真空中以光速做直线运动,不受电场或磁场的影响。

(2)介质界面可以发生反射和折射,但它们的反射、折射与可见光有很大区别。对于普通介质,由于介质界面过于粗糙,X 射线无法像可见光那样产生镜面反射,X 射线从一种介质到另一种介质时,也会发生折射,折射率几乎等于 1。

(3)X 射线干涉和衍射也可能发生,但由于 X 射线的波长比可见光的波长长,只能在极微小的孔和缝中观察到干涉和衍射。

(4)与可见光不同,X 射线对人眼来说是不可见的,它能穿透可见光穿透不了的物体,也就是可见光不透明的物体。短波长 X 射线被称为硬 X 射线,其光子能量高,穿透物体的能力强;而长波长 X 射线被称为软 X 射线,穿透物体的能力弱。

(5)当 X 射线照射到一个物体上时,它与该物体会发生复杂的物理和化学作用。它能使物质的原子电离,使某些物质发出荧光,还可能发生光化学反应。

(6)辐射生物效应能杀死生物细胞,损伤生物组织,危害生物器官的正常功能。

X 射线检测方法采用底片作为记录介质,可直接获得缺陷的直观视觉图像,并可长时间保存。通过观察底片,可以准确地确定缺陷的性质、数量、大小和位置。形成局部厚度差的缺陷易于检测。气孔、加渣等缺陷的检出率很高,但裂纹的检出率受透照角的影响,它不检测垂直于照射方向的薄层缺陷,如钢板的分层。

　　X射线检测到的缺陷高度大小与穿透厚度有关,穿透厚度可达穿透厚度的1%以下。可以探测到的长度和宽度分别是毫米级、亚毫米级或更小的数量级。

　　对薄工件的X射线检测没有困难,几乎没有探测厚度的下限,但探测厚度的上限受到射线穿透能力的限制,穿透的能力取决于光线的光子能量。

4.优缺点

　　(1)优点。

　　实验结果有直接记录——底片。由于底片上记录的信息非常丰富,可以保存很长时间,射线照相成为各种无损检测方法中一种真实、直观、全面、追踪性的检测方法。

　　能得到缺陷的投影图像,并对缺陷准确地定性定量分析。在各种无损检测方法中,射线照相是最标准的。在定量上,体积型缺陷(气孔、夹渣之类)的长度、宽度也能准确确定,误差约为十分之几毫米。然而,对于区域缺陷(如裂纹、未熔合类的缺陷),如果缺陷端部尺寸(高度和开口宽度)非常小,则底片图像尖端的延伸可能不明显,定量数据也会很小。

　　体积缺陷的检出率很高,而面积缺陷的检出率受多种因素的影响。体积缺陷是指气孔缺陷和夹渣缺陷。一般情况下,可以检测到直径大于试样厚度1%的体积缺陷。在薄试样中,可以检测到缺陷的小尺寸受到人眼分辨率的限制,最多0.5 mm或更少。面积缺陷是指裂纹和未熔合类的缺陷,影响检出率的因素包括缺陷的形状大小、透照厚度、透照角度、透照几何条件、源胶片类型以及像质计的灵敏度等。不过,厚标本一般裂纹检测率低,但对薄的标本,除非裂缝或未熔合的高度和张口宽度极小,只要照相角度适当和底片的灵敏度满足需求,裂纹检测率是足够高的。

　　它适用于薄工件而不是厚工件的检测,因为厚工件需要高能射线探伤设备。300 kV便携式X光机的透明厚度一般小于42 mm,420 kV移动式X光机和Ir192 γ射线机的透照厚度一般小于100 mm,对于厚度大于100 mm的工作摄影,需要加速器或Co 60,所以比较困难。此外,随着板材厚度的增加,射线照相的灵敏度降低,也就是说,当射线照相用于厚的工作时,小尺寸缺陷和某些面积缺陷漏检的可能性增加。

　　适用于对接焊缝的检测,检测角焊缝效果差,不适用于板材、棒材、锻材的检测,检测角焊缝的布置困难,拍摄的胶片暗变,图像质量不够好。不适合对板材、棒材和锻材进行检查的原因是,板材和锻材中的大部分缺陷与板材平行,不能用射线照相法检测出来。此外,棒材和锻材厚度较大,射线穿透困难,效果不佳。

　　(2)缺点。

　　有些试样由于其结构和现场条件,不适合射线照相。结构和现场条件有时会限制测试,这是因为穿透法需要进入工作的两边,如有内部零件的容器、有厚保温层的容器、内部液体或因态介质未排空的容器等都被无法检测到。虽然双壁单影法能不进入容器的内部,但此法只适用于直径较小的容器,对于直径较大的容器(一般大于1 000 mm),实施起来比较困难。此外,射线照相对光源到胶片的距离(焦距)也有一定的要求,如果焦距太短,底片的清晰度就会很差。在工作中,很难确定缺陷厚度方向的位置和尺寸(高度)。除了一些根部缺陷,在工作中厚度方向的位置可以通过结合焊接知识和规则来确定,很多缺陷不能通过底片提供的信息来定位。通过黑度对比法可以判断缺陷高度,但精度不高,特别是对于缺陷小的裂纹图像,黑度测量不准确,缺陷高度测量误差大。

检测成本高。射线照相设备和透照室的建设投资巨大：穿透能力 40 mm（钢）的 300 kV 便携式 X 射线机至少需 8 万元，穿透能力 100 mm（钢）的 420 kV 移动式 X 射线机至少需 60 万元，穿透能力 100 mm（钢）的 Ir192 γ 射线机至少需 6 万元，穿透能力大于 100 mm（钢）的 Co60 至少需 50 万元，加速器则需 100 万元以上。透照室按其面积、高度、防护等级等设计条件的不同，建设投资费用在数十万乃至数百万。此外，与其他无损检测方法相比，射线照相的材料成本（胶片、冲洗药液等）、人工成本也是很高的。

射线照相检测速度慢。一般情况下定向 X 射线机一次透照长度不超过 300 mm，拍一张片子需 10 min，γ 射线源的曝光时间一般更长。

射线照相从透照到出评估结果需要几个小时。与其他无损检测方法相比，射线照相是非常缓慢和低效的。但在特殊场合的特殊应用，如周向 X 射线机周向曝光或 γ 射线源全景曝光技术，可大大提高检测效率。

射线对人体有害。射线会引起对人体组织的多种伤害，因此对职业放射工作者规定了剂量当量限值。要求确保操作人员在完成射线检查任务时所接受的剂量当量不超过限值，并尽可能减少操作人员和其他人员的吸收剂量。主要的保护措施有屏蔽、距离和时间保护。

5. X 射线检测方法

X 射线检测的方法很多，以下简要介绍 3 种。

（1）折叠 X 射线小角散射。

当 X 射线照射到样品上时，如果样品内部存在纳米尺寸的密度不均匀区域，则会在入射光束周围的小角区域出现散射的 X 射线，称为 X 射线小角散射或 X 射线小角散射。根据电磁散射的反比定律，散射体的有效尺寸对于波长来说，尺寸越大，散射角越小。因此，广角 X 射线衍射与原子尺度下物质的结构有关，而小角 X 射线散射则与从零点几纳米到近一百纳米大小区域内电子密度的波动有关。纳米级粒子和孔洞可以产生小角度散射现象。因此，可以通过分析散射模式来解析散射粒子系统或多孔系统的结构。本方法适用范围广，无论是干的还是湿的，无论是开的还是闭的都能检测到。但需要注意的是，小角散射在大角一侧的强度分布较弱，且波动较大。

小角散射也可用于测量孔隙系统的孔径分布。平行的单能量 X 射线束或中子束向样品发射，并以小角度散射，散射强度 I 被绘制为散射波矢量 q 的函数。散射函数 $I(q)$ 取决于样品的内部结构，并对任意分布的等大小球形孔的多孔体生成特征函数。假设这样一个简单的模型，可以得到孔隙半径或孔隙大小的分布。X 射线可以探测到纳米大小的孔隙，而中子束可以探测到更大的孔隙，直径可达几十微米。然而，在所有情况下，这些方法只能用于微孔金属体系。

（2）折叠 X 射线层析摄像法。

近年来，X 射线层析成像技术已成为获取多孔材料内部结构无损图像的有力工具。该技术可以很好地表征多孔体的微观结构，并已成功地应用于多孔结构和变形模式的研究，这与此类材料对 X 射线的低吸收有关。由于这种低吸收，X 射线层析成像可以用于研究大块的多孔材料，而致密的材料必须切割成小块。该方法的第二个优点是可以对多孔体的大变形进行无损成像，从而可以在多孔体变形过程中观察到重要的屈曲、弯曲或断裂现象。

射线照相的缺点是,当样品沿厚度方向的显微结构特征数量较多时,大量信息被投影在单一平面上,结果图像难以解释这些信息。层析照相法通过结合来自这些 X 射线照片的大量信息来弥补这一缺陷。每幅辐射线照片都是从位于探测器前面的样品的不同位置上拍摄的。如果 X 射线照片之间的脚步足够小,则可以从成套的 X 射线照片中来重新计算样品中每个点的衰减系数。这种重构可以通过适当的软件来完成。

特点:X 射线层析成像技术可用于微观结构的定量无损检测(细到纳米尺度),空间分辨率可达 10 nm 左右。

(3)折叠 X 射线折射分析法。

定量二维 X 射线折射层析成像可用于提高材料的无损检测,如生物医学陶瓷、工业陶瓷、高性能陶瓷、复合材料等非均质材料。该方法基于来自微结构界面的 X 射线折射率差异而产生的 X 射线折射超小角散射探测技术,可以直接检测微米到纳米尺度范围内的内表面数量和位置。折射的强度与内表面的密度成正比,即图案的表面积与单位体积的比值。它是通过对已知粒度和堆积密度的均匀粉末的校准来确定的。

扫描样品时,每个分离的散射体代表了对应的局部积分界面性质。通过同时测量 X 射线的折射值和吸收值,可以分析局部内表面与局部孔隙率的波动关系。

特点:该方法可以同时检测样品中局部性小体积范围内 X 射线的吸收和折射,因此可以测量样品不同部位的孔隙率和内表面的密度,从而获得孔隙率表面密度的空间分布图像。此外,如果假定孔隙的形状为球形,则可以计算孔隙大小的空间分布。X 射线折射分析法既可以检测开孔,也可以检测闭孔,并且可以在不对孔隙形状做任何假设的前提下直接测定多孔试样的内表面密度。

6. 应用

射线检测利用其自身特有的可以对缺陷进行便捷的检查记录,对结果进行准确定位,直观显示缺陷的优点,是工业生产中许多用来控制质量的重要方法,随着 X 射线在不同领域的广泛应用,X 射线探测技术也得到了快速的发展。在航空航天领域,X 射线无损检测技术主要用于精密铸件、烧结及复合材料结构的检测;在核工业中,X 射线无损检测技术主要用于检测反应堆燃料元件的密度和缺陷,测试主要是为了确定包壳内的芯体位置、核动力装置零部件和组件;在钢铁工业中,X 射线无损检测技术主要用于检测钢材的质量,如管子外径、内径、管壁厚度、偏心率和椭圆度等;在机械工业中,此技术可以用于检测铸件和焊接缝中细小气孔、裂纹和夹杂物等缺陷;此外,X 射线无损检测技术广泛应用于食品、陶瓷、矿业、建筑业、石油业等行业。

7.2.4　CT 扫描检测

1. 定义

CT(Computerized Tomography)——计算机断层成像,是一种在不破坏物体结构的前提下,根据物体周边所获取的某种物理量(如波速、X 线光强、电子束强等)的投影数据,运用一定的数学方法,通过计算机处理,重建物体特定层面上的二维图像以及依据一系列上述二维图像构成三维图像的技术。

2. 原理

Radon 变换是 CT 技术的主要理论基础。其原理与普通 X 线横向断层相似，但利用电子计算机消除了散射线和重叠图像的干扰，并可利用人体组织的 X 射线吸收系数矩阵进行非定量分析，解决了密度分辨率问题。其本质是一种 X 射线断层图像，借助于电子计算机成像和数据处理。CT 扫描仪装置主要包括扫描装置、信号转换和存储、电子计算机、记录、显示和控制。扫描装置包括 X 射线管和探测器，常用的探测器如碘化钠晶体、锗酸铋和氙，它们相对固定在一个同步移动和旋转的框架上，用窄的笔形 X 射线束进行扫描。目前，CT 已从第一代发展到第四代，全周固定 600～720 个探测器，X 射线管绕层旋转 360°。当前 CT 扫描时间为 1～5 s，以提高图像质量。可见光光电倍增管系数放大，通过模数转换器转换成数字，再传输到电子计算机处理，能得到该层面各单元的吸收系统，用矩阵的数码形式输出，然后通过数模转换器为图像信号显示，并且可以被摄影记录下来。

CT 是利用 X 射线束对被探测物体的特定部位一定厚度层面进行扫描，探测器接收穿过该层的 X 射线，将其转换成可见光，再由光电转换器转换成电信号，再通过模拟/数字转换器转换成数字，输入计算机处理。在处理图像形成时，有选中的层被分割成几个称为体素的相同体积的长方体。扫描所得信息并计算出每个体素的 X 射线衰减系数或吸收系数，然后排列成一个矩阵，即数字矩阵。数字矩阵可以存储在磁盘或光盘上，数模转换器将数字矩阵时钟的每个数位转换成由黑到白的灰度不同的小方块，即像素，按照矩阵排列形成 CT 图像。

CT 的物理和数学模型如图 7.11 所示。

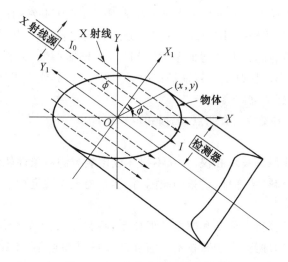

图 7.11　CT 的物理和数学模型

工业 CT 扫描的原理：

对工件进行扫描和数字化处理，得到工件真实的 2D、3D 甚至立体透析性图像，提供工件结构、缺陷分布、材料成分等深层次信息。早在 1971 年，就由 J. Radon 提出。计算机与辐射科学相结合的新型成像技术在材料工程无损检测与评价中发挥了不可替代的作用。

3. 特点

设备简介：

①扫描部分，由 X 射线源、探测器和扫描架组成；

②计算机系统，将扫描收集到的信息数据进行储存运算；

③图像显示和存储系统，将经计算机处理、重建的图像显示在电视屏上或用多幅照相机或激光照相机将图像摄下。

（1）辐射源。

射线源经常使用 X 射线机和直线加速器。X 射线机的峰值能量范围在几十至 450 keV，射线的能量和强度可调；直线加速器的射线能量一般是不可调的，峰值射线能量一般在 $1\sim16$ MeV 范围内。它的共同优点是在切断电源后，它将不再产生射线，而且焦点的大小能达到微米量级。

（2）探测器。

目前常用的探测器有 3 种：高分辨率 CMOS 半导体芯片、平板探测器和闪烁探测器。该半导体芯片具有最小的像素尺寸和最多的探测单元，像素尺寸可以小到 10 μm 左右。平板探测器通常覆盖着数百微米闪烁晶体（如 CSI），该晶体由非晶态硅或非晶态硒制成。像素尺寸约为 127 μm，图像质量接近胶片照相。闪烁检测器的优点是探测效率高，特别是在高能条件下，可以达到 $16\sim20$ bit 的动态范围，读取速度在微秒量级。其主要缺点是像素尺寸大，其相邻间隔（节距）一般$\geqslant0.1$ mm。

（3）样品扫描系统。

样本扫描系统本质上是一种位置数据采集系统。工业 CT 常用的扫描方法有平移—旋转扫描（TR）和只旋转扫描（RO）。RO 扫描方式具有更高的射线利用效率和更快的成像速度。但 TR 扫描的伪影水平远低于 RO 扫描，且扫描参数（采样数据密度和扫描范围）可以根据样本大小轻松改变。特别是在检测大样本时，其优点更加明显。为了提高信号幅度，可以减小源探测器距离。

CT 扫描检测的主要特点有两点：无损和可视化。

（1）无损。

无损是利用射线原理技术和仪器，在不损坏或影响被测对象性能的前提下（检测对象前后均无损伤），对材料、零部件、设备的缺陷、化学和物理参数进行检测的一种技术。

（2）可视化。

可视化是利用计算机图形学和图像处理技术，将数据转换成图形或图像在屏幕上显示，并进行交互处理的理论、方法和技术。它涉及计算机图形学、图像处理、计算机视觉、计算机辅助设计等领域，成为处理数据表示、数据处理、决策分析等一系列问题的综合性技术。

4. 优点

本质上讲，工业 CT 是一种射线检测技术，与常规射线检测技术相比，工业 CT 检测的突出优势：

（1）不存在信息叠加，可以准确地确定和测量缺陷；

（2）密度分辨率高，图像可达到 0.1% 甚至更高；

（3）探测信号动态范围可达 10^6 以上；

（4）数字化图像便于存储、传输分析和处理等。

工业 CT 检测的其他优势：

（1）射线源能量高：对于工业 CT 系统，常用恒电势 X 射线管，即输出功率恒定不变，一般管电压在 100 kV 以上，能够穿透大厚度的产品，能量最高可达 60 MeV；

（2）机械结构相对简单：射线源和探测器保持不动，被检测的工件进行扫描运动；

（3）结构多样化、专用性较强：因工业产品、形状、组成、尺寸及质量千差万别，检测要求不一，工业 CT 多种多样，针对性较强。

工业 CT 作为一种新型的 X 射线真实三维成像技术，可以一次性获得物体表面和内部的真实三维模型。具有成像效率高、空间分辨率高、各向同性等优点，为高端装备制造和工业无损检测提供了理想的数据源。工业 CT 在无损检测（NDT）和无损评估领域（NDE）具有独特的应用价值。因此，工业 CT 被认为是国际无损检测领域最好的无损检测方法。进入 21 世纪，CT 得到进一步发展，成为一种重要的先进无损检测技术。综上所述，工业 CT 检测具有良好的发展前景。

5. 工业应用

（1）航太精密零部件内部结构解析、缺陷分析；

（2）汽车金属塑胶等材料内部结构探测、成分解析、缺陷分析、图形重建等；

（3）手机笔记本电脑等精密零部件内构探测、研发设计逆向分析、缺陷分析等；

（4）地质考古文物无损分析；

（5）钢铁、石油等产品在线监控。

本章参考文献

[1] 李国华，吴淼，现代无损检测与评价[M]. 北京：化学工业出版社，2009.

[2] 王宇，李晓，胡瑞林，等. 岩土超声波测试研究进展及应用综述[J]. 工程地质学报，2015，23(2)：287-300.

[3] 潘绍伟，叶跃忠，徐全. 钢管混凝土拱桥超声波检测研究[J]. 桥梁建设，1997(1)：34-37.

[4] 刘克斌，高占凤. 超声波检测技术中的数字信号处理方法[J]. 河北科技大学学报，1999(4)：68-72.

[5] 刘贵民. 无损检测技术[M]. 2 版. 北京：国防工业出版社，2006.

[6] 邹毅. 数字式超声波探伤系统的研发[D]. 长沙：国防科学技术大学，2007.

[7] 张俊哲. 无损检测技术及其应用[M]. 北京：科学出版社，1993.

[8] 耿荣生. 新千年的无损检测技术——从罗马会议看无损检测技术的发展方向[J]. 无损检测，2001(1)：2-5.

[9] 张清，李全安，文九巴，等. 超声波检测技术在工业测量中的应用[J]. 科技信息（学术研究），2007(21)：86-87.

[10] ZOUGHI R J S N. Microwave non-destructive testing and evaluation principles [M]. Dordrecht：Springer Science & Business Media，2000.

[11] 沈功田，张万岭. 特种设备无损检测技术综述[J]. 无损检测，2006(1)：34-39.

[12] 刘学观，微波技术与天线[M]. 3 版. 西安：西安电子科技大学出版社，2012.

[13] 黄纪军，姚德森. 微波测量的发展动态和趋势[J]. 微波学报，1996(1)：68-70.

[14] 金砺，赵庆玲. 微波无损检测技术[J]. 科技情报开发与经济，1997(5)：40.

[15] 刘怀喜，张恒，马润香. 复合材料无损检测方法[J]. 无损检测，2003(12)：631-634,656.

[16] 甘传付，张尊泉，张兵. 微波探伤简介[J]. 无损检测，2001(6)：251-253.

[17] 周在杞. 微波检测技术研究进展[J]. 无损探伤，2001(1)：22-24.

[18] BRIAR H P, BILLS JR K W, CRIBBS R W, et al. The selection and demonstration of advanced nondestructive testing techniques for on-site missile inspection. Volume Ⅱ. Appendices[R]. Sacramento：Aerojet Solid Propulsion Co Sacramento Calif，1973.

[19] KATAGIRI H, OZEKI H, Microwave dielectric ceramic composition and preparing method thereof：U. S. Patent 5,457,076[P]. 1995-10-10.

[20] BETTI F, ZAPPAVIGNA G, PEDRINZANI C, et al. Accuracy capability of TOFD technique in ultrasonic examination of welds [C]//15th World Conference on Non-Destructive Testing，2000.

[21] GOPALSAMI N, BAKHTIARI S, RAPTIS A C. Near-field millimeter-wave imaging of nonmetallic materials [R]. Argonne：Argonne National Lab,1996.

[22] 朱建堂，陈向东. 激光、红外、微波 NDT 新技术的应用与发展[J]. 实用测试技术，1996(4)：46-49.

[23] MCGUIRE L, ROCKOWITZ M J M E. A microwave technique for the detection of voids in honeycombed ablative materials (Microwave scattering system for detection of voids in fiberglass-honeycomb ablative materials causing drop in receiver signal strength)[J]. Materials Evaluation，1966，24：105-108.

[24] YEH C Y, RANU E, ZOUGHI R. A novel microwave method for surface crack detection using higher order waveguide modes[J]. Materials Evaluation，1994，52：6.

[25] 荆峰. X 射线实时成像系统在无损检测中的应用[J]. 航天制造技术，2004(2)：31-33.

[26] 刘艳华. X 射线焊缝图像缺陷的特征提取及动态检测[J]. 山西电子技术，2015(3)：11-12,34.

[27] 静婧. X 射线粉末衍射仪的基本原理和物相分析方法[J]. 赤峰学院学报（自然科学版），2015，31(3)：26-27.

[28] 赵春燕. 基于模糊分析的图像处理方法及其在无损检测中的应用研究 [D]. 青岛：山东科技大学，2004.

[29] 陈雷. X 射线断层技术在原木无损检测中的研究[D]. 哈尔滨：东北林业大学，2006.

[30] 刘俊敏. 工业 X 射线检测图像处理关键技术研究[D]. 重庆：重庆大学，2006.

[31] 吴昊. 基于数字图像处理的工业 X 光射线检测[D]. 重庆：重庆大学，2008.

[32] WORTHINGTON P L. Enhanced Canny edge detection using curvature consistency [C]// Object recognition supported by user interaction for service robots. Quebec：IEEE, 2002, 1：596-599.

[33] 孙忠诚，李鹤岐，陶维道，等. 焊缝 X 射线实时探伤数字图象处理方法研究[J]. 无损检测，1992，14(2)：37-39，44.

[34] 赵月萍. X 射线图像动态降噪技术的研究[D]. 太原：中北大学，2011.

[35] 张晓光. 射线检测焊缝图象中缺陷提取及识别的研究[D]. 上海：华东理工大学，2003.

[36] 邓福成，过惠平. 几种常用射线图像降噪方法的讨论[C]// 中国核学会省市区"三核"论坛. 太原：山西省核学会，2006.

[37] 陈树越，路宏年. 数字式 X 射线成像无损检测技术[J]. 华北工学院学报，1999(1)：51-55.

[38] 胡春亮. 无损检测概论[M]. 北京：机械工业出版社，2018.

[39] 曾祥照. 射线实时成像检测中的图像清晰度与分辨率[J]. 无损检测，2003(3)：133-139.

[40] 王存勇，曹丽，茆思聪，等. X 射线衍射技术及其在材料表征实验的研究综述[J]. 科技创新导报，2014，11(34)：20.

[41] 冯涛，吴光，张夏临. X 射线衍射分析技术在花岗岩物相分析上的应用[J]. 铁道建筑，2008(4)：97-100.

[42] 王增勇，汤光平，李建文，等. 工业 CT 技术进展及应用[J]. 无损检测，2010，32(7)：504-508.

[43] ASTM S. Standard guide for computed tomography(CT) imaging[M]. West conshohocken：Annual Book of ASTM Standards，2003.

[44] MCCULLOUGH E, PAYNE J, BAKER H, et al. Performance evaluation and quality assurance of computed tomography scanners, with illustrations from the EMI, ACTA, and delta scanners 1 [J]. Radiology, 1976, 120：173-188.

[45] 郭志平，董宇峰，张朝宗. 工业 CT 技术[J]. 无损检测，1996(1)：27-30.

[46] 余晓锷，林意群，杨金城，等. 不同螺距对螺旋 CT 图像噪声影响的实验研究[J]. 中国医学物理学杂志，1999(4)：218-219.

[47] 魏东波，傅健，龚磊，等. 大尺寸构件工业 CT 成像方法[J]. 北京航空航天大学学报，2006(12)：1477-1480.

[48] 丁国富. 大型高能工业 CT 在固体火箭发动机检测方面的应用[J]. CT 理论与应用

研究，2005(3)：35-39.

[49] 尉可道. CT 剂量的测量及其表达[J]. 中华放射医学与防护杂志，1997(5)：54-58.

[50] 邵思杰，曹勇，王磊. 无损检测技术在弹药质量检测中的应用[J]. 火力与指挥控制，2006(S1)：39-41.

[51] 尉可道. 再论 CT 剂量的表述[J]. 中华放射医学与防护杂志，2004(2)：92-94.

[52] 王召巴，金永. 高能 X 射线工业 CT 技术的研究进展[J]. 测试技术学报，2002(2)：79-82.

[53] 陈志强，李亮，冯建春. 高能射线工业 CT 最新进展[J]. CT 理论与应用研究，2005(4)：3-6.

名词索引